职业教育建筑类专业"互联网+"创新教材

房屋构造与识图

（配习题集）

第 2 版

主　编　卜洁莹　乔　博
副主编　宋　梅　刘　卓
参　编　姜　轶　贾　淞
主　审　严　峻

U0360822

机械工业出版社

本书的主要内容分为三部分：房屋建筑识图基础、房屋建筑构造和房屋建筑识图。房屋建筑识图基础部分包括：房屋建筑制图的基本知识、投影的基本知识、立体的投影、剖面图和断面图；房屋建筑构造部分包括：民用建筑概述、基础与地下室、墙体、楼地层、屋顶、楼梯、窗与门、变形缝、民用建筑工业化、工业建筑；房屋建筑识图部分包括：房屋建筑工程施工图的基本知识、建筑施工图。另附有一套某医院医疗综合楼建筑施工图实例。本书配有相应习题集，可供读者练习使用。本书还配有微课视频，以便读者自学。本书为校企合作编写的教材，力求做到图文结合、通俗易懂、新颖、实用。

本书可作为职业院校建筑工程技术、建设工程监理、工程造价、房地产经营与管理、建筑设备、给排水工程技术、供热通风与空调工程技术、建筑电气工程技术、建筑智能化工程技术等专业的教材，也可作为"1＋X"建筑工程识图职业技能等级考试的参考教材以及成人教育土建类及相关专业的教材，还可作为建筑工程技术从业人员自学参考用书，具有较强的实用性。

图书在版编目（CIP）数据

房屋构造与识图：配习题集/卜洁莹，乔博主编. —2 版. —北京：机械工业出版社，2023.1（2024.1 重印）
职业教育建筑类专业"互联网＋"创新教材
ISBN 978-7-111-72185-7

Ⅰ.①房…　Ⅱ.①卜…②乔…　Ⅲ.①建筑构造－职业教育－教材②建筑制图－识别－职业教育－教材　Ⅳ.①TU22②TU204.21

中国版本图书馆 CIP 数据核字（2022）第 231910 号

机械工业出版社（北京市百万庄大街22号　邮政编码100037）
策划编辑：王莹莹　　　　　责任编辑：王莹莹　沈百琦
责任校对：潘　蕊　李　婷　封面设计：马精明
责任印制：任维东
天津翔远印刷有限公司印刷
2024 年 1 月第 2 版第 2 次印刷
184mm×260mm·19.25 印张·4 插页·482 千字
标准书号：ISBN 978-7-111-72185-7
定价：54.50 元

电话服务　　　　　　　　　网络服务
客服电话：010-88361066　　机 工 官 网：www.cmpbook.com
　　　　　010-88379833　　机 工 官 博：weibo.com/cmp1952
　　　　　010-68326294　　金 书 网：www.golden-book.com
封底无防伪标均为盗版　机工教育服务网：www.cmpedu.com

前　　言

《房屋构造与识图》（以下简称第 1 版）是职业教育建筑类改革与创新系列教材，2015 年 3 月发行以来，累计印刷超过万册，受到了广大读者的欢迎和好评。

结合建筑专家和一线教师提出的建议，我们对第 1 版的内容进行了如下修订：

1. 根据现行的国家标准、规范和规程对教材中相关的标准、定义和数据进行了调整。

2. 新增了微课视频，以便读者自学。读者可以通过扫描二维码，在手机和 iPad 等移动终端设备上观看微课视频。

3. 进一步完善了教材中部分插图和表格。

4. 修订了第 1 版中的疏漏。

本书配有《房屋构造与识图习题集》，可供读者练习使用。

本书由辽宁城市建设职业技术学院卜洁莹教授和中国建筑东北设计研究院有限公司教授级高级工程师乔博担任主编，辽宁城市建设职业技术学院宋梅教授和刘卓担任副主编，此外，辽宁城市建设职业技术学院姜轶和贾淞也参与了编写。辽宁城市建设职业技术学院严峻教授审阅了全书并提出了许多宝贵的意见与建议，在此表示衷心的感谢。

由于编者水平有限，书中疏漏之处在所难免，恳请读者在使用过程中给予指正并提出宝贵意见。

编　者

本书微课视频清单

序号	名称	图形	序号	名称	图形
01	投影的概念和分类		07	点的投影规律	
02	正投影的特性		08	两点的相对位置	
03	三投影面体系的建立和三面投影图的形成		09	直线的三面投影	
04	三视图的位置关系和投影规律		10	直线与投影面的位置关系（一）	
05	三面投影图（三视图）的作图方法		11	直线与投影面的位置关系（二）	
06	点的三面投影图		12	直线与投影面的位置关系（三）	

（续）

序号	名称	图形	序号	名称	图形
13	平面的三面投影		20	曲面立体的概念	
14	各种位置平面的投影（一）		21	圆柱的投影	
15	各种位置平面的投影（二）		22	圆锥的投影	
16	各种位置平面的投影（三）		23	圆球的投影	
17	平面立体的概念		24	民用建筑的构造组成	
18	棱柱的投影		25	砖墙的组砌方式	
19	棱锥的投影				

目　　录

前言

本书微课视频清单

第一篇　房屋建筑识图基础

第1章　房屋建筑制图的基本知识 ……… 1

课题1　房屋建筑制图标准 ……………… 1

课题2　手工制图工具与用品 …………… 11

本章回顾 …………………………………… 13

第2章　投影的基本知识 ………………… 14

课题1　投影的概念、分类及特性 ……… 14

课题2　三面投影图 ……………………… 16

课题3　点的投影 ………………………… 19

课题4　直线的投影 ……………………… 23

课题5　平面的投影 ……………………… 29

本章回顾 …………………………………… 32

第3章　立体的投影 ……………………… 33

课题1　平面立体的投影 ………………… 33

课题2　曲面立体的投影 ………………… 35

课题3　体表面上点和线的投影 ………… 38

课题4　组合体的投影及尺寸标注 ……… 42

课题5　轴测投影 ………………………… 46

本章回顾 …………………………………… 53

第4章　剖面图和断面图 ………………… 54

课题1　剖面图 …………………………… 54

课题2　断面图 …………………………… 58

本章回顾 …………………………………… 60

第二篇　房屋建筑构造

第5章　民用建筑概述 …………………… 61

课题1　建筑物的分类及等级划分 ……… 61

课题2　民用建筑的构造组成 …………… 64

课题3　房屋构造的影响因素及建筑

标准化 …………………………… 65

课题4　房屋的定位轴线 ………………… 68

本章回顾 …………………………………… 71

第6章　基础与地下室 …………………… 72

课题1　基础与地基 ……………………… 72

课题2　影响基础埋深的主要因素 ……… 74

课题3　基础的类型与构造 ……………… 75

课题4　地下室的构造 …………………… 80

本章回顾 …………………………………… 84

第7章　墙体 ……………………………… 85

课题1　墙体的作用、类型及构造要求 … 85

课题2　砌体墙 …………………………… 87

课题3　幕墙 ……………………………… 98

课题4　隔墙 ……………………………… 101

课题5　墙体保温 ………………………… 104

课题6　墙面装修 ………………………… 106

本章回顾 …………………………………… 111

第8章　楼地层 …………………………… 113

课题1　楼地层的构造要求与组成 ……… 113

课题2　钢筋混凝土楼板 ………………… 116

课题3　楼地面构造 ……………………… 122

课题4　顶棚构造 ………………………… 128

课题5　阳台与雨篷 ……………………… 130

本章回顾 …………………………………… 133

第9章　屋顶 ……………………………… 134

课题1　屋顶的作用及类型 ……………… 134

课题2　平屋顶的构造 …………………… 136

课题3　坡屋顶的构造 …………………… 149

本章回顾 ·········· 155

第 10 章　楼梯 ·········· 156
　课题 1　楼梯的组成与类型 ·········· 156
　课题 2　楼梯的尺度 ·········· 158
　课题 3　钢筋混凝土楼梯 ·········· 160
　课题 4　楼梯的细部构造 ·········· 164
　课题 5　台阶与坡道 ·········· 167
　课题 6　电梯与自动扶梯 ·········· 168
　本章回顾 ·········· 170

第 11 章　窗与门 ·········· 171
　课题 1　窗的种类与构造 ·········· 171
　课题 2　门的种类与构造 ·········· 174
　课题 3　遮阳设施 ·········· 178
　本章回顾 ·········· 179

第 12 章　变形缝 ·········· 181
　课题 1　变形缝的种类和作用 ·········· 181

　课题 2　伸缩缝 ·········· 181
　课题 3　沉降缝 ·········· 184
　课题 4　防震缝 ·········· 186
　本章回顾 ·········· 187

第 13 章　民用建筑工业化 ·········· 188
　课题 1　概述 ·········· 188
　课题 2　预制装配式建筑 ·········· 189
　课题 3　工具式模板现浇建筑 ·········· 196
　本章回顾 ·········· 199

第 14 章　工业建筑 ·········· 200
　课题 1　概述 ·········· 200
　课题 2　单层工业厂房的主要结构构件 ·········· 206
　课题 3　单层工业厂房的围护构件及其他构造 ·········· 215
　本章回顾 ·········· 224

第三篇　房屋建筑识图

第 15 章　房屋建筑工程施工图的基本知识 ·········· 225
　课题 1　房屋建筑工程施工图的分类及内容 ·········· 225
　课题 2　房屋建筑工程施工图中的有关规定及图示特点 ·········· 226
　本章回顾 ·········· 229

第 16 章　建筑施工图 ·········· 231

　课题 1　建筑总平面图 ·········· 231
　课题 2　建筑平面图 ·········· 233
　课题 3　建筑立面图 ·········· 236
　课题 4　建筑剖面图 ·········· 238
　课题 5　建筑详图 ·········· 239
　本章回顾 ·········· 242

附录　某医院医疗综合楼建筑施工图 ··· 243
参考文献 ·········· 244

第一篇　房屋建筑识图基础

第1章　房屋建筑制图的基本知识

序号	学习内容	学习目标	能力目标
1	国家制图标准中关于图纸、图线、字体、比例、尺寸标注的相关规定	掌握国家制图标准中关于图纸、图线、字体、比例、尺寸标注的相关规定	能遵守并正确运用国家制图标准中的相关规定
2	手工制图工具与用品	熟悉常用手工制图工具的使用方法	能正确使用手工制图工具

课题1　房屋建筑制图标准

1.1.1　图纸

1. 图纸幅面

1）图纸幅面及图框尺寸，应符合表1-1的规定及图1-1～图1-6所示的格式。

表1-1　幅面及图框尺寸　　　　　　　　　（单位：mm）

幅面代号 尺寸代号	A0	A1	A2	A3	A4
$b \times l$	841×1189	594×841	420×594	297×420	210×297
c		10			5
a			25		

注：表中 b 为幅面短边尺寸，l 为幅面长边尺寸，c 为图框线与幅面线间宽度，a 为图框线与装订边间宽度。

2）需要微缩复制的图纸，其一个边上应附有一段准确米制尺度，四个边上均应附有对中标志，米制尺度的总长应为100mm，分格应为10mm。对中标志应画在图纸内框各边长的中点处，线宽应为0.35mm，并应伸入内框内，在框外应为5mm。对中标志的线段，应于图框长边尺寸 l_1 和图框短边尺寸 b_1 范围取中。

3）图纸的短边尺寸不应加长，A0～A3 幅面长边尺寸可加长，但应符合表1-2的规定。

表 1-2　图纸长边加长尺寸　　　　　　　　　　　　（单位：mm）

幅面代号	长边尺寸	长边加长后尺寸
A0	1189	1486（A0 + 1/4l）、1783（A0 + 1/2l）、2080（A0 + 3/4l）、2378（A0 + l）
A1	841	1051（A1 + 1/4l）、1261（A1 + 1/2l）、1471（A1 + 3/4l）、1682（A1 + l）、1892（A1 + 5/4l）、2102（A1 + 3/2l）
A2	594	743（A2 + 1/4l）、891（A2 + 1/2l）、1041（A2 + 3/4l）、1189（A2 + l）、1338（A2 + 5/4l）、1486（A2 + 3/2l）、1635（A2 + 7/4l）、1783（A2 + 2l）、1932（A2 + 9/4l）、2080（A2 + 5/2l）
A3	420	630（A3 + 1/2l）、841（A3 + l）、1051（A3 + 3/2l）、1261（A3 + 2l）、1471（A3 + 5/2l）、1682（A3 + 3l）、1892（A3 + 7/2l）

注：有特殊需要的图纸，可采用 $b \times l$ 为 841mm × 891mm 与 1189 × 1261mm 的幅面。

4）图纸以短边作为垂直边称为横式，以短边作为水平边称为立式。一般 A0 ~ A3 图纸宜横式使用；必要时，也可立式使用。

5）在一项工程设计中，每个专业所使用的图纸，一般不宜多于两种幅面，不含目录及表格所采用的 A4 幅面。

2. 标题栏

1）图纸中应有的标题栏、图框线、幅面线、装订边线和对中标志。图纸的标题栏及装订边的位置，应符合下列规定：

① 横式使用的图纸，应按图 1-1、图 1-2 或图 1-3 规定的形式布置。

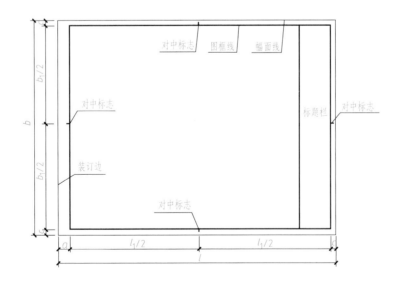

图 1-1　A0 ~ A3 横式幅面（一）

② 立式使用的图纸，应按图 1-4、图 1-5 或图 1-6 规定的形式布置。

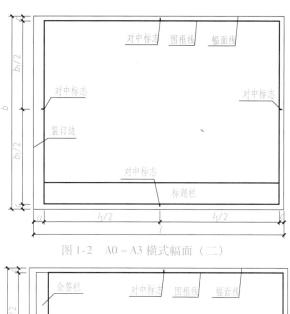

图 1-2　A0～A3 横式幅面（二）

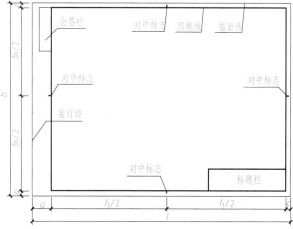

图 1-3　A0～A1 横式幅面

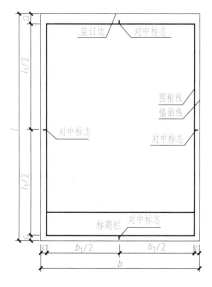 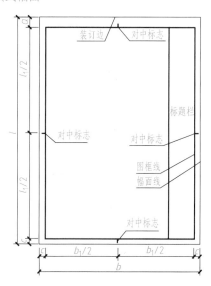

图 1-4　A0～A4 立式幅面（一）　　　　图 1-5　A0～A4 立式幅面（二）

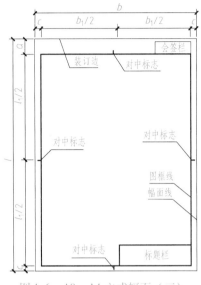

图 1-6 A0～A4 立式幅面（三）

2）应根据工程的需要选择确定标题栏、会签栏的尺寸、格式及分区。当采用图 1-1、图 1-2、图 1-4 及图 1-5 布置时，标题栏应按图 1-7 和图 1-8 所示布局；当采用图 1-3 及图 1-6 布置时，标题栏、签字栏应按图 1-9、图 1-10 及图 1-11 所示布局。签字区或会签栏应包括实名列和签名列，并应符合下列规定：

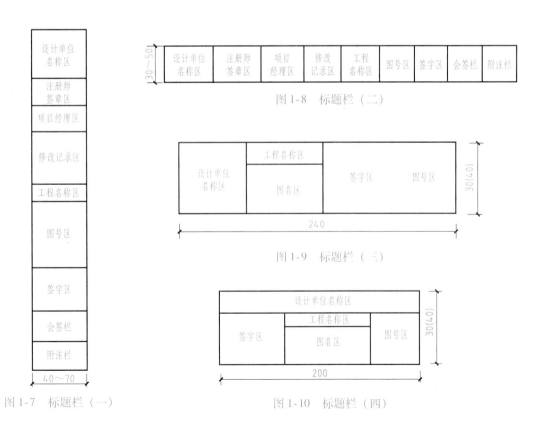

图 1-7 标题栏（一）

图 1-8 标题栏（二）

图 1-9 标题栏（三）

图 1-10 标题栏（四）

① 涉外工程的标题栏内，各项主要内容的中文下方应附有译文，设计单位的上方或左方，应加"中华人民共和国"字样。

② 在计算机辅助制图文件中使用电子签名与认证时，应符合《中华人民共和国电子签名法》的有关规定。

③ 当由两个以上的设计单位合作设计同一项工程时，设计单位名称区可依次列出设计单位名称。

3）会签栏应按图 1-11 的格式绘制，其尺寸应为 100mm×20mm，栏内应填写会签人员所代表的专业、姓名、日期（年、月、日）；一个会签栏不够时，可另加一个，两个会签栏应并列；不需会签的图纸可不设会签栏。

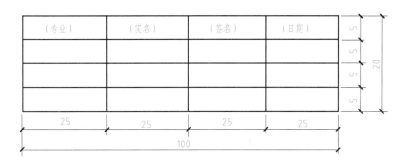

图 1-11　会签栏

1.1.2　图线

1）图线的基本线宽 b 宜按照图纸比例及图纸性质从 1.4mm、1.0mm、0.7mm、0.5mm 线宽系列中选取。图线线宽不应小于 0.1mm。每个图样，应根据复杂程度与比例大小，先选定基本线宽 b，再选用表 1-3 中相应的线宽组。

表 1-3　线宽组　　　　　　　　　　　　　　（单位：mm）

线宽比	线宽组			
b	1.4	1.0	0.7	0.5
$0.7b$	1.0	0.7	0.5	0.35
$0.5b$	0.7	0.5	0.35	0.25
$0.25b$	0.35	0.25	0.18	0.13

注：1. 需要微缩的图纸，不宜采用 0.18mm 及更细的线宽。
　　2. 同一张图纸内，各不同线宽中的细线，可统一采用较细的线宽组的细线。

2）工程建设制图，应选用表 1-4 所示的图线。

3）同一张图纸内，相同比例的各图样，应选用相同的线宽组。

4）图纸的图框和标题栏线，可采用表 1-5 的线宽。

表1-4　图线

名称		线型	线宽	一般用途
实线	粗	———————	b	主要可见轮廓线
	中粗	———————	$0.7b$	可见轮廓线
	中	———————	$0.5b$	可见轮廓线、尺寸线、变更云线
	细	———————	$0.25b$	图例填充线、家具线
虚线	粗	- - - - - - -	b	见各有关专业制图标准
	中粗	- - - - - - -	$0.7b$	不可见轮廓线
	中	- - - - - - -	$0.5b$	不可见轮廓线、图例线
	细	- - - - - - -	$0.25b$	图例填充线、家具线
单点长画线	粗	—·—·—·—	b	见各有关专业制图标准
	中	—·—·—·—	$0.5b$	见各有关专业制图标准
	细	—·—·—·—	$0.25b$	中心线、对称线、轴线等
双点长画线	粗	—··—··—	b	见各有关专业制图标准
	中	—··—··—	$0.5b$	见各有关专业制图标准
	细	—··—··—	$0.25b$	假想轮廓线、成型前原始轮廓线
折断线	细	～	$0.25b$	断开界线
波浪线	细	∿∿∿	$0.25b$	断开界线

表1-5　图框和标题栏线的宽度　　　　　　　　（单位：mm）

幅面代号	图框线	标题栏外框线 对中标志	标题栏分格线幅面线
A0、A1	b	$0.5b$	$0.25b$
A2、A3、A4	b	$0.7b$	$0.35b$

5）相互平行的图例线，其净间隙或线中间隙不宜小于0.2mm。

6）虚线、单点长画线或双点长画线的线段长度和间隔，宜各自相等。

7）单点长画线或双点长画线，当在较小图形中绘制有困难时，可用实线代替。

8）单点长画线或双点长画线的两端，不应采用点。点画线与点画线交接或点画线与其他图线交接时，应采用线段交接。

9）虚线与虚线交接或虚线与其他图线交接时，应采用线段交接。虚线为实线的延长线时，不得与实线相接。

10）图线不得与文字、数字或符号重叠、混淆，不可避免时，应首先保证文字的清晰。

1.1.3　字体

1）图纸上所需书写的文字、数字或符号等，均应笔画清晰、字体端正、排列整齐；标点符号应清楚正确。

2）文字的字高，应从表1-6中选用。字高大于10mm的文字宜采用 True Type 字体，如需书写更大的字，其高度应按 $\sqrt{2}$ 的倍数递增。

表 1-6　文字的高度　　　　　　　　　　　　　（单位：mm）

字体种类	汉字矢量字体	True Type 字体及非汉字矢量字体
字高	3.5、5、7、10、14、20	3、4、6、8、10、14、20

3）图样及说明中的汉字，宜优先采用 True Type 字体中的宋体字型，采用矢量字体时应为长仿宋体字型。同一图纸字体种类不应超过两种。矢量字体的宽高比宜为 0.7，且应符合表 1-7 的规定，长仿宋体字示例如图 1-12 所示。打印线宽宜为 0.25~0.35mm；True Type 字体宽高比宜为 1。大标题、图册封面、地形图等的汉字，也可书写成其他字体，但应易于辨认，其宽高比宜为 1。

表 1-7　长仿宋字高宽关系　　　　　　　　　　（单位：mm）

字高	3.5	5	7	10	14	20
字宽	2.5	3.5	5	7	10	14

指北针风玫瑰建筑设计说明平面图
立剖详南北一二三四五六七八九十
工业与民用建筑尺寸长宽高砖瓦厚
砂浆水泥土钢筋混凝楼地板门窗表
厕所施厂房日期校核审定标号基础

图 1-12　长仿宋体字示例

4）汉字的简化书写应符合国家有关汉字简化方案的规定。

5）图样及说明中的字母、数字，宜优先采用 True Type 字体中的 Roman 字型，书写规则应符合表 1-8 的规定。

表 1-8　字母及数字的书写规则

书写格式	字体	窄字体
大写字母高度	h	h
小写字母高度（上下均无延伸）	$7/10h$	$10/14h$
小写字母伸出的头部或尾部	$3/10h$	$4/14h$
笔画宽度	$1/10h$	$1/14h$

(续)

书写格式	字体	窄字体
字母间距	2/10h	2/14h
上下行基准线的最小间距	15/10h	21/14h
词间距	6/10h	6/14h

6）字母及数字，如需写成斜体字时，其斜度应是从字的底线逆时针向上倾斜75°。斜体字的高度和宽度应与相应的直体字相等。数字和字母示例，如图1-13所示。

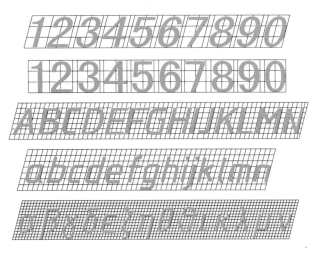

图1-13 数字和字母示例

7）字母及数字的字高不应小于2.5mm。

8）数量的数值注写，应采用正体阿拉伯数字，各种计量单位凡是前面有量值的，均应采用国家颁布的单位符号注写。单位符号应采用正体字母。

9）分数、百分数和比例数的注写，应采用阿拉伯数字和数字符号，例如：四分之三、百分之二十五和一比二十应分别写成3/4、25%和1:20。

10）当注写的数字小于1时，应写出个位的"0"，小数点应采用圆点，齐基准线书写，例如0.01。

11）长仿宋汉字、字母、数字应符合现行国家标准《技术制图-字体》（GB/T 14691—1993）的有关规定。

1.1.4 比例

1）图样的比例，应为图形与实物相对应的线性尺寸之比。比例的大小，是指其比值的大小，如1:50大于1:100。

2）比例的符号应为"："，比例应以阿拉伯数字表示，如1:1、1:2、1:100等。

3）比例宜注写在图名的右侧，字的基准线应取平；比例的字高宜比图名的字高小一号或两号（图1-14）。

平面图 1:100   6 1:20

图1-14 比例的注写

4）绘图所用的比例应根据图样的用途与被绘对象的复杂程度，从表 1-9 中选用，并应优先采用表中常用比例。

表 1-9 绘图所用的比例

常用比例	1:1、1:2、1:5、1:10、1:20、1:30、1:50、1:100、1:150、1:200、1:500、1:1000、1:2000
可用比例	1:3、1:4、1:6、1:15、1:25、1:40、1:60、1:80、1:250、1:300、1:400、1:600、1:5000、1:10000、1:20000、1:50000、1:100000、1:200000

5）一般情况下，一个图样应选用一种比例。根据专业制图需要，同一图样可选用两种比例。

6）特殊情况下也可自选比例，这时除应注出绘图比例外，还应在适当位置绘制出相应的比例尺。需要微缩的图纸应绘制比例尺。

1.1.5 尺寸标注

1. 尺寸界线、尺寸线及尺寸起止符号

1）图样上的尺寸，应包括尺寸界线、尺寸线、尺寸起止符号和尺寸数字（图 1-15）。

2）尺寸界线应用细实线绘制，应与被注长度垂直，其一端应离开图样轮廓线不小于 2mm，另一端宜超出尺寸线 2 ~ 3mm。图样轮廓线可用作尺寸界线（图 1-16）。

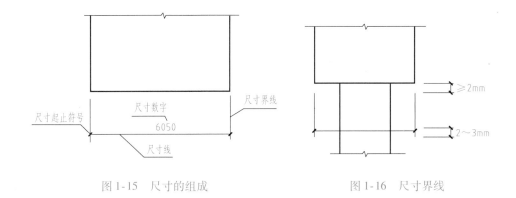

图 1-15 尺寸的组成　　　　　　　图 1-16 尺寸界线

3）尺寸线应用细实线绘制，应与被注长度平行。两端宜以尺寸界线为边界，也可超出尺寸界线 2 ~ 3mm。图样本身的任何图线均不得用作尺寸线。

4）尺寸起止符号用中粗斜短线绘制，其倾斜方向应与尺寸界线成顺时针 45°角，长度宜为 2 ~ 3mm。轴测图中用小圆点表示尺寸起止符号，小圆点直径 1mm（图 1-17）。半径、直径、角度与弧长的尺寸起止符号，宜用箭头表示，箭头宽度 b 不宜小于 1mm（图 1-18）。

2. 尺寸数字

1）图样上的尺寸，应以尺寸数字为准，不应从图上直接量取。

2）图样上的尺寸单位，除标高及总平面以米为单位外，其他必须以毫米为单位。

3）尺寸数字的方向，应按图 1-19a 的规定注写。若尺寸数字在 30°斜线区内，也可按图 1-19b 的形式注写。

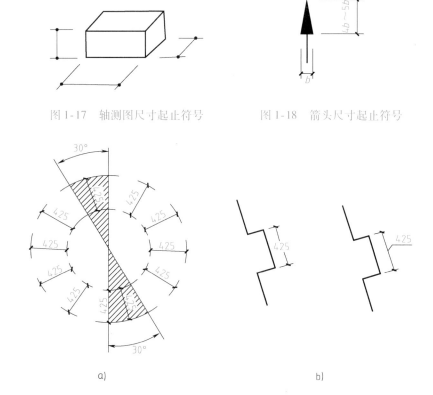

图 1-17　轴测图尺寸起止符号　　　　　　图 1-18　箭头尺寸起止符号

a)　　　　　　　　　　　　　　　b)

图 1-19　尺寸数字的注写方向
a）在 30°斜线区内严禁注写尺寸数字　b）在 30°斜线区内注写尺寸数字

4）尺寸数字应依据其方向注写在靠近尺寸线的上方中部。如没有足够的注写位置，最外边的尺寸数字可注写在尺寸界线的外侧，中间相邻的尺寸数字可上下错开注写，可用引出线表示标注尺寸的位置（图 1-20）。

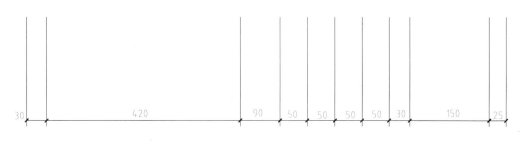

图 1-20　尺寸数字的注写位置

5）圆弧半径、圆直径、球的尺寸标注如图 1-21 所示。

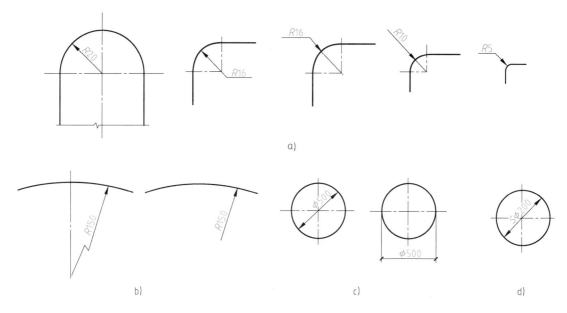

图 1-21　圆弧半径、圆直径、球的尺寸标注图

a) 圆弧半径　b) 较大圆弧半径　c) 圆直径　d) 球直径

课题 2　手工制图工具与用品

1.2.1　图板

图板主要用做画图的垫板。图板板面应质地松软、光滑平整、有弹性，图板两端要平整，四角互相垂直。图板的左侧为工作边，又称导边，如图 1-22 所示。图板的大小有 0 号、1 号、2 号等各种不同规格，可根据所画图幅的大小选定。

1.2.2　丁字尺

丁字尺由相互垂直的尺头和尺身组成。丁字尺与图板配合主要用来画水平线，使用时注意尺头应紧靠图板的左边缘，上下移动

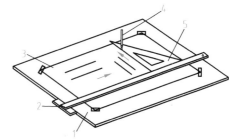

图 1-22　图板、丁字尺、图纸、铅笔及三角板

1—图板　2—丁字尺　3—图纸　4—铅笔　5—三角板

至需要画线的位置，用笔在尺身上侧自左向右画出水平线，如图 1-22 所示。

1.2.3　三角板

三角板有 45° 和 60° 两种。三角板与丁字尺配合，可用来画铅垂线和某些角度的斜线。使用三角板画铅垂线时，应使丁字尺尺头靠紧图板的工作边，以防产生滑动，三角板的一直角边紧靠在丁字尺的工作边上，再用左手轻轻按住丁字尺和三角板，右手持铅笔，自下而上画出铅垂线，如图 1-22 所示。

1.2.4 图纸

图纸分为绘图纸和描图纸两种。

绘图纸要求纸面洁白，质地坚硬，用橡皮擦拭不易起毛，画墨线时不洇透，图纸幅面应符合国家标准。绘图纸不能卷曲、折叠和压皱。

描图纸有硫酸纸和聚酯薄膜两种，用于复制图样。

1.2.5 铅笔

绘图铅笔的硬度标志包括 H 和 B 两类，标志 H，2H，…，6H 表示硬铅芯，标志 B，2B，…，6B 表示软铅芯，标志 HB 则属于中等硬度。一般选用 H 或 2H 铅笔绘制底稿，选用 HB 或 B 铅笔加深图线。

铅笔尖应削成锥形，铅芯露出长度约为 6～8mm，铅笔宜保留刻有硬度标志的一端，如图 1-23 所示。

1.2.6 绘图墨水笔

绘图墨水笔也称针管笔，用于画墨线图，其外形与普通钢笔相似，由笔尖、吸墨管和笔管组成，如图 1-24 所示。笔尖由钢质通针和针管组成，针管直径由小到大有 0.2～1.2mm 不同规格，可画出粗细不同的图线。

图 1-23　铅笔削法图　　　　　　　　　　图 1-24　绘图墨水笔

1.2.7 比例尺

比例尺也称为三棱尺，如图 1-25 所示，是用来按一定比例量取长度时的专用量尺，可放大或缩小尺寸。比例尺外形成三棱柱体，上面有六种（1∶100、1∶200、1∶300、1∶400、1∶500、1∶600）不同的比例。

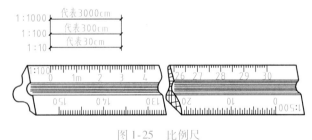

图 1-25　比例尺

1.2.8 圆规与分规

1. 圆规

圆规主要用来画圆及圆弧，如图 1-26 所示。

2. 分规

分规主要用来量取线段长度和等分线段，如图 1-27 所示。其形状与圆规相似，但两腿都是钢针。

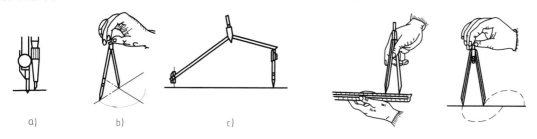

图 1-26　圆规
a）钢针台肩与铅芯端部平齐　b）画圆的方法
c）绘制较大的圆或圆弧的方法

图 1-27　分规的使用方法

1.2.9　制图模板

为了提高制图的速度和质量，把图样上常用的一些符号、图形及比例等，刻在有机玻璃板上作为模板使用，如图 1-28 所示。建筑制图模板按照专业分类有建筑模板、结构模板和装饰模板等。

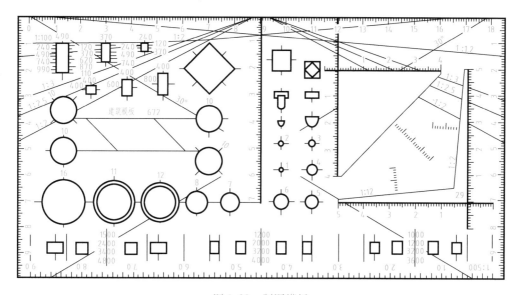

图 1-28　制图模板

本 章 回 顾

1. 房屋建筑制图统一标准是正确绘制和识读建筑工程图的基础，所以一定要掌握制图标准对图纸、图线、字体、比例、尺寸标注等的相关规定。

2. 常用手工制图工具有图板、丁字尺、三角板、图纸、铅笔、绘图墨水笔、圆规、分规、制图模板等。

第2章　投影的基本知识

序号	学习内容	学习目标	能力目标
1	投影的概念、分类；正投影的基本特性	了解投影的基本概念、分类以及正投影的基本特性	能根据投影的相关知识理解工程图的成图原理
2	三面投影图的投影规律及画法	掌握三面投影图的投影规律及画法	能绘制简单立体三面投影图
3	点、线、面的投影	掌握点、线、面的投影规律和投影特性	会画点、线、面的三面投影 能准确判断空间点、线、面的方位关系

课题1　投影的概念、分类及特性

2.1.1　投影的概念

投影的概念和分类

物体在阳光或灯光的照射下会在地面或墙面上产生影子，这就是投影现象，如图2-1所示。这种现象给了人们启发，经过长期的观察与研究，人们总结归纳出一些能为生产所用的，能准确清楚地表达物体各部分的真实形状和大小的投影原理和方法。

如图2-2所示，物体在光源 S 的照射下，在平面 H 上产生的影子称为投影。光源 S 称为投影中心，光线称为投射线，物体称为几何形体，落影的平面 H 称为投影面。

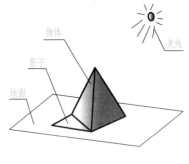

图 2-1　投影现象

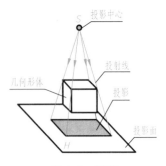

图 2-2　投影

将空间形体的投影绘制在平面图纸上，以表示其形状和大小的方法，称为投影法。采用投影法，在给定投影面上得到形体的投影，并以线条绘制出投影的形状，就形成了投影图。如图2-3所示，为了把形体各面和内部形状都反映在投影图中，可以假设投射线能穿透形体，用粗实线表示可见的轮廓线或棱线，用中粗虚线表示不可见的轮廓线或棱线。

2.1.2　投影的分类

根据投射线的交汇或平行，投影一般可分为中心投影和平行投影两类。

1. 中心投影

投射线由投影中心发出，在投影面上做出物体的投影，称为中心投影，如图 2-2 所示。工程中常采用中心投影法绘制近大远小、形象逼真的透视图，如图 2-4 所示。

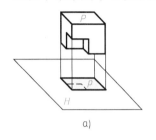

图 2-3　投影图的形成
a）投影　b）投影图

图 2-4　形体透视图

2. 平行投影

投射线互相平行，在投影面上做出物体的投影，称为平行投影。根据投影线和投影面的角度关系（倾斜或垂直），平行投影又可分为斜投影和正投影。

（1）斜投影　投射线互相平行且与投影面倾斜的投影，如图 2-5a 所示。工程上采用斜投影法绘制直观性很强的轴测图。

（2）正投影　投射线互相平行且与投影面垂直的投影，如图 2-5b 所示。采用正投影法绘制的图样，称为正投影图。正投影图度量性好、作图简便，能准确表达空间物体的形状和大小，因此绝大多数的工程图样都是用正投影法绘制的。

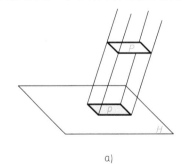

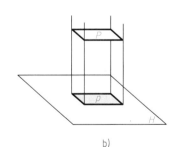

图 2-5　平行投影法
a）斜投影　b）正投影

注意：正投影法是画图和识图的主要原理和方法，后面如无特别说明，所述投影均指正投影。

2.1.3　正投影的基本特性

1. 实形性（显实性）

若直线段或平面图形平行于投影面，则其投影

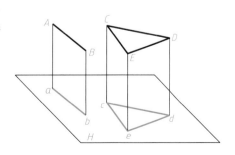

图 2-6　实形性

反映实长或实形,如图2-6所示。

2. 积聚性

若直线段或平面图形垂直于投影面,其投影积聚为一点或一直线,如图2-7所示。

3. 类似性

若直线段或平面图形倾斜于投影面,其投影变短或变小,但与空间图形类似,如图2-8所示。

正投影的特性

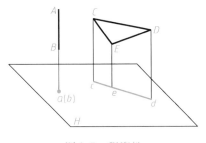

图2-7 积聚性

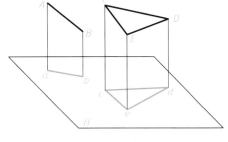

图2-8 类似性

课题2 三面投影图

三投影面体系的建立
和三面投影图的形成

2.2.1 三面投影图的形成

如图2-9所示,四个形状不同的物体在投影面 H 上的投影图却相同。由此可知,只画出形体的一面投影是不能全面地表达出其空间形状和大小的。要从几个方向进行投影,才能确定形体唯一的形状和大小。

为了能准确地反映空间形体的形状和大小,要建立一个由三个相互垂直的平面组成的三投影面体系,如图2-10所示。水平位置的称为水平投影面(简称水平面或 H 面);正立位置的称为正立投影面(简称正面或 V 面);侧立位置的称为侧立投影面(简称侧面或 W 面)。三个投影面的交线 OX、OY、OZ 称为投影轴,其交点 O 称为原点。

将形体置于三投影面体系中,并使形体的主要面与三个投影面平行,如图2-11所示,由上向下投影得到水平投影图(H 面投影),由前向后投影得到正面投影图(V 面投影),由左向右投影得到侧面投影图(W 面投影)。

为了能在一张图纸上同时反映出这三个投影图,需要将三个投影面展开。展开时 V 面不动,H 面绕 OX 轴向下旋转90°,W 面绕 OZ 轴向右旋转90°,使三个投影面展开在同一个平面上。展开后的 Y 轴分为两部分,随 H 面的标以 Y_H,

图2-9 一面投影图

随 W 面的标以 Y_W，如图 2-12 所示。投影面的大小与投影图无关，画图时投影面的边框不画，这样就得到如图 2-13 所示的三面投影图。

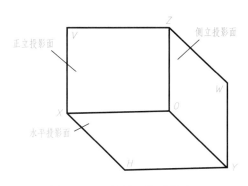

图 2-10　三投影面体系的建立

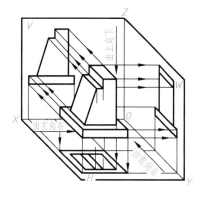

图 2-11　三面投影图的形成

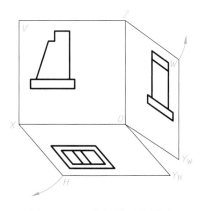

图 2-12　三个投影面的展开

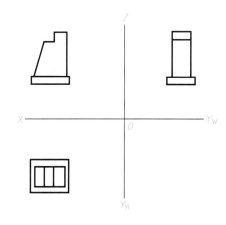

图 2-13　形体的三面投影图

2.2.2　三面投影图的投影规律

三视图的位置关系
和投影规律

　　空间的形体都有长、宽、高三个向度。当形体主要面确定之后，其形体左右间的距离定为长，前后的距离定为宽，上下的距离定为高，如图 2-14 所示。正面投影和水平投影反映了形体的长度，正面投影和侧面投影反映了形体的高度，水平投影和侧面投影反映了形体的宽度。由此归纳出三面投影图的基本投影规律：

　　1）正面投影与水平投影——长对正。

　　2）正面投影与侧面投影——高平齐。

　　3）水平投影与侧面投影——宽相等。

　　无论是对整个形体还是形体的每一个组成部分，都应符合此投影规律。三面投影图的投影规律是画图和识图时运用的最基本规律，必须牢固掌握、正确运用、严格遵守。

2.2.3　三面投影图与形体的方位关系

　　空间形体有上、下、左、右、前、后六个方位，如图 2-15 所示。正面投影反映了形体

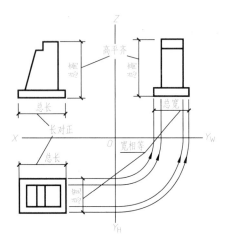

图 2-14 三面投影图的基本投影规律

上下和左右位置关系；水平投影反映了形体左右前后的位置关系；侧面投影反映了形体上下和前后的位置关系。

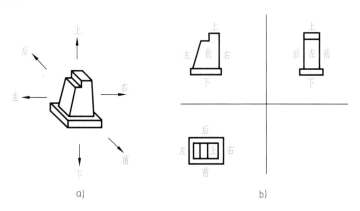

图 2-15 三面投影图与形体的方位关系

2.2.4 三面投影图的画法

三面投影图（三视图）
的作图方法

如图 2-16 所示，已知形体的直观图，画出其三面投影图。作图步骤如下：

1）先画出投影轴和 45°辅助斜线（可实现宽相等），再按尺寸画出反映物体特征的正面投影图，如图 2-17a 所示。

2）根据三面投影图的投影规律——"长对正"画出水平投影图，如图 2-17b 所示。

3）根据三面投影图的投影规律——"高平齐"和"宽相等"画出侧面投影图，如图 2-17c 所示。

4）去掉作图辅助线，整理及加深图线，如图 2-17d 所示。

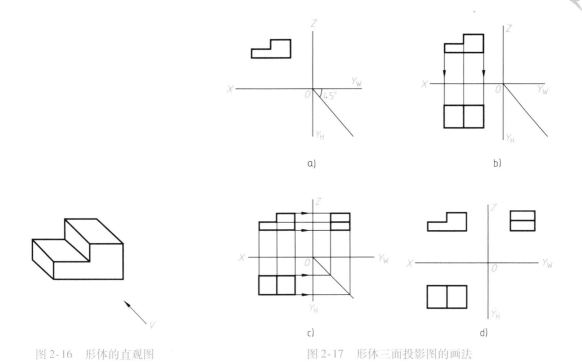

图 2-16　形体的直观图

图 2-17　形体三面投影图的画法

课题 3　点的投影

点的三面投影图

点、直线、平面是构成形体的基本几何元素，在实际工程中它们是不能脱离形体而孤立存在的。将它们从形体中抽象出来研究，目的是深刻认识形体的投影本质，掌握其投影规律。

2.3.1　点的三面投影

如图 2-18a 所示，为一空间点 A 在三投影面体系中分别向三个投影面投影，其投影线与投影面的交点分别是：a 称为 A 的水平投影；a′ 称为 A 的正面投影；a″ 称为 A 的侧面投影。在投影中，规定空间点用大写字母表示，水平投影用相应的小写字母表示，正面投影用相应的小写字母加一撇表示，侧面投影用相应的小写字母加两撇表示，如图 2-18b 所示。

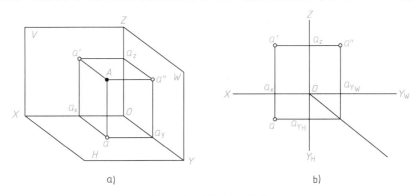

图 2-18　点的三面投影

2.3.2　点的投影规律

由正投影的特性得知，图 2-18a 中 $Aa \perp H$ 面，$Aa' \perp V$ 面，$Aa'' \perp W$ 面，由 Aa、Aa' 确定的平面 $Aa'a_xa$，同时垂直相交于 V 和 H 投影面，即：$a'a_x \perp OX$，$aa_x \perp OX$，当投影面展开后，点 A 的正面投影 a' 和水平投影 a 的连线垂直于 OX 轴，如图 2-18b 所示。同理：点 A 的正面投影 a' 和侧面投影 a'' 的连线垂直于 OZ 轴。

点的投影规律

由此可知，点的三面投影具有以下规律：

1）点的正面投影和水平投影的连线 $a'a$ 垂直于 OX 轴，即：$a'a \perp OX$。

2）点的正面投影和侧面投影的连线垂直于 OZ 轴，即 $a'a'' \perp OZ$。

3）点的侧面投影 a'' 到 OZ 轴的距离（$a''a_z$）等于水平投影 a 到 OX 轴的距离（aa_x），即 $a''a_z = aa_x$。

以上点的投影规律说明，空间任意点在三面投影中，只要给出其中任意两个投影就可以依据其投影规律求出第三投影。

【例 2-1】　如图 2-19a 所示，已知 A 点的 V、H 面投影 a' 和 a，求作 A 点的 W 面投影。

分析：由点的投影规律得知，$a'a'' \perp OZ$，且 $a''a_z = aa_x$。

作图步骤：

1）过 a' 作 OZ 轴的垂线，如图 2-19b 所示。

2）过 a 作 OY_H 轴的垂线交 45°线于一点，如图 2-19c 所示。

3）过该点作 OZ 轴的平行线得 a'' 点，如图 2-19d 所示。

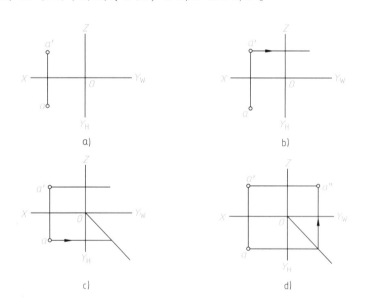

图 2-19　求点的投影的作图步骤

2.3.3　点的投影与坐标

在三面投影体系中，空间点及投影的位置可以用空间坐标来表示，把三个投影面视为坐标面，三个投影轴视为坐标轴，O 视为坐标原点，如图 2-20 所示。

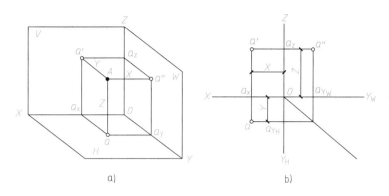

图 2-20　点的三面投影

由图 2-20 可知，空间一点到三个投影面的距离，就是该点的三个坐标。即：

1）空间点 A 到 W 面的距离为点 A 的 X 坐标，即 $Aa'' = Oa_x$。

2）空间点 A 到 V 面的距离为点 A 的 Y 坐标，即 $Aa' = Oa_y$。

3）空间点 A 到 H 面的距离为点 A 的 Z 坐标，即 $Aa = Oa_z$。

因此，空间点 A 的投影位置可用坐标表示为 A（X，Y，Z）。

一点的三面投影与点的坐标关系为：

1）A 点的水平投影 a 反映该点的 X 和 Y 坐标。

2）A 点的正面投影 a' 反映该点的 X 和 Z 坐标。

3）A 点的侧面投影 a'' 反映该点的 Y 和 Z 坐标。

如果已知一点的任意两面投影，就可以量出该点的三个坐标；而如果已知点的三个坐标，也可据此求出该点的三面投影。

【例 2-2】　已知空间点 B（18，15，20），求作 B 点的三面投影图。

作图步骤：

1）画投影轴和45°线，如图 2-21a 所示。

2）在 OX 轴上量取 $ob_x = 18$，过 b_x 作 OX 轴的垂线，在该线上量取 $b_x b = 15$，$b_x b' = 20$ 得 b、b'，如图 2-21b 所示。

3）依 b、b' 求 b''，如图 2-21c 所示。

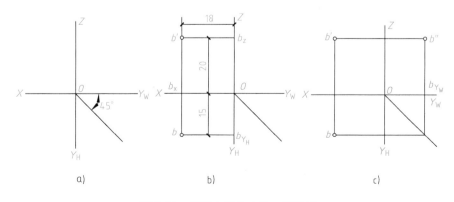

图 2-21　根据坐标作点的三面投影

2.3.4 特殊位置点的投影

点的坐标值可以为任意值，同样也可能出现零值。当点的坐标值中出现零值时，我们称这样的点为特殊位置点。特殊位置点可归纳为如下三种情况。

1. 投影面上的点

当空间点的坐标中有一个为零值时，该空间点位于投影面上。在该投影面上，点的投影与空间点重合。在另外两个投影面上，点的投影分别落在相应的投影轴上，如图2-22所示。

2. 投影轴上的点

当空间点的坐标中有两个为零值时，该空间点位于投影轴上。在包含该投影轴的两个投影面上，点的两个投影都与该空间点重合。在另外一个投影面上，点的投影与原点 O 重合，如图2-23所示。

3. 原点位置的点

当空间点的三个坐标值都为零值时，该空间点位于原点 O 的位置。它的三面投影都与它自身重合于原点 O，如图2-24所示。

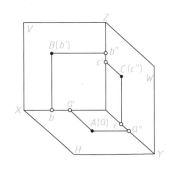
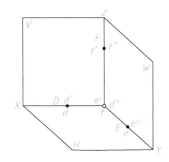
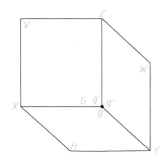

图2-22 投影面上的点 　　　　图2-23 投影轴上的点 　　　　图2-24 原点位置的点

2.3.5 两点相对位置

1. 两点相对位置

两点间的相对位置，是指两点间前后、左右、上下的位置关系。在投影图上判断两点相对位置，可根据它们坐标的大小来判断：Z 轴坐标大者在上，反之在下；Y 轴坐标大者在前，反之在后；X 轴坐标大者在左，反之在右。

两点的相对位置

如图2-25所示，A、B 两点的相对位置：$a_x < b_x$，点 A 在点 B 之右；$a_y < b_y$，点 A 在点 B 之后；$a_z > b_z$，因此点 A 在点 B 之上，结果是点 A 在点 B 的右后上方。

2. 重影点及其可见性

当空间两点处于某一投影面的同一垂线上（即有两对同名坐标对应相等）时，它们在该投影面上的投影必然重合，该两点称为对这个投影面的重影点。

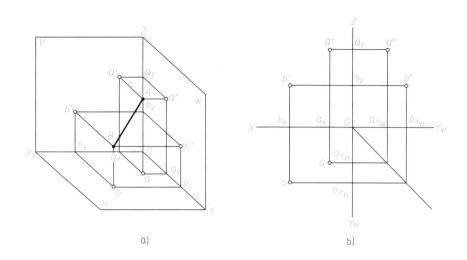

图 2-25　两空间点的相对位置

如图 2-26a、b 所示，A、B 两点在同一垂直 H 面的投影线上，这时称 A 点在 B 点的正上方，B 点则在 A 点的正下方；同理，如图 2-26c 所示的 C 点在 D 点的正前方，如图 2-26d 所示的 F 点在 E 点的正右方。对于重影点，要判别其可见性，一般采用点对该投影面的坐标值来判断，坐标值大为可见，小为不可见；凡不可见的点，其投影符号用圆括号括起来。如图 2-26b、c、d 所示，点 A、C、E 为可见，点 B、D、F 为不可见。B 点的水平投影标为（b），D 点的正面投影标为（d'），F 点的侧面投影标为（f''）。

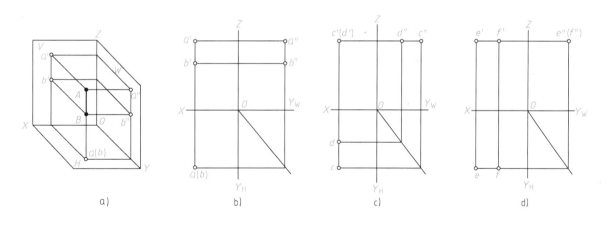

图 2-26　重影点

课题 4　直线的投影

直线是可以无限延长的，直线上两定点之间的部分称为"线段"，本　直线的三面投影书所述直线是指"线段"。

空间的两点可以确定一直线,因此,直线的三面投影,可以由它的两端点同面投影(同一投影面上的投影)相连而得,如图 2-27 所示。

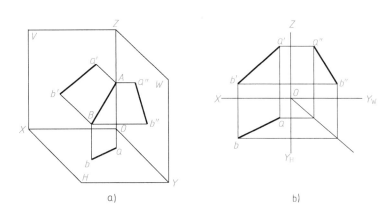

a) b)

图 2-27 一般位置直线

2.4.1 各种位置直线

在三投影面体系中,直线根据其对投影面的相对位置不同,分为一般位置直线、投影面的平行线和投影面的垂直线三种,其中后两种统称为特殊位置直线。

直线与投影面的
位置关系 (一)

直线与投影面的
位置关系 (二)

直线与投影面的
位置关系 (三)

1. 一般位置直线

与三个投影面均倾斜的直线,称为一般位置直线,如图 2-27a 所示。一般位置直线的投影具有以下特性(图 2-27b):

1)直线的三个投影均倾斜于投影轴。

2)各投影的长度均小于实长。

2. 投影面的平行线

平行于一个投影面,而倾斜于另外两个投影面的直线称为投影面的平行线。投影面的平行线可分为三种:

1)平行于水平面的直线称为水平线。

2)平行于正面的直线称为正平线。

3)平行于侧面的直线称为侧平线。

投影面的平行线的投影图及其投影特性见表2-1。

表 2-1　投影面的平行线

名称	水平线	正平线	侧平线
直观图	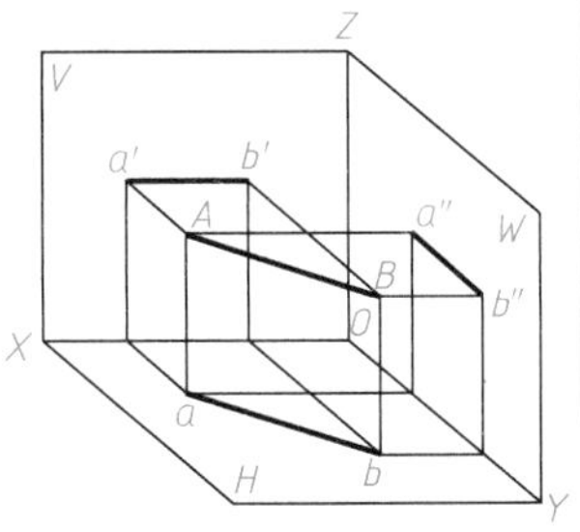	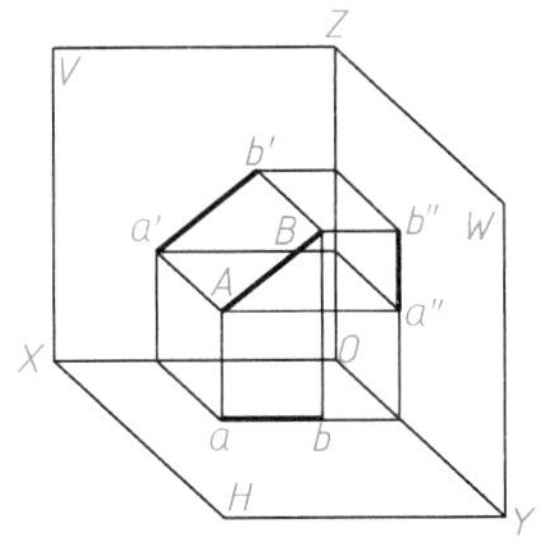	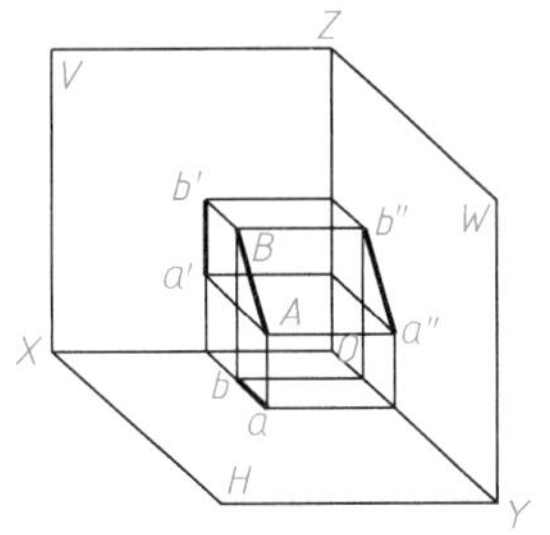
投影图	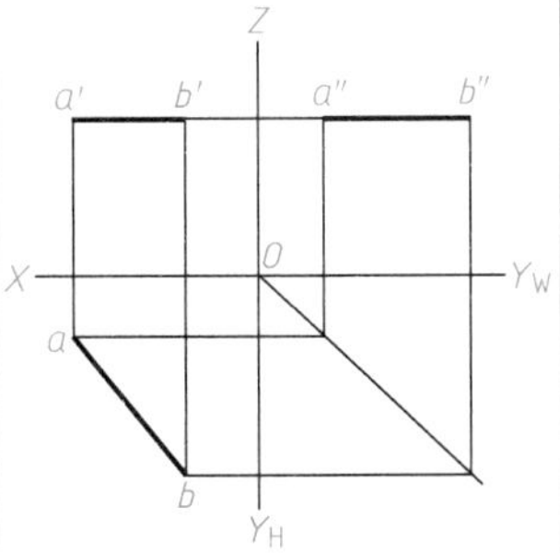	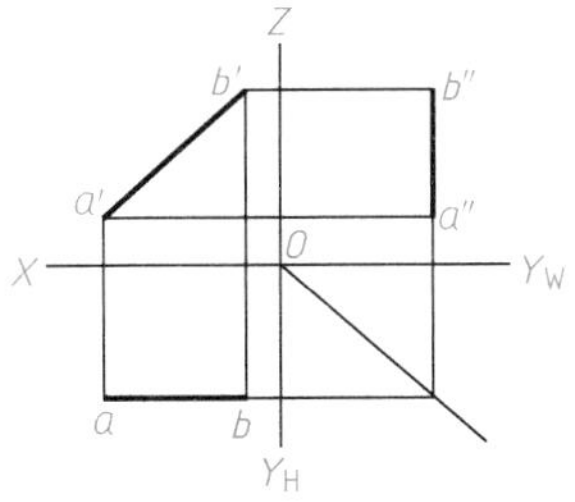	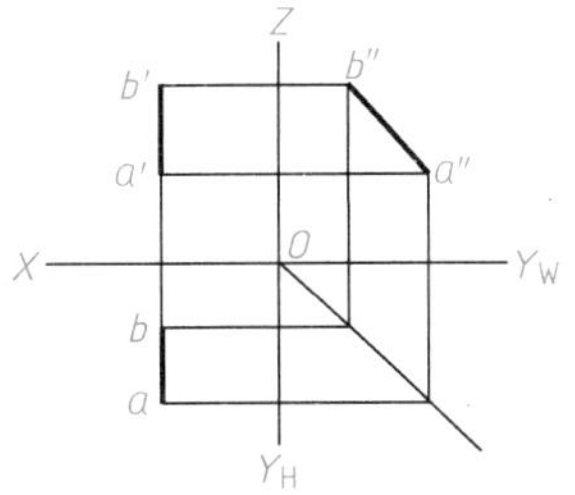
投影特性	1. 在 H 面投影反映实长 2. 在 V、W 面投影分别平行于 X、Y 轴，且小于实长	1. 在 V 面投影反映实长 2. 在 H、W 面投影分别平行于 X、Z 轴，且小于实长	1. 在 W 面投影反映实长 2. 在 V、H 面投影分别平行于 Z、Y 轴，且小于实长

由表2-1可以得出投影面平行线的投影特性如下：

1）直线在与其平行的投影面上的投影反映实长。

2）另外两个投影面上的投影，平行于它所平行的投影面的投影轴且小于实长。

3. 投影面的垂直线

垂直于一个投影面，而平行于另外两个投影面的直线称为投影面的垂直线。投影面的垂直线可分为三种：

1）垂直于水平面的直线称为铅垂线。

2）垂直于正面的直线称为正垂线。

3）垂直于侧面的直线称为侧垂线。

投影面的垂直线的投影图及其投影特性见表2-2。

表2-2 投影面的垂直线

名称	铅垂线	正垂线	侧垂线
直观图			
投影图			
投影特性	1. 在 H 面投影积聚为一点 2. 在 V、W 面投影反映实长，且分别垂直于 X、Y 轴	1. 在 V 面投影积聚为一点 2. 在 H、W 面投影反映实长，且分别垂直于 X、Z 轴	1. 在 W 面投影积聚为一点 2. 在 H、V 面投影反映实长，且分别垂直于 Y、Z 轴

由表2-2可以得出投影面垂直线的投影特性如下：

1）直线在与其垂直的投影面上的投影积聚为一点。

2）另外两个投影面上的投影反映实长，且分别垂直于它所垂直的投影面上的两投影轴。

一般情况下，根据一条直线的两面投影就可以判定其与投影面的位置关系。

2.4.2 直线上点的投影

直线上点的投影具有从属性和定比性两个特性。

（1）从属性 若点在直线上，则点的各个投影必在直线的各同面投影上。如图2-28所示，直线上的点 C 的投影 c 必在直线 AB 的投影 ab 上。

（2）定比性 点 C 分直线 AB 所成两线段长度之比等于该两线段的投影长度之比，即：$AC:CB = ac:cb$。

2.4.3 两直线的相对位置

空间两直线的相对位置有平行、相交和交叉三种。其中平行和相交两直线均在同一平面上，交叉两直线不在同一平面上，因此又称为异面直线。

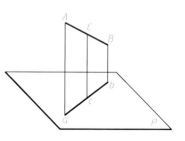

图2-28 直线上的点

1. 两直线平行

空间两直线相互平行，则它们的各同面投影必定相互平行。反之，若两直线的各同面投影相互平行，则两直线在空间也必定相互平行。如图 2-29 所示，$AB \parallel CD$，则 $ab \parallel cd$、$a'b' \parallel c'd'$、$a''b'' \parallel c''d''$。

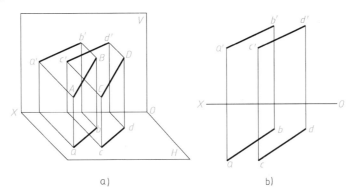

图 2-29　两直线平行

判断两直线是否平行，对于一般位置直线，只要任意的两投影面上的同面投影相互平行，即可肯定空间的两直线是相互平行的。对于同时平行于某一投影面的两直线，必须根据它们所平行的投影面上的投影是否平行来判断。如图 2-30 所示，直线 CD、EF 为侧平线，虽然它们分别在 V、H 面上的两投影是平行的，但在 W 面的投影不平行，所以 CD、EF 两直线不平行。

如果平行的两直线同时垂直于一个投影面，那么在该投影面上的投影积聚为两点，该两点之间的距离就是两直线在空间的真实距离。如图 2-31 所示，直线 GL、MN 为铅垂线且相互平行，它们在 H 面投影积聚为两点，即是直线 GL 与 MN 两直线间的真实距离。

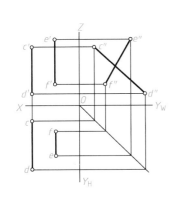

图 2-30　两直线不平行

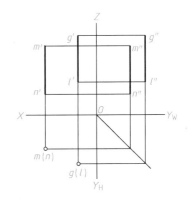

图 2-31　垂直于 H 面的两平行线

2. 两直线相交

空间两直线相交，它们的同面投影必然相交，且交点的投影符合点的投影规律；反之，如果两直线的同面投影相交，且交点符合点的投影规律，则两直线在空间必相交。如图2-32所示，因为 ab 与 cd 交于 k，$a'b'$ 与 $c'd'$ 交于 k'，$a''b''$ 与 $c''d''$ 交于 k''，且 $kk' \perp OX$ 轴，$k'k'' \perp OZ$ 轴，则空间 AB 与 CD 相交。

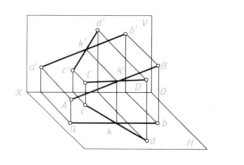
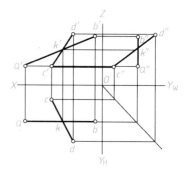

图 2-32　两直线相交

判断一般位置的两直线是否相交，只要任意的两投影面上的同面投影相交，就可肯定空间的两直线是相交的。如果当两直线中有一条是某投影面的平行线时，那么需要根据直线所平行的投影面上的投影来判断。如图 2-33 所示，AB 为侧平线，虽然 AB、CD 两直线在 V、H 两面投影是相交的，但通过 W 面投影可以看出，交点不符合点的投影规律，因此 AB、CD 两直线不相交；此外，也可以用投影的定比性判断。

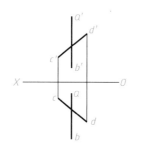
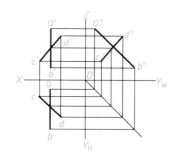

图 2-33　判断两直线不相交

3. 两直线交叉

空间两直线既不平行也不相交称为交叉两直线。交叉两直线的同面投影也有相交的，但交点不符合点的投影规律。实际上这些交点是两直线上的点在某投影面上的重影点。如图 2-34所示，直线 AB、CD 的水平投影交于一点，它们是 CD 直线上 Ⅰ 点和 AB 直线上 Ⅱ 点对 H 面的重影点，不是两直线的共有点，距 H 面远的 Ⅰ 点可见，而 Ⅱ 点不可见。两直线在 V 面交于一点，它们是 AB 直线上 Ⅲ 点和 CD 直线上 Ⅳ 点对 V 面的重影点，也不是两直线的共有点，距 V 面远的 Ⅲ 点可见，Ⅳ 点为不可见。

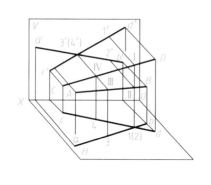
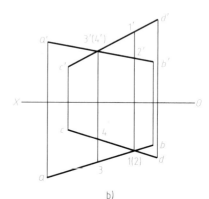

a)　　　　　　　　　　　　　　b)

图 2-34　两直线交叉

课题 5　平面的投影

平面的三面投影

空间平面可以无限延展，几何上常用确定平面的空间几何元素表示平面。

2.5.1　平面的表示方法

根据初等几何学结论：不在同一直线上的三点确定一个平面。从这条公理出发，平面的投影可以用下列任何一组几何元素的投影来表示：

1）不在同一直线上的三个点，如图 2-35a 所示。
2）一直线与该直线外的一点，如图 2-35b 所示。
3）相交两直线，如图 2-35c 所示。
4）平行两直线，如图 2-35d 所示。
5）任意平面图形（如三角形，圆等），如图 2-35e 所示。

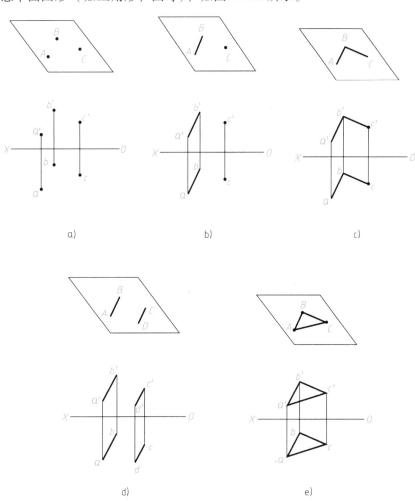

图 2-35　平面的几何元素表示法

2.5.2 各种位置平面

在三投影面体系中，平面根据其对投影面的相对位置不同，可以分为：一般位置平面、投影面的垂直面和投影面的平行面，其中后两种统称为特殊位置平面。

各种位置平面的   各种位置平面   各种位置平面
投影（一）   的投影（二）   的投影（三）

1. 一般位置平面

与三个投影面均倾斜的平面，称为一般位置平面，如图 2-36 所示。

一般位置平面的投影特性：一般位置平面在三个投影面上的投影均为比实形小的类似形。

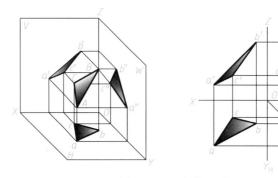

图 2-36　一般位置平面

2. 投影面的垂直面

垂直于某一投影面，并与另两个投影面都倾斜的平面，称为投影面的垂直面。投影面的垂直面有以下三种：

1）垂直于水平面，而与正面、侧面倾斜的平面称为铅垂面。

2）垂直于正面，而与水平面、侧面倾斜的平面称为正垂面。

3）垂直于侧面，而与水平面、正面倾斜的平面称为侧垂面。

投影面垂直面的投影图及其投影特性见表 2-3。

表 2-3　投影面的垂直面

名称	铅垂面	正垂面	侧垂面
直观图	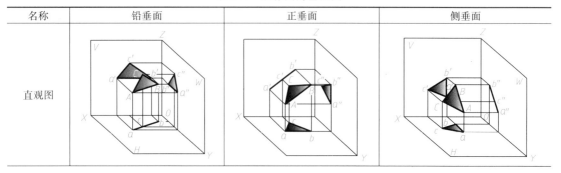		

（续）

名称	铅垂面	正垂面	侧垂面
投影图	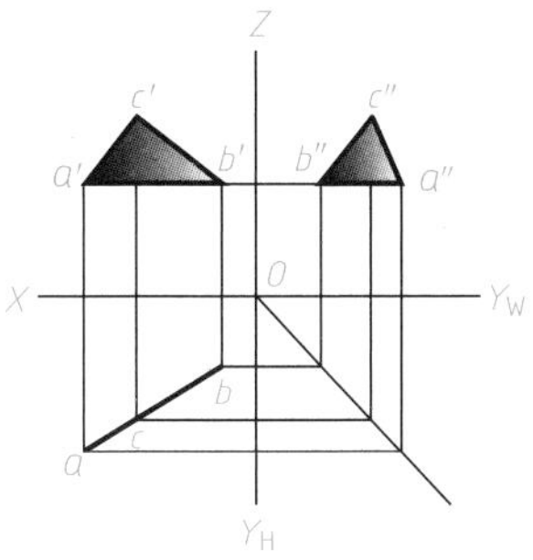	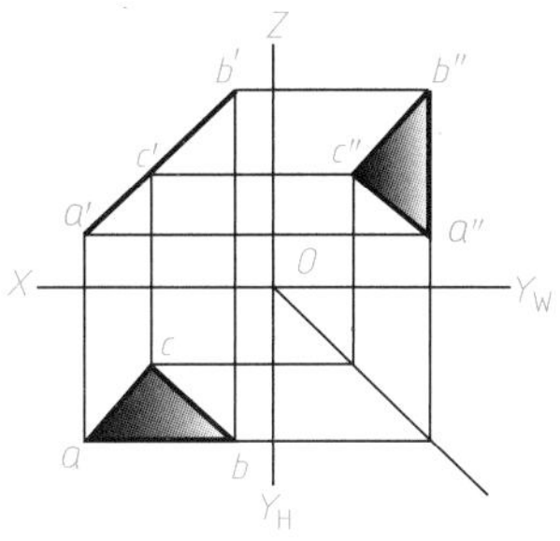	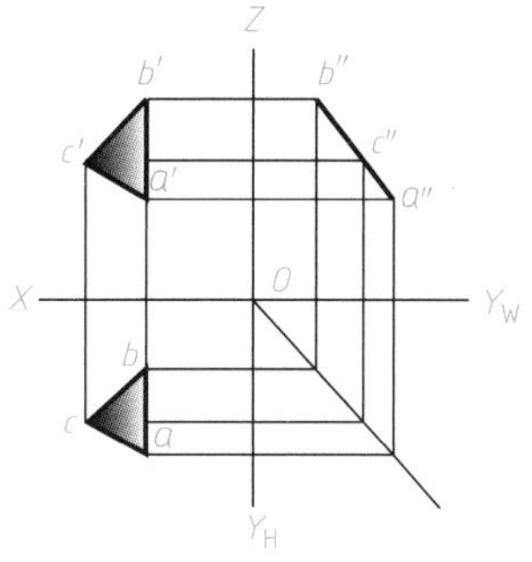
投影特性	1. 在 H 面投影积聚为一直线 2. 在 V、W 面投影是比实形小的类似形	1. 在 V 面投影积聚为一直线 2. 在 H、W 面投影是比实形小的类似形	1. 在 W 面投影积聚为一直线 2. 在 H、V 面投影是比实形小的类似形

由表 2-3 可以得出投影面垂直面的投影特性如下：

1）平面在它所垂直的投影面上的投影积聚为一条直线。

2）在另外两个投影面的投影均为比实形小的类似形。

3. 投影面的平行面

与某一个投影面平行（必然与另外两个投影面垂直）的平面，称为投影面的平行面。投影面的平行面有以下三种：

1）平行于水平面的平面称为水平面。

2）平行于正面的平面称为正平面。

3）平行于侧面的平面称为侧平面。

投影面平行面的投影图及其投影特性见表 2-4。

表 2-4　投影面的平行面

名称	水平面	正平面	侧平面
直观图	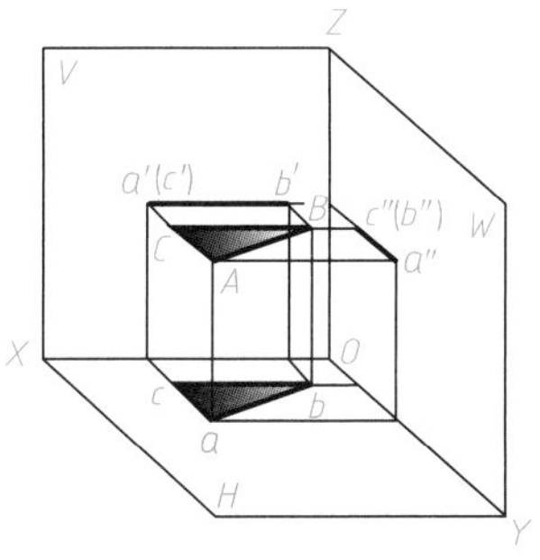	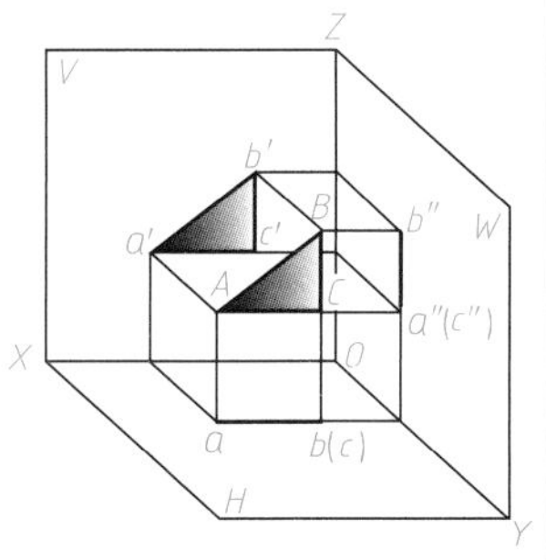	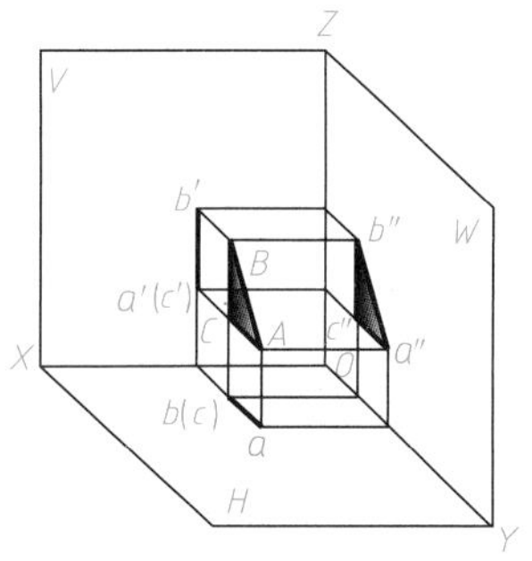

（续）

名称	水平面	正平面	侧平面
投影图	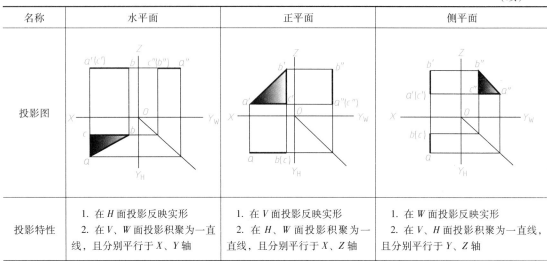		
投影特性	1. 在 H 面投影反映实形 2. 在 V、W 面投影积聚为一直线，且分别平行于 X、Y 轴	1. 在 V 面投影反映实形 2. 在 H、W 面投影积聚为一直线，且分别平行于 X、Z 轴	1. 在 W 面投影反映实形 2. 在 V、H 面投影积聚为一直线，且分别平行于 Y、Z 轴

由表2-4可以得出投影面平行面的投影特性如下：

1）平面在它所平行的投影面上的投影反映实形。

2）在另外两个投影面的投影积聚成一条直线，且分别平行于它所平行的投影面上的两投影轴。

作平面的投影图时，如果是一般位置的平面，则应先求出平面上各角点的投影，然后将其同面投影顺次连接即可；对于投影面平行面，应先画出反映实形的投影；对于投影面垂直面，则应先画出有积聚性的投影。

本 章 回 顾

1. 物体在光源的照射下，在平面上产生的影子称为投影。

2. 投影一般可分为中心投影和平行投影两类。平行投影又可分为斜投影和正投影。

3. 正投影的基本特性：实形性、积聚性、类似性。

4. 三面投影图的投影规律：长对正、高平齐、宽相等。

5. 两点间的相对位置指两点间前后、左右、上下的位置关系。

6. 直线分为一般位置直线、投影面的平行线和投影面的垂直线三种。投影面的平行线可分为水平线、正平线和侧平线。投影面的垂直线可分为铅垂线、正垂线和侧垂线。

7. 空间两直线的相对位置有平行、相交和交叉三种。

8. 平面分为一般位置平面、投影面的平行面和投影面的垂直面三种。投影面的平行面可分为水平面、正平面和侧平面。投影面的垂直面可分为铅垂面、正垂面和侧垂面。

第3章 立体的投影

序号	学习内容	学习目标	能力目标
1	平面立体和曲面立体的投影和尺寸标注 立体表面点、线的投影	掌握平面和曲面立体的投影规律 熟悉平面和曲面立体尺寸标注的方法及其表面点、线的投影	会画平面和曲面立体的投影
2	组合体投影图的画法和识读方法	掌握组合体投影图的画法和识读方法	能根据直观图作出组合体的投影图并能读懂投影图
3	轴测投影的形成、分类 正等测图和正面斜轴测图的画法	了解轴测投影的形成、分类 掌握正等测图和正面斜轴测图的画法	会画常用轴测图，能识读用轴测图表达的工程图样

任何工程构筑物、构配件，无论形状多么复杂，都可以看成是由若干个简单的基本几何形体组成。基本几何形体按其表面的性质不同可分为平面立体和曲面立体两类。

平面立体为表面全部由平面围成的立体，常见的有棱柱、棱锥、棱台等。

曲面立体为表面由曲面或曲面与平面围成的立体，常见的有圆柱、圆锥、球等。

课题 1　平面立体的投影

3.1.1　平面立体的投影图

1. 棱柱的投影

平面立体的概念

棱柱的投影

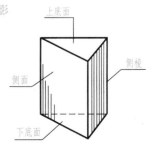

图 3-1　正三棱柱

棱柱有正棱柱和斜棱柱之分。如图 3-1 所示为正三棱柱。正棱柱有如下特点：

1）有两个互相平行的正多边形——底面。

2）其余各面都是矩形——侧面。

3）相邻侧面的公共边互相平行——侧棱。

作棱柱的投影时，首先应确定棱柱的摆放位置，如图 3-2a 所示，将正三棱柱水平放置，类似双坡屋面建筑的坡屋顶。根据其摆放位置，其中一个侧面 BB_1C_1C 为水平面，在水平投影面上反映实形，在正立投影面和侧立投影面上都积聚成平行于 OX 轴和 OY 轴的线段。另两个侧面 ABB_1A_1 和 ACC_1A_1 为侧垂面，在侧立投影面上的投影积聚成倾斜于投影轴的线段，在水平投影面和正立投影面上的投影都是矩形，但不反映原平面的实际大小。底面 ABC 和 $A_1B_1C_1$ 为侧平面，在侧立投影面上反映实形，在其余两个投影面上积聚成平行于 OY 轴和 OZ 轴的线段。由以上分析可得如图 3-2b 所示的三面投影。

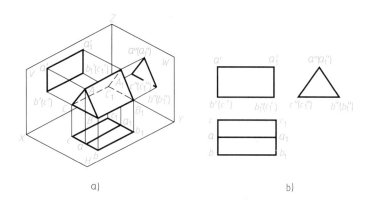

图 3-2　正三棱柱的投影
a）直观图　b）投影图

由图 3-2 可以得到正棱柱体的投影特点：一个投影为反映底面实形的正多边形，其余两个投影为一个或若干个矩形。

2. 棱锥的投影

棱锥也有正棱锥和斜棱锥之分。如图 3-3 所示为正三棱锥。正棱锥具有以下特点：

棱锥的投影

1）底面为一个正多边形。

2）其余各面是有一个公共顶点的全等等腰三角形。

3）过顶点做棱锥底面的垂线是棱锥的高，垂足在底面的中心上。

如图 3-4a 所示，将三棱锥顶点向上，其底面 ABC 为水平面，在水平投影面上的投影反映实形，另两个投影积聚成线段，平行于 OX 轴和 OY 轴；后侧面 SBC 为侧垂面，在侧立投影面上的投影积聚成倾斜于投影轴的线段，在水平投影面和正立投影面上的投影是 SBC 的类似形；而另两个侧面 SAB 和 SAC 都是一般位置的平面，它们的投影都不反映实形，都是其原平面的类似形。由以上分析可得如图 3-4b 所示的三面投影。

由图 3-4 可以得到正棱锥体的投影特点：一个投影为反映底面实形的正多边形（包括反映侧面的几个三角形），其余两个投影为一个或若干个三角形。

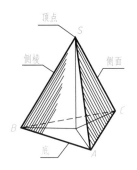

图 3-3　正三棱锥

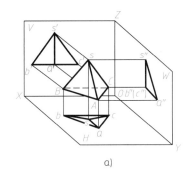

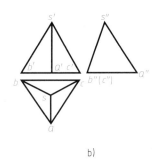

图 3-4　正三棱锥的投影
a）直观图　b）投影图

3.1.2　平面立体投影图的尺寸标注

对于平面立体的尺寸标注，主要是要注出长、宽、高 3 个方向的尺寸，一个尺寸只需注写一次，不要重复。一般底面尺寸应注写在反映实形的投影图上，高度尺寸注写在正面或侧面投影图上，如图 3-5 所示。

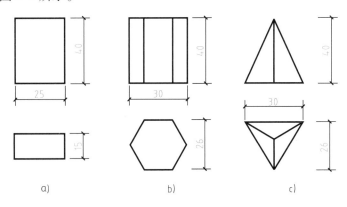

图 3-5　平面立体投影图的尺寸标注
a）四棱柱　b）六棱柱　c）三棱锥

课题 2　曲面立体的投影

曲面立体的曲面是由运动的母线（直线或曲线）绕着固定的轴线（直线）做回转运动形成的。母线运动到任一位置称为素线，常见的曲面立体有圆柱、圆锥、球等。

曲面立体的概念

3.2.1　圆柱的投影

如图 3-6 所示，圆柱是由矩形 OO_1A_1A 绕其固定的轴线（直线）做回转运动形成的。

圆柱的投影，如图 3-7 所示。圆柱体的轴线垂直于水平面，此时圆柱面在水平面上的投影积聚为一圆，且反映顶面、底面的实形，同时圆柱面上的点和素线的水平投影也都积聚在这个圆周上，在 V 面和 W 面上，圆柱的投影均为矩形，矩形的上、下边是圆柱的顶面、底面的积聚性投影，矩形的左右边和前后边是圆柱面上最左、最右、最前、最后素线的投影，这 4 条素线是 4 条特殊素线，也是可见的前半圆柱面和不可见的后半圆柱面的分界线以及可见的左半圆柱面和不可见的右半圆柱面的分界线，又可称它们为转向轮廓线。其中，在正面投影上，圆柱的最前素线 CD 和最后素线 GH 的投影与圆柱轴线的正面投影重合，所以不画出，同理在侧面投影上，最左素线 AB 和最右素线 EF 的投影也不画出。

圆柱的投影

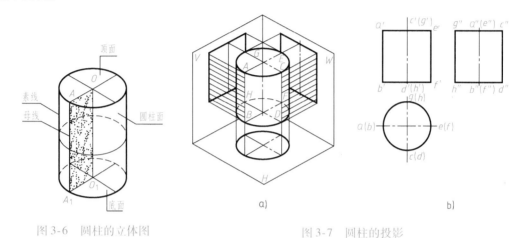

图 3-6　圆柱的立体图　　　　　　　　　　图 3-7　圆柱的投影
　　　　　　　　　　　　　　　　　　　　　a）直观图　b）投影图

　　由此可见，作圆柱的投影图时，先用细点画线画出三面投影图的中心线和轴线位置，然后画投影为圆的投影图，最后按投影关系画其他两个投影图。

　　由图 3-7 可以得到圆柱的投影特点：在与轴线垂直的投影面上的投影为一圆，另两个投影面上的投影为全等矩形。

3.2.2　圆锥的投影

　　圆锥是直角三角形 SAO 绕其直角边 SO 为轴旋转一周形成的，如图 3-8 所示。

　　当轴线垂直于水平面时，其投影如图 3-9 所示。此时圆锥的底面为水平面，它的水平投影为一个圆，反映实形，同时圆锥面的水平投影与底面的水平投影重合且全为可见。在 V 面和 W 面上，圆锥的投影均为三角形，

圆锥的投影

三角形的底边是圆锥底面的积聚性投影，三角形的左、右边和前、后边是圆锥面上的最左、最右、最前、最后素线的投影，这 4 条特殊素线的分析方法和圆柱的一样。

　　可见，作圆锥的投影图时，先用细点画线画出三面投影的中心线和轴线位置，然后画底面圆和锥顶的投影，最后按投影关系画出其他两个投影。

　　由图 3-9 可以得到圆锥的投影特点：在与轴线垂直的投影面上的投影为圆，另两个投影面上的投影为全等的等腰三角形。

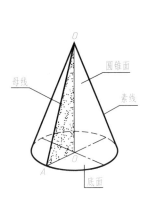

图 3-8　圆锥的立体图

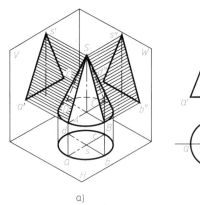

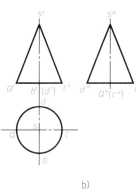

图 3-9　圆锥的投影

a）直观图　b）投影图

3.2.3　球的投影

球是由半圆或整圆以其直径为轴旋转一周或半周形成的，如图 3-10 所示。

圆球的投影

球的三面投影都是与球直径相等的圆，但这 3 个投影圆分别是球体上 3 个不同位置轮廓线的投影，如图 3-11 所示。正面投影是球体上平行于 V 面的最大的圆 A 的投影，这个圆是可见的前半个球面和不可见的后半个球面的分界线。同理，水平投影是球体上平行于 H 面的最大的圆 B 的投影，而侧面投影是球体上平行于 W 面的最大的圆 C 的投影，其分析方法同圆 A 一样。

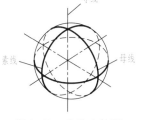

可见，做球的投影图时，只需先用细点画线画出三面投影图的中心线位置，然后分别画 3 个等直径的圆即可。

由图 3-11 可以得到球的投影特点：三个投影面上的投影为三个大小相等的圆。

图 3-10　球的立体图

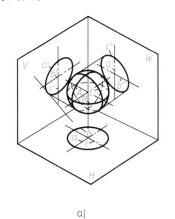

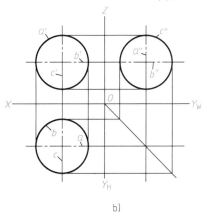

图 3-11　球的投影

a）直观图　b）投影图

3.2.4 曲面立体投影图的尺寸标注

对于曲面立体投影图的尺寸标注，其原则与平面立体投影图基本相同。一般对于圆柱、圆锥应注出底圆直径和高度，而球体只需在直径数字前面加注"$S\phi$"，如图3-12所示。

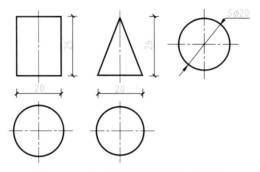

图3-12 曲面立体投影图的尺寸标注

课题3 体表面上点和线的投影

求体表面上点和直线的投影时，其基本作图步骤是：

1）判断点和直线所在的立体表面的位置。
2）判断该点和该直线所在平面的投影特性。
3）根据该点和该直线所在平面的投影特性，确定其求点或直线的方法。
4）完成其投影，并判断点或直线的可见性。

3.3.1 平面立体表面上求点和线

1. 棱柱表面上求点和线

【例3-1】 如图3-13所示，已知三棱柱上一点A的正面投影a'和直线BC的正面投影$b'c'$，试求点A和直线BC的水平投影和侧面投影。

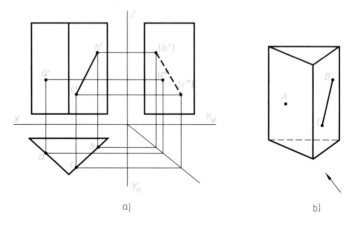

a)　　　　　　　　　　　　b)

图3-13 求棱柱体表面上点和直线的投影

作法：

1）根据 a' 的所在位置，可以判断点 A 在三棱柱的左棱柱面上。

2）根据三棱柱的三面投影分析可知，左棱柱面是一个铅垂面。

3）根据左棱柱面的水平投影有积聚性的特性，点 A 的水平投影 a 必落在左棱柱面的积聚投影上。

4）根据 a 和 a'，求出侧面投影 a''。

5）由于左棱柱面在侧面投影为可见，所以 a'' 为可见。

直线 BC 在右侧棱柱面上。作 BC 投影只要做出点 B 和点 C 的三个投影，将两点的另两个同名投影连线即可。点 B、C 的投影作图方法和点 A 的做法相同，不再叙述。需要特别说明的是，点 B、C 的侧面投影为不可见，线段 BC 的侧面投影需要用虚线表示。

2. 棱锥表面上求点和线

由于组成棱锥的表面有特殊位置平面，也有一般位置平面。在特殊位置平面作点的投影，可利用平面的积聚性作图；在一般位置平面上作点的投影，可选取适当的辅助线作图。

[例 3-2] 如图 3-14 所示，已知三棱锥表面上点 M 的正面投影 m' 和直线 EF 的正面投影 $e'f'$，求点 M 和直线 EF 的水平投影和侧面投影。

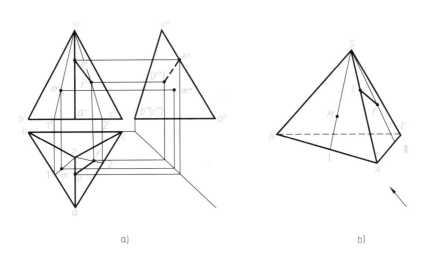

a)   b)

图 3-14　求棱锥体表面上点和直线的投影

解：因为 m' 可见，所以 M 点必在平面 SAB 上。平面 SAB 为一般位置平面，三面投影都没有积聚性，所以采用辅助线法。过点 M 及锥顶 S 作一辅助线 $S\mathrm{I}$，交底边 AB 于点 I。即过 m' 作 $s'1'$，再作出其水平投影 $s1$。由于点 M 属于直线 $S\mathrm{I}$，根据点在直线上的从属性质可知 m 必在 $s1$ 上，求出水平投影 m，再根据 m、m' 求得侧面投影 m''。m 和 m'' 均可见。

直线 EF 在一般位置平面 SAC 上，分别求出点 E 和点 F 的另两面投影，然后将两点的同名投影连线即可。点 E 位于侧棱 SA 上，通过 e' 可直接得到它的侧面投影 e'' 和水平投影 e。点 F 的另两面投影的求法与点 M 相同，通过作辅助线 $S\mathrm{II}$ 求得，其侧面投影 f'' 为不可见，直线 EF 的侧面投影需用虚线表示。

3.3.2 曲面立体表面上求点和线

1. 圆柱表面上求点和线

（1）圆柱表面上求点　在圆柱表面上求点时，可利用圆柱面的积聚性投影来作图。如图 3-15 所示，已知圆柱面上有一点 A 的正面投影 a'，现在要作出它的另两面投影。

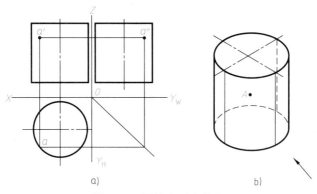

图 3-15　圆柱表面上求点

由于 a' 是可见的，所以点 A 在左前半个圆柱面上，而圆柱面在 H 面上的投影积聚为圆，则 A 点的水平投影也在此圆上，所以可由 a' 直接作出 a，再由 a' 和 a 求得 a''，由于点 A 在左前半个圆柱面上，所以它的侧面投影也是可见的，如图 3-15 所示。

（2）圆柱表面上求线　作曲面体表面上线的投影时，应先分析线的空间形状，当线与圆柱、圆锥上的素线重合时为直线，否则为曲线。直线的投影根据素线的投影原理作出。作曲线的投影时，一般采用近似作图方法，即在该曲线上作若干点的投影，再用光滑曲线将这些点的同名投影连起来，并判断可见性。

【例 3-3】　如图 3-16 所示，已知圆柱表面上线 AB 的正面投影 $a'b'$，求该线的水平投影和侧面投影。

解：由于 AB 不与素线重合，所以判断其是曲线，为了作图准确，在曲线 AB 上再取两点 Ⅰ（Ⅰ点在最前素线上）、Ⅱ，即在已知投影 $a'b'$ 上取两点 $1'$、$2'$，再用求点的方法求出线上 A、Ⅰ、Ⅱ、B 点的另外两面投影，然后依次光滑连接其同名投影，并判别可见性即为圆柱表面上求线的做法。

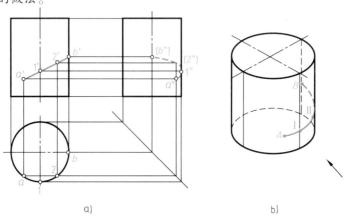

图 3-16　圆柱表面上求线

2. 圆锥表面上求点和线

由于圆锥面的投影没有积聚性，所以求圆锥面上点的投影时必须在圆锥面上作辅助线，辅助线包括辅助素线或辅助圆。

如图 3-17 所示，已知圆锥表面上的点 A、B 的正面投影 a'、b'，现在要做出它们的另两面投影。

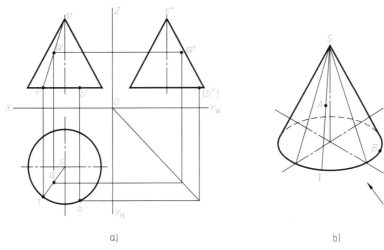

a)　　　　　　　　　　　　　　　　　　b)

图 3-17　圆锥表面上求点（辅助素线法）

（1）辅助素线法　因为 a' 可见，因此点 A 在圆锥面的左前方，圆锥面的投影没有积聚性，需采用辅助线法。过点 A 作辅助素线 SⅠ，即过 a' 作 s'1'，再求出辅助素线的水平投影 s1，过 a' 作 OX 轴的垂线交 s1 于 a，再由 a' 和 a 求得 a''，a 和 a'' 可见。因为 b' 可见，因此点 B 在右前底面圆周上，所以直接过 b' 作 OX 轴的垂线即可得 b，进而可求得 b''。由于点 B 同时在右半锥面上，所以 b'' 为不可见。

（2）辅助圆法　如图 3-18 所示，过圆锥面上点 A 作一垂直于圆锥轴线的辅助圆，点 A 的各个投影必在此辅助圆的相应投影上。过 a' 作水平线 1'2'，此线为辅助圆的正面投影。辅助圆的水平投影为一直径等于 1'2' 的圆，圆心为 s，过 a' 作 OX 轴的垂线与此圆相交，且根据点 A 的可见性，即可求出 a，且 a 为可见，然后再由 a' 和 a 可求出 a''，由于点 A 在圆锥左前方，所以 a'' 是可见的。

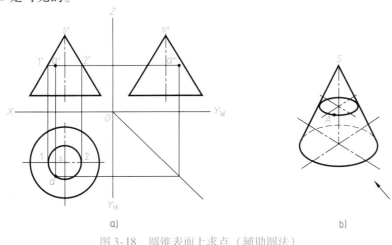

a)　　　　　　　　　　　　　　　　　　b)

图 3-18　圆锥表面上求点（辅助圆法）

圆锥表面上求线的方法与圆柱表面上求线的方法相同。

3. 球表面上求点和线

由于球面的各面投影都无积聚性且球面上没有直线,所以在球体表面上求点可以用球面上平行于投影面的辅助圆来解决。

【例3-4】 如图3-19所示,已知球表面上点A的正面投影a′,现在要作出其另两面投影。

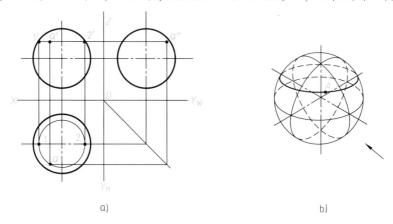

a)   b)

图 3-19 球表面上的点

解: 过点A作一个平行于水平面的辅助圆,即在正面投影上过a′做平行于OX轴的直线,交圆周于1′、2′,此1′2′即为辅助圆的正面投影,其长度等于辅助圆的直径,再作此辅助圆的水平投影,为一与球体水平投影同心圆,由于a′可见,所以点A在球体的左前上方,过a′作OX轴的垂线,交辅助圆的水平投影于a,且a为可见,再由a′和a求出a″,同理点A在左侧,所以a″也可见。当然也可通过点A作平行于正面或侧面的辅助圆,方法同上。

球表面上线的投影一定是曲线,其投影采用近似作图方法,即在该曲线上作若干点的投影,再用光滑曲线将这些点的同名投影连起来,并判断可见性。

课题4 组合体的投影及尺寸标注

3.4.1 组合体的类型

由基本几何体按一定形式组合起来的组合体形体称为组合体。按组合的形式不同,组合体可分为叠加型组合体、切割型组合体和综合型组合体三种。

(1)叠加型组合体 即组合体是由基本几何体叠加组合而成的。如图3-20a所示,物体是由三个长方体叠加而成的。

(2)切割型组合体 即组合体是由基本几何体切割而成的。如图3-20b所示,物体是由四棱柱切割而成的,前面切去一个三棱柱,中间切割了一个凹槽。

(3)综合型组合体 即组合体是由基本几何体叠加和切割组合而成的。如图3-20c所示一物体是由长方体和四棱台叠加而成的,上方的四棱台中间切割了一个凹槽,下方的长方体左右各切去一个四棱柱。

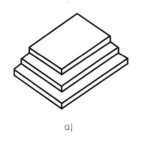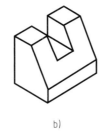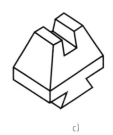

图 3-20　组合体的类型

a）叠加型组合体　b）切割型组合体　c）综合型组合体

3.4.2　组合体投影图的画法

形体分析法是画组合体投影图的基本方法，就是将组合体分解成几个基本体，分析出它们的内、外形状和相互位置关系，将基本体的投影图按其相对位置进行组合，所得到的投影图为组合体的投影图。

以图 3-21a 所示叠加型组合体为例，说明组合体投影图的一般作图步骤。

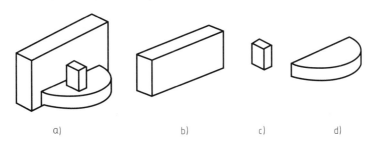

a）　　　　　　　b）　　　　c）　　　　d）

图 3-21　叠加型组合体

1. 形体分析

经分析，该组合体是由一个大长方体、一个小长方体和一个半圆柱叠加组成，如图 3-21b、c、d 所示。

2. 画组合体投影图

作图步骤：

1）画出组合体的 V、H 投影的中心线和投影的底边，布置好三个投影的位置，如图 3-22a 所示。

2）画出竖立的大长方体的三面投影，如图 3-22b 所示。

3）加上半圆柱的三面投影，如图 3-22c 所示。

4）再加上小长方体的三面投影，如图 3-22d 所示。

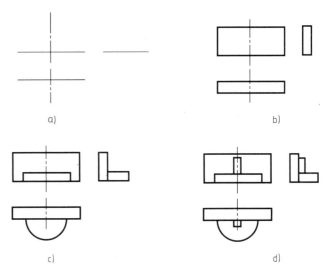

图 3-22　组合体的作图步骤

5）进行复核，检查最后画出的组合形体投影图是否与给出的立体图相符。

3.4.3　组合体投影图的读图方法

读组合体的投影图，也要先采用形体分析法分析该形体是由哪些基本体所组成的。分析时一定要将几个投影联系起来。如图 3-23a 所示的一个组合体投影图，联系图中三个投影来看，可知组合体是由两个基本体组成。在上面的是一个正圆柱，因为它的 H 投影是一个圆，V、W 投影是相等的矩形。在下面的是一个正六棱柱，它的 H 投影是一个正六边形，是六棱柱上下底面的实形投影，六棱柱各侧面的 V、W 投影是若干个矩形。综合起来，这个组合体的形状如图 3-23b 所示。

现在来分析一下组合体投影图中的线段和线框的意义。从图 3-23 中的组合体的投影，可知投影图中的线段有三种不同的意义：

1）它可能是形体表面上相邻两面的交线，即形体上的棱边的投影。如图 3-23a 中V 投影上标注①的四条竖直线，就是六棱柱上侧面交线的 V 投影。

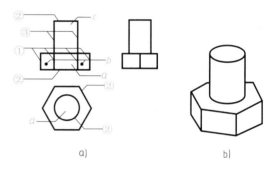

图 3-23　组合体的读图方法
a）投影图　b）立体图

2）它可能是形体上某一个侧面的积聚投影。如图 3-23a 中标注②的线段和圆，就是圆柱和六棱柱的顶面、底面和侧面的积聚投影。

3）它可能是曲面的投影轮廓线。如图 3-23a 中 V 投影上标注的③的左右两线段，就是圆柱面的 V 投影轮廓线。

投影图中的线框，有四种不同意义：

1）它可能是某一侧面的实形投影，如图 3-23a 中标注 a 的线框，是六棱柱上平行于 V 面的侧面的实形投影和圆柱上、下底面的 H 面实形投影。

2）它可能是某一侧面的相似投影，如图 3-23a 中标注 b 的线框，是六棱柱上垂直于 H 面但对 V 面倾斜的侧面的投影。

3）它可能是某一个曲面的投影，如图 3-23a 中标注 c 的线框，是圆柱面的 V 投影。

4）它可能是形体上一个空洞的投影。

分析三面投影图中相互对应的线段和线框的意义，可以进一步认识组成该组合体的基本体的形状和整个形体的形状，这种方法称为线面分析法。

3.4.4　组合体投影图的尺寸标注

投影图只能用来表达组合体的形状，而组合体的大小和其中的各构成部分的相对位置，还应在组合体的各投影画好后标注尺寸。

1. 尺寸种类

（1）定形尺寸　确定构成组合体的各基本几何体的形状大小的尺寸。

（2）定位尺寸　确定构成组合体的各基本几何体间相互位置关系的尺寸。

（3）总体尺寸　确定整个组合体的总长、总宽、总高的尺寸。

2. 尺寸的标注方法

标注组合体的尺寸，首先进行形体分析，如图 3-24a、b 所示，该组合体由底座四棱柱、上方四棱柱（中间挖去楔形块）和六个梯形块组合而成；然后按顺序标注定形尺寸，如图 3-24c 所示，底座四棱柱：长 3000mm、宽 2000mm、高 250mm，上方四棱柱：长 1500mm、宽 1000mm、高 750mm；再标注定位尺寸，在正面投影图中，上方四棱柱和底座四棱柱的定位尺寸是 750mm、750mm，在水平投影图中，上方四棱柱和底座四棱柱的定位尺寸是 500mm、500mm；最后标注总体尺寸，组合体总长为 3000mm、总宽为 2000mm、总高为 1000mm。

标注组合体的定位尺寸，必须选择一个或几个标注尺寸的起点，即尺寸基准，才能确定各组成部分的左右、前后、上下关系。组合体一般以其底面、顶面、端面、对称平面、曲面体的轴线和圆的中心线作为尺寸基准。

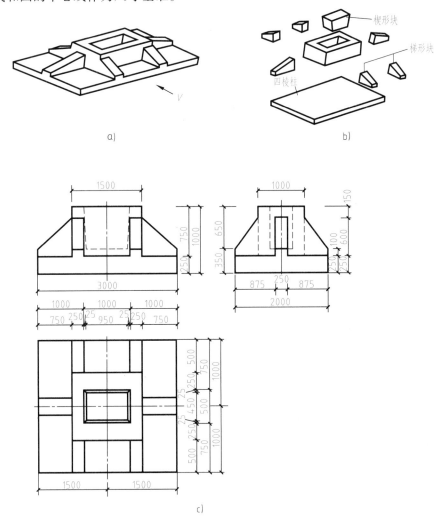

图 3-24　组合体投影图的尺寸标注

3. 组合体尺寸标注中应注意以下几点：

1）尺寸一般宜注写在反映形体特征的投影图上。

2）尺寸应尽可能标注在图形轮廓线外面，不宜与图线、文字及符号相交，但某些细部尺寸允许标注在图形内。

3）表达同一几何形体的定形、定位尺寸，应尽量集中标注。

4）尺寸线的排列要整齐。对同方向上的尺寸线，组合起来排成几道尺寸，从被注图形的轮廓线由近至远整齐排列，小尺寸线离轮廓线近些，大尺寸线应离轮廓线远些，且尺寸线间的距离应相等。

5）尽量避免在虚线上标注尺寸。

课题 5　轴测投影

在前面章节中，我们主要论述了用三面正投影图来表达空间形体的方法。这种投影方法绘制的图样可以较完整地、确切地表达出形体各部分的形状，且作图方便，但正投影图中的每一面投影只能反映形体的长、宽、高三个向度中的两个向度，因此图样直观性差，缺乏立体感。这就要求读图者必须具有一定的读图能力，把三面正投影图综合阅读，方能读懂形体的空间形状，如图 3-25a 所示。

为了帮助读图，以便更直观地了解空间形体结构，工程中常用富有立体感的轴测投影图表达工程设计结果或作为辅助图样。轴测投影图能同时反映形体长、宽、高三个方向的形状，但不能确切地表达形体原来的形状与大小，且作图较复杂，如图 3-25b 所示。

3.5.1　轴测投影的基本知识

1. 轴测投影的形成

采用平行投影的方法，并选取适当的投影方向 S，将物体向某一个投影面上进行投影，这时可以得到一个能同时反映物体长、宽、高三个方向的形状且富有立体感的投影图，如图 3-26 所示。

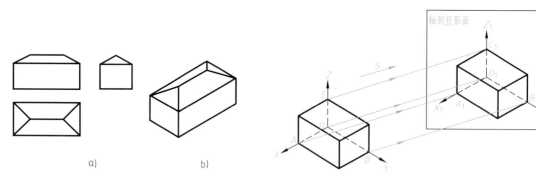

图 3-25　正投影图与轴测投影图
　　a）正投影图　b）轴测投影图

图 3-26　轴测投影的形成

这种用平行投影的方法，将形体连同确定形体长、宽、高三个向度的直角坐标系，一起投射同一个投影面（称为轴测投影面）上所得到的投影，称为轴测投影。应用轴测投影的方法绘制的投影图称为轴测投影图，简称轴测图。

2. 轴测投影的分类

按投影方向与轴测投影面的相对位置不同，轴测投影分为正轴测投影和斜轴测投影两大类。

（1）正轴测投影　当投影方向垂直于投影面时，所得到的投影为正轴测投影。按轴向伸缩系数的不同，正轴测投影又可分为正等测轴测投影（正等测）和正二测轴测投影（正二测）。

（2）斜轴测投影　当投影方向倾斜于投影面时，所得到的投影为斜轴测投影。

按轴测投影面与空间形体的哪个面平行，斜轴测投影可分为正面斜轴测投影和水平斜轴测投影。当空间形体的正面与 V 面（正立投影面）平行时，所得到的投影为正面斜轴测投影。当空间形体的底面与 H 面（水平投影面）平行时，所得到的投影为水平斜轴测投影。

按轴向伸缩系数的不同，正面斜轴测投影可分为正面斜等测轴测投影（正面斜等测）和正面斜二测轴测投影（正面斜二测）；水平斜轴测投影可分为水平斜等测轴测投影（水平斜等测）和水平斜二测轴测投影（水平斜二测）。

3. 轴测轴、轴间角、轴向伸缩系数

（1）轴测轴　形体的直角坐标系 OX、OY、OZ 在轴测投影面上的投影称为轴测轴，分别标记为 O_1X_1、O_1Y_1、O_1Z_1，如图 3-26 所示。

（2）轴间角　相邻两轴测轴之间的夹角 $\angle X_1O_1Y_1$、$\angle Y_1O_1Z_1$、$\angle X_1O_1Z_1$ 称为轴间角，如图 3-26 所示。

（3）轴向伸缩系数　在轴测投影中，平行于空间坐标轴方向的线段，其投影长度与其空间实际长度之比称为轴向伸缩系数。即：

1）$O_1A_1/OA = p$，则 p 为 X 轴的轴向伸缩系数。

2）$O_1B_1/OB = q$，则 q 为 Y 轴的轴向伸缩系数。

3）$O_1C_1/OC = r$，则 r 为 Z 轴的轴向伸缩系数。

在《房屋建筑制图统一标准》（GB 50001—2017）中，房屋建筑的轴测图推荐以下六种轴测投影，其轴间角和轴向伸缩系数，如图 3-27 所示。

4. 轴测投影的特性

轴测投影既然是根据平行投影原理作出的，所以它必然具有以下特性：

1）根据投影的平行性，空间相互平行的直线，其轴测投影仍然相互平行。因此，形体上平行于三个坐标轴的直线，在轴测投影上，都分别平行于相应的轴测轴。

2）根据投影的定比性，直线的轴测投影长度与实际长度之比等于相应的轴向伸缩系数。只要给出各轴测轴的方向及各轴向伸缩系数，便可根据形体的正投影图，作出轴测投影。

5. 轴测投影图的画法

轴测投影图的画法一般有坐标法、切割法和叠加法。

1）坐标法是根据物体表面上各点的坐标，画出各点的轴测图，然后依次连接各点，即得该物体的轴测图。

2）切割法适用于切割型的组合体，先画出整体的轴测图，然后将多余的部分切割掉，最后得到组合体的轴测图。

3）叠加法适用于叠加型的组合体，先用形体分析的方法分成几个基本形体，再依次画出每个形体的轴测图，最后得到整个组合体的轴测图。

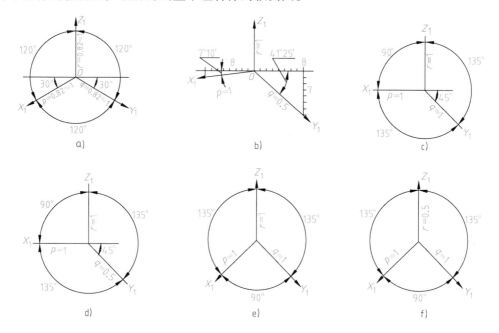

a) b) c)

d) e) f)

图 3-27 轴测图的轴间角和轴向伸缩系数

a) 正等测 b) 正二测 c) 正面斜等测 d) 正面斜二测 e) 水平斜等测 f) 水平斜二测

根据形体特点，通过形体分析可选择不同的作图方法。轴测投影图的类型很多，我们将主要介绍正等轴测图和正面斜轴测图的绘制方法。

3.5.2　正等轴测图

使投影线与轴测投影面垂直且使空间物体的三个坐标轴与轴测投影面的倾角相等，所得到的轴测投影图，称为正等轴测图，简称正等测图，如图 3-26 所示。

1. 轴间角和轴向伸缩系数

正等轴测图的轴间角 $\angle X_1O_1Y_1 = \angle Y_1O_1Z_1 = \angle X_1O_1Z_1 = 120°$，轴向伸缩系数 $p = q = r = 0.82$，通常采用简化系数作图，取 $p = q = r = 1$。

2. 平面立体的正等测图画法

1）用坐标法作长方体的正等测图，如图 3-28 所示。

作图步骤：

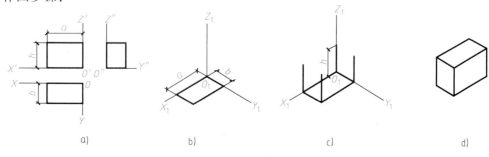

a) b) c) d)

图 3-28　坐标法作正等测图

① 在已知的正投影图上定出原点和坐标轴的位置，确定长、宽、高，如图 3-28a 所示。

② 画出轴测轴并作出长方体的底面：沿 O_1x_1 轴方向截取底边长度 a，沿 O_1y_1 轴方向截取底边宽度 b，通过截点分别作 O_1x_1 轴、O_1y_1 轴的平行线并交于一点，如图 3-28b 所示。

③ 过底面的四个交点向上作垂线并截取长方体的高 h，如图 3-28c 所示。

④ 连接各顶点，擦去多余图线并描深，完成长方体的正等测图，如图 3-28d 所示。

2）用叠加法作组合体的正等测图，如图 3-29 所示。

作图步骤：

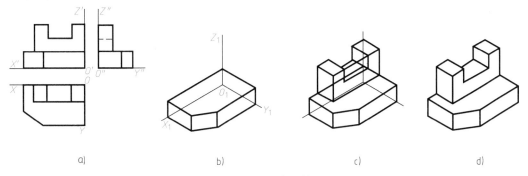

a)   b)   c)   d)

图 3-29 叠加法作正等测图

① 在已知的正投影图上定出原点和坐标轴的位置，确定长、宽、高，如图 3-29a 所示。

② 画轴测轴并作出底座的轴测图，如图 3-29b 所示。

③ 作出上部形体的轴测图，如图 3-29c 所示。

④ 擦去多余的图线并描深，得到形体的正等测图，如图 3-29d 所示。

3）用切割法作组合体的正等测图，如图 3-30 所示。

作图步骤：

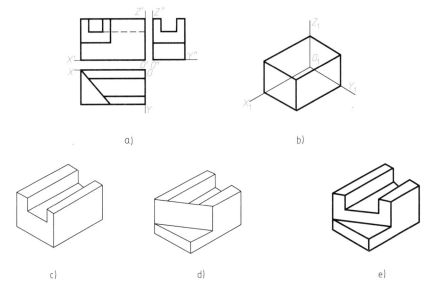

a)   b)

c)   d)   e)

图 3-30 切割法作组合体的正等测图

① 在已知的正面投影图上定出原点和坐标轴的位置，确定长、宽、高，如图 3-30a

所示。

② 画轴测轴并作出整体的轴测图，如图 3-30b 所示。

③ 切出中间槽和前部，如图 3-30c、d 所示。

④ 擦去多余的图线并描深，得组合体的正等测图，如图 3-30e 所示。

3. 曲面立体的正等测图画法

1）平行于坐标面的圆的正等测图。在正等测图中，由于空间各坐标面相对轴测投影面都是倾斜的且倾角相等，所以平行于各坐标面而且直径相等的圆，正等测投影为椭圆，椭圆的形状一样，通过椭圆中心沿轴测轴的方向的长度是相等的，等于圆的直径，如图 3-31 所示。

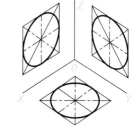

图 3-31　平行于坐标面的圆的正等测图

画椭圆常采用四心法。用四心法作椭圆是一种近似画法，作图步骤如下：

① 在正面投影图中定出原点和坐标轴的位置并作出圆的外切正方形，如图 3-32a 所示。

② 画轴测轴及圆的外切正方形的正等测图，得菱形 EFGH，如图 3-32b 所示。

③ 连接 FA、FD、HB、HC 分别交于点 M、N，分别以点 F 和 H 为圆心，以 FA 或 HC 为半径画大圆弧，分别交于点 A、D 与 B、C，如图 3-32c 所示。

④ 分别以点 M、N 为圆心，以 MA 或 NC 为半径画小圆弧，分别交于点 A、B 与 C、D 即得平行于水平面的圆的正等测图，如图 3-32d 所示。

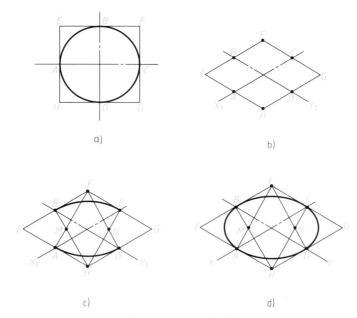

图 3-32　四心法作椭圆

2）作圆柱体的正等测图，如图 3-33 所示。

作图步骤：

① 在已知的正面投影图上定出原点和坐标轴的位置，如图 3-33a 所示。

② 作上下底面圆菱形图，两菱形中心的距离等于圆柱高，如图 3-33b 所示。

③ 用四心法作上下底面圆的轴测图为椭圆，如图 3-33c 所示。

④ 作上下底面椭圆的公切线，擦去多余的图线，并描深，得到圆柱体的正等测图，如图 3-33d 所示。

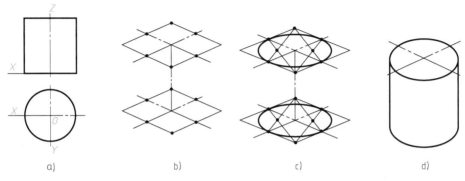

图 3-33　作圆柱体的正等测图

3）作圆角平板的正等测图。

如图 3-34a 所示为已知的圆角平板正投影图，作图步骤如下：

① 建立轴测坐标，作与正投影图长、宽、高相符的轴测立方体，并根据水平面圆弧对应的尺寸分别作棱线的垂线找到圆心点 O，如图 3-34b 所示。

② 以点 O 为圆心，以 OM 或 ON 为半径画弧，下底圆弧与靠右边的圆弧其画法相同，如图 3-34c 所示。

③ 作右边两圆弧切线，擦去多余的图线并描深，得到圆角平板的正等测图，如图 3-34d 所示。

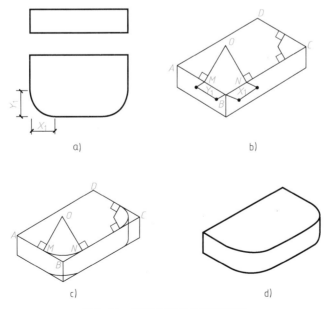

图 3-34　作圆角平板的正等测图

3.5.3 正面斜轴测图

用倾斜于轴测投影面的平行投影线，作出形体有立体感的斜投影，称为斜轴测图。以 V 面（正立面）作为轴测投影面且使空间物体的正面平行于正立面时，即空间物体的坐标轴 OX 和 OZ 轴平行于轴测投影面时，所得到的斜轴测图，称为正面斜轴测图，如图 3-35 所示。

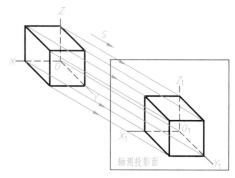

图 3-35　正面斜轴测图的形成

1. 轴间角和轴向伸缩系数

正面斜轴测图的轴间角为 $\angle X_1O_1Z_1 = 90°$、$\angle Z_1O_1Y_1 = \angle Y_1O_1X_1 = 135°$，轴向伸缩系数为 $p = r = 1$，$q = 0.5$ 或 $q = 1.0$。当轴向伸缩系数 $q = 0.5$ 时的正面斜轴测图称为正面斜二测图；当 $q = 1$ 时的正面斜轴测图称为正面斜等测图。

2. 正面斜二测图的画法

如图 3-36a 所示，已知台阶的正投影图，作其正面斜二测图。

作图步骤：

1）画轴测轴，如图 3-36b 所示。

2）将正立面图直接画在轴测图上，如图 3-36c 所示。

3）过各交点作 Y_1O_1 轴的平行线，如图 3-36d 所示。

4）截取各线段为投影长度的一半并连接，如图 3-36e 所示。

5）擦去多余图线并描深，得台阶的正面斜二测图，如图 3-36f 所示。

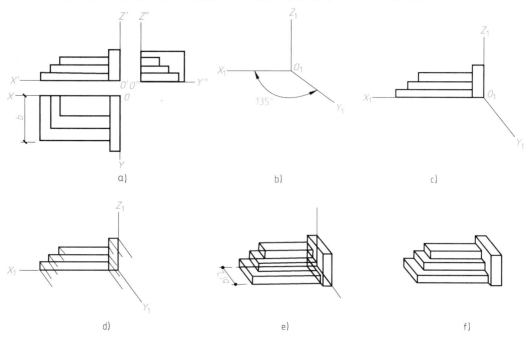

图 3-36　正面斜二测图的画法

第 3 章　立体的投影

本 章 回 顾

1. 平面立体为表面全部由平面围成的立体。常见的有棱柱、棱锥、棱台等。

2. 曲面立体为表面由曲面或曲面与平面围成的立体。常见的有圆柱、圆锥、球等。

3. 由基本几何体按一定形式组合起来的形体称为组合体。按其组合的形式的不同分为叠加型、切割型和综合型三种。

4. 采用形体分析法和线面分析法识读组合体投影图。

5. 组合体的尺寸包括定形尺寸、定位尺寸和总体尺寸。

6. 正等轴测图的轴间角 $\angle X_1 O_1 Y_1 = \angle Y_1 O_1 Z_1 = \angle X_1 O_1 Z = 120°$，轴向伸缩系数 $p = q = r = 1$。

7. 正面斜轴测图的轴间角为 $\angle X_1 O_1 Z' = 90°$、$\angle Z_1 O_1 Y_1 = \angle Y_1 O_1 X_1 = 135°$，轴向伸缩系数为 $p = r = 1$，$q = 0.5$ 或 $q = 1.0$。

53

第4章 剖面图和断面图

序号	学习内容	学习目标	能力目标
1	剖面图的形成和表示方法	了解剖面图的形成和表示方法	理解剖面图的形成原理和表示方法
2	剖面图和断面图的种类和画法	掌握各种剖面图和断面图的画法	会画形体的各种剖面图和断面图

课题 1 剖面图

4.1.1 剖面图的形成

在工程图中，物体可见的轮廓线一般用实线绘制，而被遮挡的不可见轮廓线需要用虚线画出，这样对于构造比较复杂的形体，如一栋建筑内的细部结构都用虚线表示出来，就会在投影图中出现很多虚线，使图面上虚线实线交错，不易识读，又不便于标注尺寸，极易产生错觉。在这种情况下，可以假想将形体剖开，让它的内部构造显露出来，使形体看不见的部分，变成了看得见的部分，然后用实线画出这些内部构造的投影图。

为了能清晰地表达形体的内部构造，我们假想用一个剖切平面 P，将形体在适当位置剖开，移去剖切平面与观察者之间的形体部分，然后对剩余的形体部分进行正投影，所得到的投影图称为剖面图，如图4-1所示。

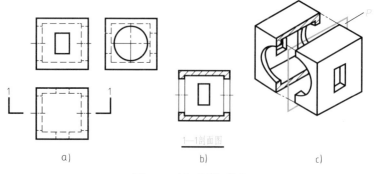

图4-1 剖面图的形成

4.1.2 剖面图的表示和材料图例

1. 用剖切位置线表示剖切平面的剖切位置

剖切位置线实质上就是剖切平面的积聚投影。剖切位置线用断开的两段粗实线表示，长度以 6～10mm 为宜。剖切平面 P 的设置位置，应考虑尽量把形体中看不见的部分显示出来，剖切平面应为投影面平行面，这样可使形体与剖切平面重合的面（断面）反应实形，对于对称的形体，沿形体的对称线或中心线进行剖切，如图4-1所示。

2. 剖视方向

剖视方向线与剖切位置线垂直，在剖切线的两端的同侧各画一段与它垂直的短粗实线，称为剖视方向线，剖视方向线的长度宜为4~6mm，表示剖切后的投影方向，如图4-1所示。

3. 剖面图的编号

剖面图的编号宜采用阿拉伯数字，按顺序连续编排，并应注写在剖视方向线一侧。图名以对应的剖面编号来命名，注写在剖面图的下方，如图4-1所示。

4. 图线要求

形体被剖切后所形成的断面轮廓线用粗实线表示，且在该轮廓线范围内的平面上画出45°倾斜的等距细实线，称为剖面线，也可采用材料图例表示，见表4-1；未剖切到的可见轮廓线为中实线，而不可见轮廓线不必画出，如图4-1所示。

表4-1 常用建筑材料图例

序号	名称	图例	备注
1	自然土壤		包括各种自然土壤
2	夯实土壤		—
3	砂、灰土	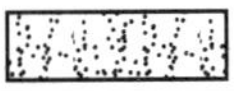	—
4	砂砾石、碎砖三合土	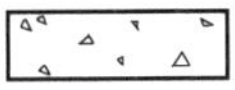	—
5	石材	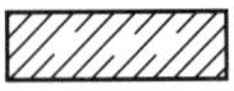	—
6	毛石	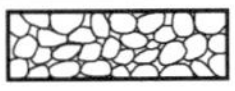	—
7	实心砖、多孔砖	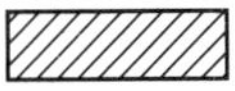	包括普通砖、多孔砖、混凝土砖等砌体
8	耐火砖		包括耐酸砖等砌体
9	空心砖、空心砌块		包括空心砖、普通或轻骨料混凝土小型空心砌块等砌体
10	加气混凝土	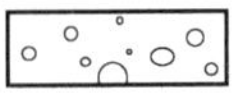	包括加气混凝土砌块砌体、加气混凝土墙板及加气混凝土材料制品等
11	饰面砖	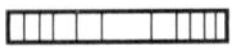	包括铺地砖、玻璃马赛克、陶瓷锦砖、人造大理石等
12	焦渣、矿渣	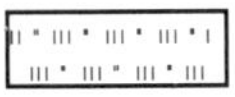	包括与水泥、石灰等混合而成的材料
13	混凝土	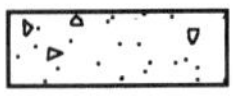	1. 包括各种强度等级、骨料、添加剂的混凝土 2. 在剖面图上绘制表达钢筋时，则不需绘制图例线 3. 断面图形较小，不易绘制表达图例线时，可填黑或深灰（灰度宜70%）
14	钢筋混凝土		

（续）

序号	名称	图例	备注
15	多孔材料		包括水泥珍珠岩、沥青珍珠岩、泡沫混凝土、软木、蛭石制品等
16	纤维材料		包括矿棉、岩棉、玻璃棉、麻丝、木丝板、纤维板等
17	泡沫塑料材料		包括聚苯乙烯、聚乙烯、聚氨酯等多聚合物类材料
18	木材		1. 上图为横断面，左上图为垫木、木砖或木龙骨 2. 下图为纵断面
19	胶合板		应注明为×层胶合板

4.1.3 剖面图的种类和画法

为了清楚地表达物体的内部和外形构造，根据物体的形状不同，可采用不同种类的剖面图。剖面图的种类有全剖面图、半剖面图、阶梯剖面图、局部剖面图和旋转剖面图。

1. 全剖面图

用一个剖切平面把形体全部剖开后得到的剖面图称为全剖面图。如图 4-2 所示的台阶全剖面图，假想用一平行侧立面的剖切平面 P，沿图示位置将台阶踏步剖开，移去左半部，将右半部向侧面投影，即得到台阶的全剖面图。这种剖面图适用于不对称形体或外形简单、内部构造复杂的形体。

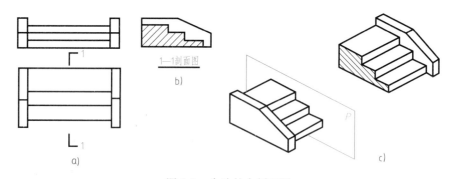

图 4-2　台阶的全剖面图

2. 半剖面图

形体的投影图和剖面图各占一半组合成的图形，称为半剖面图。

当形体左右对称或前后对称而外形较为复杂时，可以形体的对称中心线为界，一半画出表示外部形状的投影图，另一半画出表示形体内部形状的剖面图，如图 4-3 所示。

画半剖面图时需注意：半个外形投影图和半个剖面图的分界线应画成细点画线，并且半剖面图中的剖面部分，一般画在图形垂直对称线的右侧或水平对称线的下侧。由于图形对称，在外形投影部分不画剖面中已表示出的内部轮廓的虚线，在剖面部分不画投影中已表示出的外部轮廓线，如图 4-3 所示。

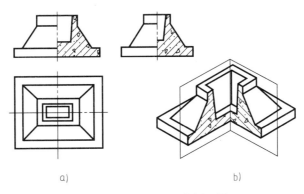

图 4-3　杯形基础的半剖面图
a）投影图　b）直观图

3. 阶梯剖面图

当一个剖切平面不能将形体上需要表达的内部构造全部剖开时，则可采用将剖切平面转折成两个相互平行的平面，沿着形体需要表达的部位切开，这样画出的剖面图称为阶梯剖面图，如图 4-4 所示。

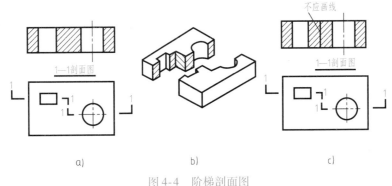

图 4-4　阶梯剖面图
a）正确画法　b）直观图　c）错误画法

在画阶梯剖面图时应注意，由于剖切是假想的，因此在剖面图中不应画出两个剖切平面的分界交线。剖切位置线需要转折时，在转角处如有混淆，需在转角处外侧加注与该剖面相同的编号，如图 4-4c 所示。

4. 局部剖面图

用一个剖切平面将物体的局部剖开后所得到的剖面图称为局部剖面图，简称局部剖，如图 4-5 所示。

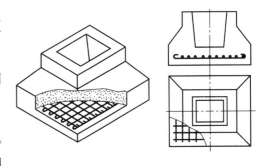

图 4-5　杯形基础的局部剖面图

局部剖切在投影图上的边界用波浪线表示，波浪线可以看作是物体断裂面的投影，因此绘制波浪线时，不能超出图形轮廓线，在孔洞处要断开，也不允许波浪线与图样上其他图线重合。

分层剖切是局部剖切的一种形式，用以表达物体内部的构造。如图 4-6 所示，用这种剖切方法所得到的剖面图，称为分层剖切剖面图，简称分层剖。分层剖切剖面图用波浪线按层次将各层隔开。

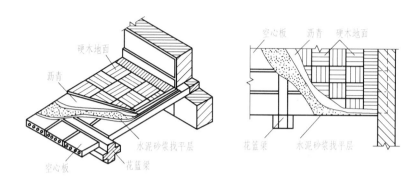

图 4-6 楼层地板分层局部剖面图

5. 旋转剖面图

用两个相交的剖切平面剖开形体后，将倾斜于基本投影面的剖面旋转到平行基本投影面后再投影，所得到的剖面图，称为旋转剖面图。如图 4-7 所示。旋转剖面图用于表达内部构造（孔或槽）的中心线不在同一平面上，且具有回转轴的形体。

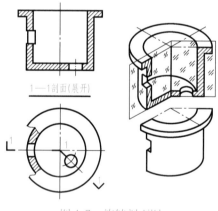

图 4-7 旋转剖面图

课题 2 断面图

4.2.1 断面图的形成

假想用一剖切平面将形体在适当位置剖开，移去剖切平面与观察者之间的形体部分，然后对剩余的形体部分进行正投影，仅画出剖切面与形体接触部分的投影，所得到的投影图称为断面图，简称断面。如图 4-8 所示的 1—1 断面和 2—2 断面。断面图适用于表达实心物体，如柱、梁、型钢的断面形状，在结构施工图中，也用断面图表达构配件的钢筋配置情况。

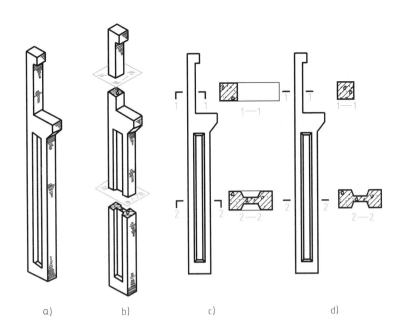

图 4-8　剖面图与断面图

a) 工字柱　b) 剖开后的工字柱　c) 剖面图　d) 断面图

4.2.2　断面图的分类和画法

断面图根据图示形式可分为移出断面图、中断断面图和重合断面图。

1. 移出断面图

画在投影图之外的断面图，称为移出断面图。移出断面图的轮廓线用粗实线绘制，断面图上要画出材料图例，如图 4-9 所示。移出断面图的比例可根据需要放大，以便清楚地图示出形体断面构造情况。

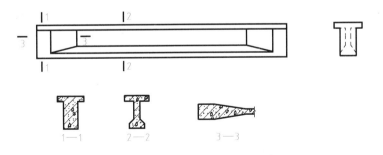

图 4-9　屋面梁断面图

2. 中断断面图

画在投影图的中断处的断面图称为中断断面图。中断断面图只适用于杆件较长、断面形状单一且对称的物体。中断断面图的轮廓线用粗实线绘制，投影图的中断处用波浪线或折断线绘制。中断断面图不必标注剖切符号，如图 4-10 所示。

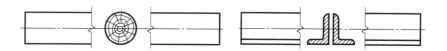

图 4-10   中断断面图

3. 重合断面图

断面图画在投影图轮廓之内，称为重合断面图，如图 4-11 所示。这种断面图是假想用一个剖切平面将形体剖开，将所剖切到的断面向右旋转 90°，使它与投影图重合而得到的。重合断面图的轮廓线用细实线绘制，并不加任何标注。

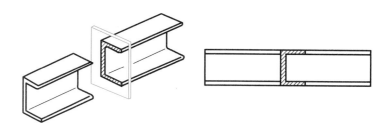

图 4-11   重合断面图

4.2.3 剖面图与断面图的区别

1. 投影图的构成不同

剖面图是画出形体被剖开后整个余下部分的投影，而断面图只是画出形体被剖开后断面的投影。

2. 剖切符号的标注不同

断面图的剖切符号，只有剖切位置线没有投射方向线，只用编号的注写位置来表示投影方向，如图 4-8 所示。

本 章 回 顾

1. 剖面图的种类有全剖面图、半剖面图、阶梯剖面图、局部剖面图和旋转剖面图。

2. 断面图根据图示形式可分为移出断面图、中断断面图和重合断面图。

3. 断面图与剖面图的区别在于：

1）投影图的构成不同。

2）剖切符号的标注不同。

第二篇　房屋建筑构造

第5章　民用建筑概述

序号	学习内容	学习目标	能力目标
1	建筑物的分类和等级	了解建筑物的分类和等级划分	能区分不同建筑物的类型和等级
2	民用建筑的构造组成、影响因素及建筑标准化	掌握民用建筑的基本构造组成 了解构造的影响因素及建筑标准化的含义	能说出房屋的基本组成 理解构造影响因素及建筑标准化的含义
3	定位轴线	掌握房屋定位轴线的定位方法	能正确标定房屋的定位轴线

课题1　建筑物的分类及等级划分

建筑通常是建筑物与构筑物的总称。建筑物是指供人们生活、学习、工作、居住以及从事各种生产和文化活动的房屋或场所，如住宅、办公楼、厂房、教学楼等。构筑物是指人们一般不直接在内进行生产、生活活动的建筑，如水塔、堤坝、蓄水池、栈桥、烟囱等。建筑物可以按不同的方法进行分类。

5.1.1　建筑物的分类

1. 按建筑物的使用性质分类

（1）民用建筑　指供人们居住及进行社会活动等非生产性的建筑，又分为居住建筑和公共建筑两种。

1）居住建筑，指供人们生活起居使用的建筑物，如住宅、公寓和宿舍等。

2）公共建筑，指供人们进行社会活动的建筑物，如办公、科教、文体、商业、医疗、广播邮电和交通建筑等。公共建筑的类型较多，功能和体量也有较大差异。有些大型公共建筑内部功能比较复杂，可能同时具备上述两个以上的功能，一般这类建筑称为综合性建筑。

（2）工业建筑　指为工业生产服务的各类建筑，如工业厂房、生产车间、动力用房和仓储建筑等。

（3）农业建筑　指用于农业、畜牧业生产和加工使用的建筑，如温室、畜禽饲养场、粮食与饲料加工站、农机修理站等。

2. 按建筑物的规模和数量分类

（1）大量性建筑　指单体规模不大，但兴建数量多、分布广、单体造价较低的建筑，如住宅、学校、中小型办公楼、商场、医院等。

（2）大型性建筑 指建筑规模大、耗资多、影响大的公共建筑，如大型火车站、航空港、大型体育馆、博物馆、大会堂等。

3. 按建筑物的层数或总高度分类

1）住宅建筑按层数划分为：1~3层为低层；4~6层为多层；7~9层为中高层；10层及以上为高层。

2）公共建筑及综合性建筑总高度超过24m为高层（不包括高度超过24m的单层主体建筑）。建筑高度为建筑物从室外地面至檐口或屋面面层的高度。

3）建筑物总高度超过100m时，均为超高层，不论其是住宅或公共建筑。

4. 按建筑的结构类型分类

（1）砖木结构建筑 指采用砖（石）墙体、木楼板、木屋顶的建筑，这种建筑使用舒适，但防火和抗震性能较差。

（2）砖混结构建筑 指采用砖（石）墙体，钢筋混凝土楼板和屋顶的多层建筑，墙体中应设置钢筋混凝土圈梁和构造柱。这种结构整体性、耐久性和耐火性较好，取材方便，施工简单，但质量较大，耗砖较多，多适用于6层及以下的住宅和次要建筑。

（3）钢筋混凝土结构建筑 指钢筋混凝土柱、梁、板承重的多层及高层建筑，以及用钢筋混凝土材料制造的装配式大板、大模板建筑，包括钢筋混凝土框架结构、钢筋混凝土剪力墙结构和大板结构。

（4）钢结构建筑 指全部采用钢柱、钢梁组成承重骨架，用轻质块材、板材作围护和分隔墙的建筑，这种建筑整体性好，质量较轻，工业化施工程度高，但耗钢量大、施工难度高、耐火性较差，多用于超高层建筑和大跨度公共建筑。

（5）其他结构建筑 有生土建筑、充气建筑、塑料建筑等。

5.1.2 建筑物的等级划分

建筑物的等级包括耐久等级、耐火等级两个方面。

1. 耐久等级

建筑物的耐久等级指标是使用年限，而使用年限的长短是依据建筑物的使用性质决定的。我国现行规范规定，建筑物按主体结构确定的耐久年限分为4个等级，见表5-1。

表5-1 建筑物的耐久年限

耐久等级	耐久年限	适用范围
一级	100年以上	适用于重要的建筑和高层建筑
二级	50~100年	适用于一般性建筑
三级	25~50年	适用于次要的建筑
四级	15年以下	适用于临时性建筑

2. 耐火等级

建筑物的耐火等级是由构件的燃烧性能和耐火极限两个方面来决定的。我国《建筑设计防火规范》（GB 50016—2014）将民用建筑的耐火等级分为四级，见表5-2。

表 5-2 建筑物构件的燃烧性能和耐火等级 （单位：h）

构件名称		耐火等级			
		一级	二级	三级	四级
墙	防火墙	不燃烧体 3.00	不燃烧体 3.00	不燃烧体 3.00	不燃烧体 3.00
	承重墙	不燃烧体 3.00	不燃烧体 2.50	不燃烧体 2.00	难燃烧体 0.50
	非承重外墙	不燃烧体 1.00	不燃烧体 1.00	不燃烧体 0.50	燃烧体
	楼梯间的墙 电梯井的墙 住宅单元之间的墙 住宅分户墙	不燃烧体 2.00	不燃烧体 2.00	不燃烧体 1.50	难燃烧体 0.50
	疏散走道两侧的隔墙	不燃烧体 1.00	不燃烧体 1.00	不燃烧体 0.50	难燃烧体 0.25
	房间隔墙	不燃烧体 0.75	不燃烧体 0.50	难燃烧体 0.50	难燃烧体 0.25
柱		不燃烧体 3.00	不燃烧体 2.50	不燃烧体 2.00	难燃烧体 0.50
梁		不燃烧体 2.00	不燃烧体 1.50	不燃烧体 1.00	难燃烧体 0.50
楼板		不燃烧体 1.50	不燃烧体 1.00	不燃烧体 0.50	燃烧体
屋顶承重构件		不燃烧体 1.50	不燃烧体 1.00	燃烧体	燃烧体
疏散楼梯		不燃烧体 1.50	不燃烧体 1.00	不燃烧体 0.50	燃烧体
吊顶（包括吊顶搁栅）		不燃烧体 0.25	难燃烧体 0.25	难燃烧体 0.15	燃烧体

注：1. 除另有规定者外，以木柱承重且以不燃烧材料作为墙体的建筑物，其耐火等级应按四级确定。

2. 二级耐火等级建筑的吊顶采用不燃烧体时，其耐火极限不限。

3. 在二级耐火等级的建筑中，面积不超过 100 m² 的房间隔墙，如执行本表的规定确有困难时，可采用耐火极限不低于 0.3 h 的不燃烧体。

4. 一、二级耐火等级建筑疏散走道两侧的隔墙，按本表规定执行确有困难时，可采用 0.75h 不燃烧体。

（1）构件的燃烧性能　按建筑构件在空气中遇火时的不同反应，将燃烧性能分为以下三类。

1）不燃烧体，指用不燃烧材料制成的构件。这种材料在空气中受到火烧或高温作用时，不起火、不炭化、不微燃，如砖石材料、钢筋混凝土和金属材料等。

2）难燃烧体，指用难燃烧材料做成的构件，或用燃烧材料做成而用非燃烧材料做保护层的构件。难燃烧材料在空气中受到火烧或高温作用时难起火、难炭化，当火源移走后燃烧或微燃立即停止，如沥青混凝土、石膏板和板条抹灰等。

3）燃烧体，指用燃烧材料做成的构件。这种材料在空气中受到火烧或高温作用时立即起火或微燃，且火源移走后仍继续燃烧或微燃，如木材、纤维板和胶合板等。

（2）构件的耐火极限　指对任一建筑构件按时间与温度曲线进行耐火试验，从受到火作用时起，到失去支持能力或完整性被破坏或失去隔火能力时为止的这段时间，单位是"小时"，用"h"表示。

课题2　民用建筑的构造组成

一般民用建筑是由基础、墙或柱、楼板层、地层、楼梯、屋顶和门窗等主要部分组成的，这些组成部分在建筑上通常被称为构件或配件，如图5-1所示。它们所处的位置不同，有着不同的作用，其中有的起着承重的作用，有的起着围护的作用，而有些构件既起着承重作用又起着围护作用。

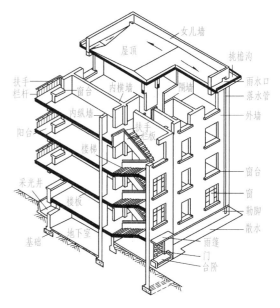

图 5-1　民用建筑的构造组成

5.2.1　基础

基础是建筑最下部的承重构件，它埋在地下，承受建筑物的全部荷载，并把这些荷载传递给地基。基础必须具备足够的强度和稳定性，并能抵御地下水、冰冻等各种不良因素的侵蚀。

5.2.2　墙体和柱

在建筑物基础的上部是墙体或柱。墙体和柱都是建筑物的竖向承重构件，是建筑物的重要组成部分。墙的作用主要是承重、围护和分隔空间。作为承重构件，它承受着屋顶和楼板等传来的荷载，并把这些荷载传递给基础。作为围护构件，外墙能够抵御自然界各种因素对室内的侵蚀，内墙则起到分隔内部空间的作用。因此，对墙体的要求根据功能的不同，分别应具有足够的强度、稳定性、保温、隔热、隔声、防水、防火等能力以及具有一定的经济性和耐久性。柱也是建筑物的承重构件，除了不具备围护和分隔作用之外，其他要求与墙体相差不大。

5.2.3　楼板层和地层

楼板层是楼房建筑中的水平承重构件，并在竖向将整栋建筑物内部划分为若干部分。楼板层承担建筑物的楼面荷载，并把这些荷载传递给墙体（柱）或梁，同时楼板层还对墙体起到水平支撑的作用。因此，楼板层必须具有足够的强度和刚度，并应具备防火、防水和隔声性能。

地层，又称地坪，是建筑物底层房间与下部土壤相接触的部分，承受着底层房间的地面荷载，因此，地层应具有一定的承载能力，并应具有防潮、防水和保温的能力。

5.2.4　楼梯

楼梯是楼房建筑中联系上下各层的垂直交通设施，以供人们平时交通和在紧急情况下疏散时使用。因此，楼梯应有适当的坡度、宽度、数量、位置和布局形式，还要满足防火和防滑等要求。

5.2.5　屋顶

屋顶是建筑物最上部的承重和围护构件。它承受着建筑物顶部的各种荷载，并将荷载传递给墙或柱。作为围护构件，它抵御着自然界中雨、雪、太阳辐射等对建筑物顶层房间的影响。因此，屋顶应具有足够的强度和刚度，还应具有防水、保温和隔热等性能。

5.2.6　门和窗

门和窗都是建筑物的非承重构件。门的主要作用是供人们出入和分隔空间，有时还兼有采光和通风的作用。窗的作用主要是采光和通风，有时也可起到挡风、避雨等围护作用。根据建筑物的使用空间要求不同，门和窗还应具有一定的保温、隔声、防火和防风沙等能力。

一般民用房屋建筑除了以上基本组成构件外，还有许多为人们使用或房屋本身所必需的其他构件和设施，如阳台、雨篷、台阶、烟道和通风道等。

课题 3　房屋构造的影响因素及建筑标准化

5.3.1　影响房屋构造的主要因素

一座建筑物建成并投入使用后，要经受自然界各种因素的影响。为了提高建筑物对外界各种影响的抵御能力，延长建筑物的使用寿命，更好地满足使用功能的要求，在进行建筑构造设计时，必须充分考虑到各种影响因素，以便根据影响程度，来提供合理的构造方案。影响建筑物的因素很多，归纳起来大致可分为以下几个方面。

1. 自然气候的影响

各个地区地理环境不同，大自然的条件也各有差异。南北气候的差别，气温的变化，太阳的热辐射，自然界的风、霜、雨、雪等均构成了影响建筑物使用功能和建筑构件使用质量的因素，如图 5-2 所示。为防止由于大自然条件的变化而造成建筑物构件的破坏，从而保证建筑物的正常使用，往往在建筑构造设计时，对各有关部位采取必要的防范措施，如防潮、防水、保温、隔热、设置伸缩缝、设隔蒸气层等，以防患于未然。

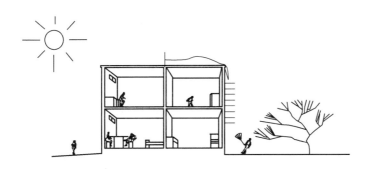

图 5-2　影响建筑物的因素示意

2. 荷载的影响

作用到房屋上各种力的作用称为荷载。这些荷载包括建筑自重，人、家具、设备的质量，风雪荷载及温度变化引起的涨缩应力、地震作用等。荷载的大小和作用方式直接影响着建筑的结构类型、构件的材料与截面形状、尺寸等，所以荷载的影响是确定建筑构造做法首先要考虑的重要因素。

3. 人为因素和其他因素的影响

人为因素主要指人们从事生产和生活活动时带来的不利因素，如机械振动、化学腐蚀、战争、爆炸、火灾、噪声等都属于人为因素的影响，都会对建筑物造成一定程度的影响。因此，在进行建筑构造设计时，必须针对各种可能的因素，从构造上采取隔振、防腐、防爆、防火、隔声等相应的措施，以避免建筑物及其使用功能遭受较大的影响和损失。

5.3.2 建筑标准化

1. 建筑标准化的含义

建筑标准化包括两个方面的含义：一是建筑设计的标准，包括由国家颁发的建筑法规、建筑设计规范、建筑标准、定额等；二是建筑的标准设计，即根据统一的标准编制的标准构件与标准配件图集、整个房屋的标准设计图等。标准构件与标准配件的图集一般由国家或地方设计部门进行编制，供设计人员选用，同时也为构件加工生产单位提供依据。

2. 统一模数制

为实现建筑标准化，使建筑制品、建筑构配件实现工业化大规模生产，必须制定建筑构件和配件的标准化规格系列，使建筑设计各部分尺寸、建筑构配件、建筑制品的尺寸统一协调，并使之具有通用性和互换性，加快设计速度，提高施工质量和效率，降低造价，为此，国家颁发了《建筑模数协调标准》（GB/T 50002—2013）。

（1）建筑模数 建筑模数是选定的标准尺度单位，作为建筑空间、构配件、建筑制品以及有关设备等尺寸相互间协调的基础和增值单位。

1）基本模数，是模数协调中选用的基本尺寸单位，其数值规定为 100mm，符号为 M，即 1M = 100mm。

2）导出模数，分为扩大模数和分模数。扩大模数是基本模数的整数倍，如 3M(300mm)、6M(600mm)、12M(1200mm)、15M(1500mm)、30M(3000mm)、60M(6000mm) 等。分模数是基本模数的分倍数，如 1/2M(50mm)、1/5M(20mm)、1/10M(10mm) 等。

（2）模数数列 模数数列是由基本模数、扩大模数和分模数为基础扩展成的一系列尺寸，见表5-3。

1）水平基本模数：1M(100mm)～20M(2000mm) 数列，主要用于门窗洞口和构配件截面尺寸。

2）竖向基本模数：1M(100mm)～36M(3600mm)，主要用于建筑物的层高、门窗洞口和构配件截面尺寸。

3）水平扩大模数基数为 3M、6M、12M、15M、30M、60M，其相应尺寸分别为 300mm、600mm、1200mm、1500mm、3000mm、6000mm，主要用于建筑物的开间、柱距、进深、跨度、构配件尺寸和门窗洞口尺寸等。

4）竖向扩大模数基数为 3M 和 6M，其相应的尺寸为 300mm、600mm，主要用于建筑物的高度、层高和门窗洞口尺寸等。

5）分模数基数为 1/10M、1/5M、1/2M，其相应的尺寸为 10mm、20mm、50mm，主要用于缝隙、构造节点、构配件截面尺寸等。

模数数列是以选定的模数基数为基础而展开的数值系统，它可以确保不同类型的建筑物及其各组成部分间的尺寸统一与协调，减少尺寸的范围，并使尺寸的叠加和分割有较大的灵活性。

表 5-3　模数数列　　　　　　　　　　　　（单位：mm）

模数名称	基本模数	扩大模数						分模数		
模数基数	1M	3M	6M	12M	15M	30M	60M	1/10M	1/5M	1/2M
模 数 数 列	100	300	600	1200	1500	3000	6000	10	20	50
	200	600	1200	2400	3000	6000	12000	20	40	100
	300	900	1800	3600	4500	9000	18000	30	60	150
	400	1200	2400	4800	6000	12000	24000	40	80	200
	500	1500	3000	6000	7500	15000	30000	50	100	250
	600	1800	3600	7200	9000	18000	36000	60	120	300
	700	2100	4200	8400	10500	21000		70	140	350
	800	2400	4800	9600	12000	24000		80	160	400
	900	2700	5400	10800		27000		90	180	450
	1000	3000	6000	12000		30000		100	200	500
	1100	3300	6600			33000		110	220	550
	1200	3600	7200			36000		120	240	600
	1300	3900	7800					130	260	650
	1400	4200	8400					140	280	700
	1500	4500	9000					150	300	750
	1600	4800	9600					160	320	800
	1700	5100						170	340	850
	1800	5400						180	360	900
	1900	5700						190	380	950
	2000	6000						200	400	1000
	2100	6300								
	2200	6600								
	2300	6900								
	2400	7200								
	2500	7500								
	2600									
	2700									
	2800									
	2900									
	3000									
	3100									
	3200									
	3300									
	3400									
	3500									
	3600									

3. 几种尺寸

为了保证建筑制品、构配件等有关尺寸间的统一与协调，特规定了标志尺寸、构造尺寸、实际尺寸及其相互间的关系，如图 5-3 所示。

（1）标志尺寸 标志尺寸用以标注建筑物定位轴线之间的距离以及建筑制品、建筑构配件、有关设备位置界限之间的尺寸。标志尺寸应符合模数数列的规定。

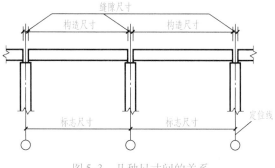

图 5-3 几种尺寸间的关系

（2）构造尺寸 构造尺寸是建筑制品、建筑构配件等的设计尺寸。一般情况下，构造尺寸加上缝隙尺寸等于标志尺寸。缝隙尺寸应符合模数数列的规定。

（3）实际尺寸 实际尺寸是建筑制品、建筑构配件等生产制作后的尺寸。实际尺寸与构造尺寸之间的差数应符合允许的误差数值。

课题 4 房屋的定位轴线

房屋的定位轴线是确定房屋主要结构或构件的位置及其尺寸的基准线。用于平面图时称为平面定位轴线，用于立面方向时称为竖向定位线。定位轴线的距离（如进深、开间、层高等）应符合模数数列的规定，在《建筑模数协调标准》（GB/T 50002—2013）中规定了供选择的房屋定位轴线间尺寸数值大小的范围。

定位轴线是施工定位、放线的重要依据，墙、柱、大梁或屋架等主要承重构件均应由定位轴线确定其位置，对于非承重的隔墙、次要承重构件、配件的位置，可由它们附近定位轴线确定。

5.4.1 平面定位轴线

1. 承重墙定位轴线

（1）承重外墙 承重外墙顶层墙身的内缘与平面定位轴线间的距离，可以为顶层承重内墙厚度的一半、顶层承重外墙墙身厚度的一半、半砖或半砖的倍数，如图 5-4 所示。

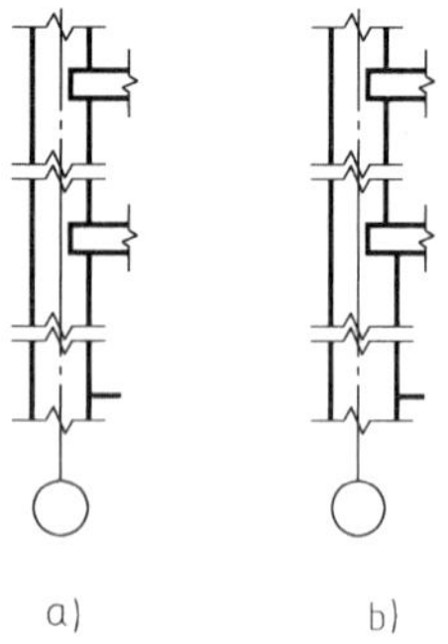

当墙厚为 180mm 时，墙身中心线与平面定位轴线重合。

（2）承重内墙 承重内墙顶层墙身的中心线一般与平面定位轴线相重合，如果墙体为对称内缩，则平面定位轴线中分底层墙身，如图 5-5a 所示。

根据建筑空间的要求，有时也可以把平面定位轴线设在距离内墙某一边缘 120mm 处，形成偏轴线，如图 5-5b 所示。

对厚度大于 370mm 的砌体内墙，为了便于圈梁或墙内竖向孔道的通过，可以采用双轴线的形式，如图 5-5c 所示。

图 5-4 承重外墙定位轴线
a）底层墙体与顶层墙体厚度相同
b）底层墙体与顶层墙体厚度不同

2. 非承重墙定位轴线

非承重墙的定位轴线布置比较灵活，除了可按承重墙布置外，还可以使墙身内缘与平面定位轴线相重合，如图 5-6 所示。

3. 变形缝处定位轴线

为了满足变形缝两侧结构处理的要求，变形缝处一般设置双轴线。

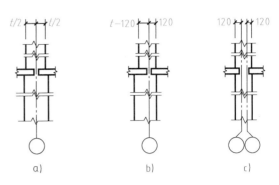

图 5-5　承重内墙定位轴线（t 为顶层砖墙厚度）
a）定位轴线中分底层墙身　b）偏轴线　c）双轴线

1）当变形缝两侧均为墙体时，若两侧墙都是承重墙，定位轴线均为距顶层墙身内缘 120mm，如图 5-7a 所示；若两侧墙体都是非承重墙时，定位轴线均应与顶层墙身内缘重合，如图 5-7b 所示。

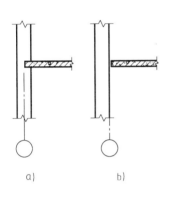

图 5-6　非承重外墙定位轴线

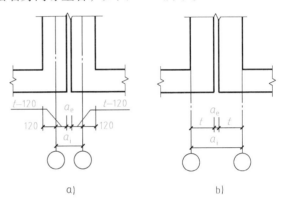

图 5-7　变形缝处两侧为墙体的定位轴线
a）按承重墙处理　b）按非承重墙处理
a_i—插入距　a_e—变形缝尺寸

2）当变形缝处一侧为墙垛，另一侧为墙体时，墙垛的外缘应与平面定位轴线重合；墙体的定位轴线要根据墙体的性质确定。若墙体是外承重墙，平面定位轴线距顶层墙内缘 120mm，如图 5-8a 所示；若墙体是非承重墙，平面定位轴线应与顶层墙内缘重合，如图 5-8b 所示。

3）当变形缝两侧墙体带连系尺寸时，定位轴线的划分与前面相同。若两侧墙按外承重墙处理，定位轴线距顶层墙内缘 120mm，如图 5-9a 所示；若两侧墙按非承重墙处理，定位轴线均与顶层墙内缘重合，如图 5-9b 所示。

4. 带壁柱外墙的定位轴线

带壁柱外墙的墙体内缘与平面定位轴线相重合，如图 5-10a 所示；距墙体内缘 120mm 处与平面定位轴线相重合，如图 5-10b 所示。

5. 柱的定位轴线

在框架结构中，中柱（中柱的上柱或顶层中柱）的中线一般与纵、横向平面定位轴线相重合；边柱的外缘一般与纵向平面定位轴线相重合或偏离，也可使边柱（顶层柱）的纵向中线与纵向平面定位轴线相重合，如图 5-11 所示。

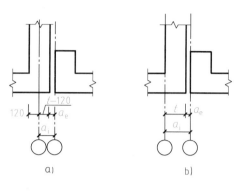

图 5-8 变形缝外墙与墙垛交界处定位轴线
a) 按外承重墙处理 b) 按非承重墙处理
a_i—插入距 a_e—变形缝尺寸

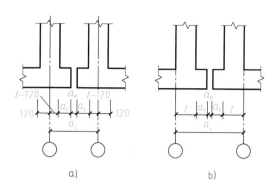

图 5-9 变形缝两侧墙体带连系尺寸的定位轴线
a) 按外承重墙处理 b) 按非承重墙处理
a_i—插入距 a_e—变形缝尺寸 a_l—连系尺寸

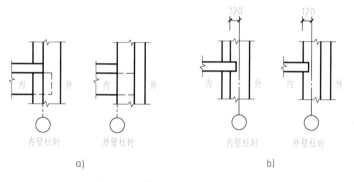

图 5-10 带壁柱外墙的定位轴线
a) 定位轴线与墙体内缘重合 b) 定位轴线距墙体内缘 120mm

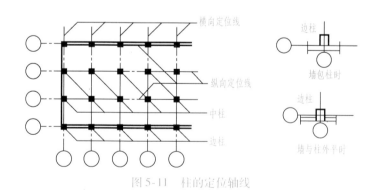

图 5-11 柱的定位轴线

5.4.2 竖向定位线

竖向定位线要注明标高。一般情况下，结构标高加上楼层或地坪面层的构造厚度，即为建筑标高。

1. 楼面、地面的竖向定位

在多层建筑中，一般使建筑物各层的楼面、首层地面与竖向定位线相重合，如图 5-12

所示。必要时，也可使各层的结构层表面与竖向定位线相重合。

2. 屋面竖向定位

对不设屋架和屋面大梁的平屋顶，一般使屋顶结构层表面与竖向定位线重合，如图 5-13a 所示。

当设置有屋架或屋面大梁时，竖向定位线可设在屋架或屋面大梁支座底面处（柱顶），如图 5-13b 所示。

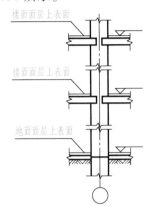

图 5-12 楼面、地面竖向定位

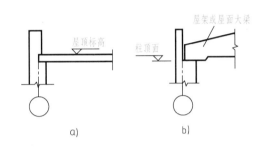

图 5-13 屋面竖向定位
a）无屋架或屋面大梁平屋面的竖向定位
b）有屋架或屋面大梁屋面的竖向定位

本 章 回 顾

1. 建筑物通常可按以下五种方法分类：

1）按建筑物的使用性质分为民用建筑、工业建筑、农业建筑。

2）按建筑物的规模和数量分为大型性建筑和大量性建筑。

3）按建筑物的层数或总高度分为低层建筑、多层建筑、中高层建筑、高层建筑、超高层建筑。

4）按建筑的结构类型分为砖木结构建筑、砖混结构建筑、钢筋混凝土结构建筑、钢结构建筑、其他类型建筑。

2. 建筑物的等级包括耐久等级和耐火等级两个方面。

3. 民用房屋建筑的主要组成部分有：基础、墙或柱、楼板层、地层、楼梯、屋顶、门窗等。

4. 影响房屋构造的主要因素有：自然气候、荷载、人为因素和其他因素。

5. 建筑标准化包括两个方面的含义：一是建筑设计的标准，二是建筑的标准设计。

6. 建筑模数分为基本模数和导出模数，导出模数又可分为扩大模数和分模数。

7. 为保证建筑制品、构配件等有关尺寸间的统一与协调，特规定了标志尺寸、构造尺寸、实际尺寸及其相互之间的关系。

8. 定位轴线是确定房屋主要结构或构件的位置及其尺寸的基准线，用于平面图时称为平面定位轴线，用于立面方向时称为竖向定位线。

第6章　基础与地下室

序号	学习内容	学习目标	能力目标
1	基础与地基的概念 影响基础埋深的因素	了解基础与地基的概念和影响基础埋深的因素	能够区分基础与地基 理解影响基础埋深的因素
2	基础的类型与构造	掌握不同类型基础的特征及其构造	会选择基础的类型 正确分析基础的构造并能读懂基础构造图
3	地下室的分类、组成；地下室的防潮与防水	了解地下室的分类和组成 掌握地下室的防潮与防水构造做法	能区分不同类型地下室 会选择地下室的防潮防水方案 能读懂地下室构造图

课题1　基础与地基

6.1.1　基础与地基的概念

基础是建筑物埋在地面以下的承重构件，是建筑物的重要组成部分，它的作用是承受上部建筑物传递下来的全部荷载，并将这些荷载连同自重传给下面的土层。

地基是指建筑物下面支承基础的土体或岩体，它的作用是承受基础传来的全部荷载。地基在建筑物荷载作用下的应力和应变，一般随着土层深度的增加而减少，达到一定深度后就可以忽略不计。直接承受荷载的土层称为持力层，持力层以下的土层称为下卧层，如图6-1所示。

地基在保持稳定的条件下，每平方米所能承受的最大垂直压力称为地基的承载力，或称为地耐力，它是基础设计的一个重要参数。如果建筑物的全部荷载为 N，地基承载力为 f，基础底面面积为 A，为保证建筑物的稳定和安全，基础底面传给地基的平均压力必须小于地基承载力，其三者的关系应满足：

$$A \geqslant \frac{N}{f}$$

在设计中，当建筑物总荷载确定时，可通过增加基础底面积或提高地基的承载力的方法来保证建筑物的稳定和安全。

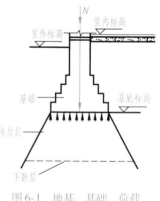

图6-1　地基、基础、荷载的关系

6.1.2　地基的分类

地基分为天然地基和人工地基两大类。

1. 天然地基

天然地基是指天然土层本身就具有足够的承载能力，不需经人工改良或加固便可以直接承受建筑物的土层，如岩石、碎石、砂土和黏土等，一般均可以作为天然地基。

2. 人工地基

当天然土层本身的承载能力低（如淤泥、回填土、大孔土、废井和坟坑等），或建筑物上部荷载较大，需预先对土壤层进行人工加工或加固处理后才能承受建筑物荷载的地基称人工地基。

人工加固地基通常采用换土法、压实法、挤密法以及深层搅拌法等。

（1）换土法　当地基土为淤泥、冲填土、杂填土及其他高压缩性土时，应采用换土法。换土所用材料选用中砂、粗砂、碎石或级配石等空隙大、压缩性低、无侵蚀性的材料。

（2）压实法　对于含有一定承载力的地基土可以通过碾压或夯实，提高其强度，降低其透水性和压缩性，具体做法有重锤夯实法、机械碾压法、振动压实法等。

（3）挤密法　挤密法是以振捣或冲击的办法成孔，然后在孔中填入砂、碎石、石灰、灰土或其他材料并振捣密实，形成桩体，利用桩与挤密后的桩间土组成复合地基，从而提高地基承载力，减少沉降量。

（4）深层搅拌法　深层搅拌法是利用水泥或石灰作固化剂，通过深层搅拌机械，在一定深度范围把地基土与水泥或其他固化剂强行拌和固化，形成具有水稳定性和足够强度的水泥土桩体、块体和墙体等，提高地基承载力，改善土层变形特性。

6.1.3　对基础与地基的要求

1. 对基础的要求

（1）强度和刚度要求　基础应有足够的强度和刚度，保证在地基反力作用下不会产生强度破坏，并具有改善沉降与不均匀沉降的能力。

（2）耐久性要求　基础是埋于地下的隐蔽工程，建成后很难观察、维修、加固，因此应选择石料、混凝土等坚固、抗水、耐久、不易老化的材料，基础的构造应与建筑物耐久等级相适应，符合建筑整体耐久性要求，不得先于上部结构破坏。

（3）经济性要求　基础采用不同的材料、不同的结构，其工程造价也不同，通常占建筑总造价的10% ~40%，因此基础方案的确定，要做到技术合理，尽量使用地方材料，节约运输费用，以降低造价，降低基础工程的投资。

2. 对地基的要求

（1）强度要求　地基承载力应足以承受基础传来的压力，如果由基础传到地基的压力超过地耐力（地基承载力），地基土壤就会产生过大的沉降变形，失稳甚至断裂，严重威胁建筑物的安全。

（2）变形要求　建筑物的总荷载通过基础传给地基，地基因此产生应变，出现沉降。地基的沉降量应保证在允许的沉降范围内，且沉降差也应保证在允许的范围内。若沉降量过大，会造成整个建筑物下沉过多；若沉降不均匀，沉降差过大，会引起墙身开裂、倾斜甚至破坏，影响建筑物的正常使用。

（3）稳定性要求　地基的稳定性要求地基有防止产生滑坡、倾斜的能力。

课题 2　影响基础埋深的主要因素

6.2.1　基础的埋置深度

从室外设计地面至基础底面的垂直距离称为基础的埋置深度，简称基础的埋深，如图 6-2 所示。建筑物上部荷载的大小、地基土质的好坏、地下水位的高低、土冰冻的深度以及新旧建筑物的相邻交接关系等，都将影响着基础的埋深。根据基础埋置深度的不同，基础有深基础、浅基础之分。埋深大于等于 5m 或埋深大于等于基础宽度的 4 倍的基础称为深基础；埋深在 0.5～5m 或埋深小于基础宽度的 4 倍的基础称为浅基础。基础埋深不得浅于 0.5m。

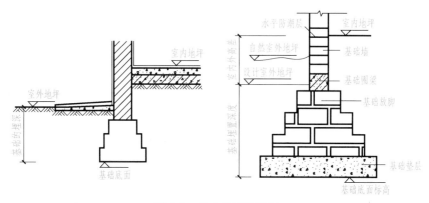

图 6-2　基础的埋置深度

6.2.2　影响基础埋深的因素

1. 工程地质、地基土层构造的影响

基础应建造在坚实的土层上，如果地基土层为均匀、承载力较好的坚实土层，则应尽量浅埋，但应大于 0.5m，如图 6-3a 所示。如果地基土层不均匀，既有承载力较好的坚实土层，又有承载力较差的软弱土层，且坚实土层离地面近（距地面小于 2m），土方开挖量不大，可挖去软弱土层，将基础埋在坚实土层上，如图 6-3b 所示。若坚实土层很深（距地面大于 5m），可做地基加固处理，如图 6-3c 所示。当地基土由坚实土层和软弱土层交替组成，建筑总荷载又较大时，可采用桩基础，如图 6-3d 所示。具体方案应在做技术经济比较后确定。

2. 建筑物的构造型式和用途的影响

建筑物的构造型式和用途等因素都对建筑物基础的埋深有影响，重要建筑、设有地下室的建筑、有设备基础的建筑以及采用独立基础或柱基础的建筑，自重很大，基础必须深埋。

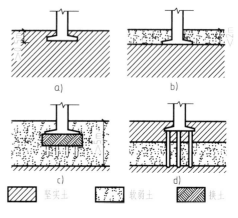

图 6-3　地基土层对基础埋深的影响

3. 地下水位、地质条件的影响

地基土的含水量大小对地基承载力影响很大，如黏性土在地下水位以下时，承载力明显下降，若地下水中含有侵蚀性物质，也会对基础产生腐蚀作用。所以基础应尽量埋置在地下水位以上，如图 6-4a 所示。当地下水位比较高，基础不得不埋置在地下水中时，应将基础底面置于最低地下水位之下，不应使基础底面处于地下水位变化的范围之内，如图 6-4b 所示。

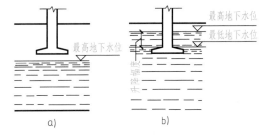

图 6-4　地下水位对基础埋深的影响
a）地下水位较低时的基础埋深
b）地下水位较高时的基础埋深

4. 冰冻深度的影响

土的冻结深度即冰冻线，如果基础置于冰冻线以上，当土壤冻结时，会对基础产生破坏，因此在冻胀土中埋置基础，必须将基础底面置于冰冻线以下，如图 6-5 所示。

5. 相邻建筑基础埋深的影响

一般情况下，新建建筑物的基础应浅于相邻的原有建筑物的基础，以避免扰动原有建筑物的地基土壤。当埋深大于原有基础的埋深时，两基础间应保持一定水平距离，其数值应根据荷载的大小和性质等情况而定，如图 6-6 所示，一般为相邻两基础底面高差的两倍。如不能满足上述要求时，应采取分段施工、设临时加固支撑、打板桩、做地下连续墙等施工措施，或加固原有建筑物的基础。

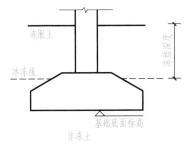

图 6-5　冰冻线与基础埋深

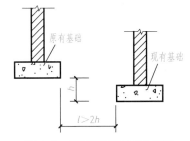

图 6-6　相邻建筑物基础埋深

课题 3　基础的类型与构造

基础的类型按材料及受力特点可分为刚性基础和柔性基础；按构造形式分为条形基础、独立基础、井格基础、筏形基础、箱型基础和桩基础等。

6.3.1　按材料和受力特点分类

1. 刚性基础

由刚性材料制作的基础称为刚性基础。刚性材料一般是指抗压强度高，而抗拉、抗剪强度低的材料，常用的有砖、毛石、混凝土、灰土和三合土等。为满足地基允许承载力的要求，基底宽一般大于上部墙宽。为了保证基础不因受到拉力、剪力而破坏，基础必须具有相应的高度。基础底面尺寸的放大应根据材料的刚性角来决定。刚性角是指基础挑出宽度 b 与高度 h 之比的正切角，以 α 表示，如图 6-7a 所示。如果基础底面宽度超过一定范围，即由

B_0 增大到 B_1，致使刚性角扩大，这时，基础会因受拉而破坏，如图 6-7b 所示。所以刚性基础底面宽度的增大要受刚性角的限制。刚性基础常用于地基承载能力较好，压缩性较小的低层或多层民用建筑以及墙承重的轻型厂房等。

（1）毛石基础　毛石基础是由未加工凿平的石材和强度不小于 M5 的水泥砂浆砌筑而成的。毛石基础具有抗压强度高、抗冻、耐水性能好等优点，可用于地下水位高、冻土深度较低的地区。但它的整体性欠佳，有震动的建筑物很少采用。

常用的毛石基础的截面有阶梯形、锥形和矩形等断面形状。毛石基础厚度和台阶高度均不小于 100mm，当台阶多于两阶时，每个台阶伸出宽度不宜大于 150mm。为便于砌筑上部砖墙，可在毛石基础的顶面浇铺一层 60mm 厚的 C10 的混凝土找平层，如图 6-8 所示。

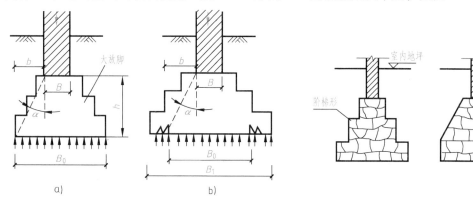

图 6-7　刚性基础受力分析　　　　　图 6-8　毛石基础
a）基础受力在刚性角范围以内　b）基础受力超过刚性角范围

（2）混凝土基础　混凝土基础是用强度等级不低于 C25 的混凝土浇筑而成的。它具有坚固、耐久、耐水、抗冻、刚性角大的优点，常用于有地下水或冰冻作用的基础。由于混凝土是可塑材料，基础的断面可做成矩形、阶梯形或锥形。为施工方便和保证质量，其构造如图 6-9 所示。

为节约混凝土，可在混凝土中加入适量的毛石，这种基础称为毛石混凝土基础。毛石混凝土基础所用的石块一般不得大于基础宽度的 1/3，且不大于 300mm，加入的毛石为基础总体积的 25%～30%，毛石在混凝土中应均匀分布并振捣密实，如图 6-10 所示。

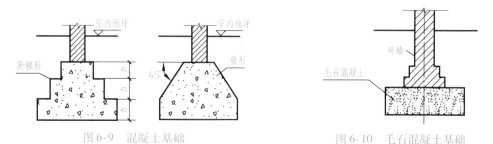

图 6-9　混凝土基础　　　　　　　图 6-10　毛石混凝土基础

（3）砖基础　砖基础由黏土砖和砂浆砌筑而成。由于黏土砖要消耗大量的耕地，目前，我国大部分地区都已限制使用黏土砖，而采用环保材料及工业废料等材料代替普通黏土砖。由于砖的强度、耐久性、抗冻性和整体性均较差，因而只适用于地基土质好，地下水位较低，5 层以下的砖混结构。砖基础一般采用台阶式，逐级向下放大，形成大放脚。砖基础底面以下，一般做 100mm 厚的 C10 混凝土垫层，砖的强度等级必须在 MU10 以上，用于砌筑砖基础的水泥砂浆强度等级一般不低于 M5。

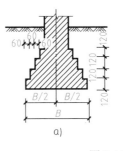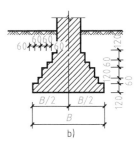

图 6-11 砖基础
a) 二皮一收 b) 二一间隔收

大放脚一般有二皮一收和二一间隔收两种砌筑方法。二皮一收是指每砌筑两皮砖的高度，收进 1/4 砖的宽度；二一间隔收是指每两皮砖的高度与每一皮砖的高度相间隔，交替收进 1/4 砖，如图 6-11 所示。

（4）灰土基础 灰土基础由粉状的石灰与松散的粉土加适量的水拌和而成。灰土基础的石灰与粉土的体积比为 3∶7 或 2∶8，又分别称为"三七"灰土和"二八"灰土。灰土每层均需铺 220mm 厚，夯实厚度为 150mm。由于灰土基础的抗冻性、耐水性很差，故只适用于地下水位较低的低层建筑，如图 6-12 所示。

（5）三合土基础 三合土基础石灰、砂、骨料（碎砖、碎石或矿渣），按体积比 1∶2∶4 或 1∶3∶6 加水拌和夯实而成，如图 6-13 所示。这种基础适用于 4 层及 4 层以下的建筑。与灰土基础一样，基础应埋在地下水位以上，顶面应在冰冻线以下。

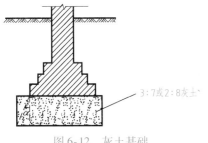

图 6-12 灰土基础

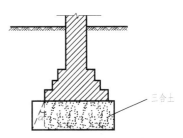

图 6-13 三合土基础

2. 柔性基础

柔性基础（非刚性基础）一般是指钢筋混凝土基础。钢筋混凝土基础是在混凝土中配置钢筋，利用钢筋来承受拉力，使基础具有良好的抗弯能力。混凝土的强度、耐久性和抗冻性都较高，因此它的基础大放脚的挑长和高度的比值不受刚性角的限制。与刚性基础相比，在同样基础宽度条件下，钢筋混凝土基础的高度比刚性基础要小得多，如图 6-14 所示。这对减少基础的土方工程量、材料用量，降低工程造价和缩短工期是非常有利的。

钢筋混凝土基础常做成锥形截面，以节约材料，基础边缘的最小高度应不小于 200mm，混凝土的强度等级应不低于 C25，基础的高度和钢筋的配置按结构计算确定。为使基础与地基有平整良好的接触面以及有利于钢筋的保护，基础底面以下应设置一层强度等级为 C7.5 或 C10 的混凝土垫层，其厚度为 50～100mm，钢筋混凝土基础构造如图 6-15 所示。

6.3.2 按构造形式分类

1. 条形基础

当建筑物上部结构采用墙承重时，基础沿墙身设置，多做成长条形，这类基础称为条形基础或带形基础，这种基础整体性较好，可缓解局部不均匀沉降，多用于砖混结构。条形基础常选用砖、石、混凝土、灰土等刚性材料，如图 6-16 所示。

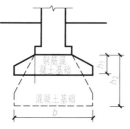

图6-14　钢筋混凝土基础与混凝土基础对比

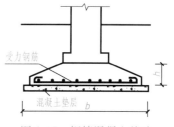

图6-15　钢筋混凝土基础

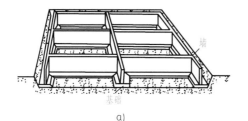

a)

图6-16　条形基础
a) 墙下条形基础　b) 柱下条形基础

2. 独立基础

当建筑物上部采用框架结构或单层排架结构承重时，基础常采用方形或矩形的独立式基础，这类基础称为独立式基础或柱式基础。独立式基础是柱下基础的基本形式。常采用的形式有阶梯形、锥形、杯形等，其优点是减少土方工程量，便于管道通过，节约基础材料，但基础之间无构件连接，整体性较差，因此，独立基础适用于土质、荷载均匀的骨架结构建筑，如图6-17所示。

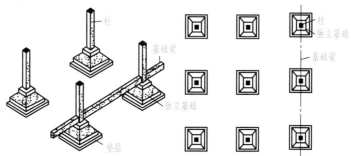

图6-17　独立基础

3. 井格基础

当地基条件较差或荷载较大时，为了提高建筑物的整体性，防止柱子之间产生不均匀沉降，常将柱下基础沿纵横两个方向扩展并连接起来，做成十字交叉的井格基础，如图6-18所示。

4. 筏形基础

建筑物上部荷载较大，而地基又较弱，这时采用简单的条形基础或井格基础已不能适应地基变形的需要，通常将墙或柱下基础连成一片，使建筑物的荷载承受在一块整板上，形成筏形基础。筏形基础有梁板式和平板式两种，如图6-19所示。梁板式筏形基础的刚度较大，有双向交叉的梁，板厚度较小。平板式筏形基础的柱子直接支撑在钢筋混凝土底板上，基础厚度较大，构造比较简单。

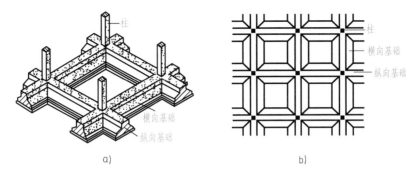

图 6-18 井格基础
a) 示意图 b) 平面图

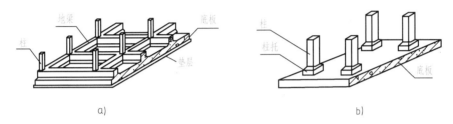

图 6-19 筏形基础
a) 梁板式筏形基础 b) 平板式筏形基础

5. 箱形基础

当建筑物荷载很大，对基础不均匀沉降要求严格的高层建筑、重型建筑以及软弱土层上的多层建筑，为增加基础的整体刚度，常将基础改做成箱形基础。箱形基础是由钢筋混凝土底板、顶板和若干纵、横隔墙组成的整体结构，基础中的内部空间可用作地下室（单层或多层的）或地下停车库等，如图 6-20 所示。

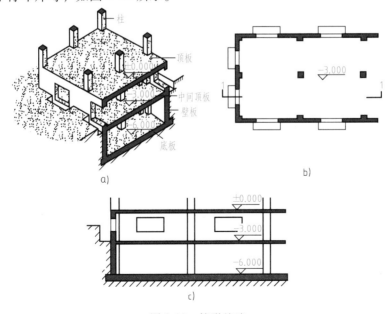

图 6-20 箱形基础
a) 示意图 b) 一层地下室平面图 c) 1—1 剖面图

6. 桩基础

当建筑物荷载较大，地基的软弱土层厚度在5m以上，基础不能埋在软弱土层内，或对软弱土层进行人工处理困难和不经济时，常采用桩基础。桩基础的种类很多，最常用的是钢筋混凝土桩，根据施工方法不同，钢筋混凝土桩可分为打入桩、压入桩、振入桩和灌入桩等，根据受力类型不同分为摩擦桩和端承桩等，如图6-21所示。

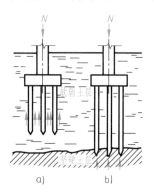

图6-21　桩基础受力类型

a）摩擦桩　b）端承桩

课题4　地下室的构造

建筑物底层地面以下的房间称为地下室。建造地下室不仅能够在有限的占地面积内增加使用空间，提高建设用地的利用率，还可以省掉房心回填土，比较经济。

6.4.1　地下室的分类

1. 按使用性质分类

（1）普通地下室　普通地下室是指普通的地下空间。一般按地下楼层进行设计，可用以满足多种建筑功能的要求，如储藏、办公、居住等。

（2）人防地下室　人防地下室是指有防空要求的地下空间。人防地下室应妥善解决紧急状态下的人员隐蔽与疏散，应有保证人身安全的技术措施，同时还应考虑和平时期的使用。

2. 按埋入地下深度分类

（1）全地下室　地下室地面低于室外地坪面的高度超过该房间净高的1/2者为全地下室。由于防空地下室有防止地面水平冲击波破坏的要求，故多采用这种类型。

（2）半地下室　地下室地面低于室外地坪面的高度超过该房间净高的1/3且不超过1/2者为半地下室。这种地下室一部分在地面以上，易于解决采光、通风等问题。普通地下室多采用这种类型。

3. 按结构材料分类

（1）砖墙结构地下室　砖墙结构地下室指用砖来砌筑墙体的地下室。这种地下室适用于上部荷载不大且地下水位较低的情况。

（2）钢筋混凝土结构地下室　钢筋混凝土结构地下室指全部用钢筋混凝土浇筑的地下室。这种地下室适用于地下水位较高、上部荷载很大及有人防要求的情况。

6.4.2　地下室的构造

地下室一般由墙体、顶板、底板、门和窗、采光井、楼梯等部分组成，如图 6-22 所示。

1. 墙体

地下室的墙不仅承受上部的垂直荷载，还要承受土、地下水及土壤冻胀时产生的侧压力，所以地下室墙的厚度应经计算确定。采用较多的为混凝土墙或钢筋混凝土墙，其厚度一般不小于 270mm。如地下水位较低可采用砖墙，其厚度应不小于 370mm。

2. 顶板

地下室的顶板采用现浇或预制钢筋混凝土板。防空地下室的顶板一般应为现浇板。当采用预制板时，往往在板上浇筑一层钢筋混凝土整体层，以保证顶板有足够的整体性。

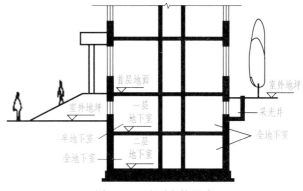

图 6-22　地下室的组成

3. 底板

地下室的底板不仅承受作用于它上面的垂直荷载，当地下水位高于地下室底板时，还必须承受底板下水的浮力，所以要求底板应具有足够的强度、刚度和抗渗能力，否则易出现渗漏现象，因此地下室底板常采用现浇钢筋混凝土板。

4. 门和窗

地下室的门窗与地上部分相同。防空地下室的门应符合相应等级的防护和密闭要求，一般采用钢门或钢筋混凝土门，防空地下室一般不允许设窗。

5. 采光井

当地下室的窗在地面以下时，为达到采光和通风的目的，应设置采光井，一般每个窗设一个，当窗的距离很近时，也可将采光井连在一起。

采光井由侧墙、底板、遮雨设施或铁箅子组成，侧墙一般为砖墙，井底板则由混凝土浇筑而成，如图 6-23 所示。

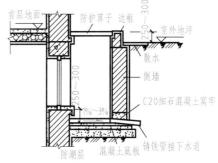

图 6-23　采光井的构造

采光井的深度视地下室窗台的高度而定，一般采光井底板顶面应较窗台低 250～300mm。采光井在进深方向（宽）为 1000mm 左右，在开间方向（长）应比窗宽大 1000mm 左右。

采光井侧墙顶面应比室外地面标高高 250～300mm，以防止地面水流入。

6. 楼梯

地下室可与地面部分的楼梯结合设置。由于地下室的层高较小，故多设单跑楼梯。一个地下室至少应有两部楼梯通向地面，防空地下室也应至少有两个出口通向地面，其中一个必须是独立的安全出口，且安全出口与地面以上建筑物应有一定距离，一般不得小于地面建筑物高度的一半，以防止地面建筑物破坏坍落后将出口堵塞。

6.4.3 地下室的防潮与防水

地下室的底板和墙身设置在室外地面以下，长期受到地潮和地下水的侵蚀，必须根据地下水的情况和工程要求，对地下室采取相应的防潮、防水等措施。

1. 地下室的防潮

当设计最高地下水位低于地下室底板300mm以上，且地基范围内的土壤及回填土无上层滞水时，地下室只需做防潮处理。此时当地下室墙为混凝土或钢筋混凝土结构时，本身就有防潮作用，不必再做防潮层；当地下室为砖砌体结构时，应做防潮层，通常做法是在墙身外侧抹防水砂浆并与墙基水平防潮层相连接，如图6-24所示。

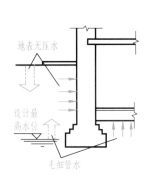
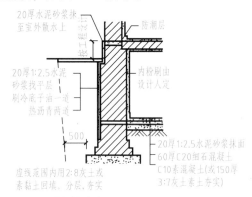

图6-24 地下室的防潮

2. 地下室的防水

当设计最高地下水位高于地下室底板时，地下室的墙身、底板不仅受地下水、上层滞水、毛细管水等作用，也受地表水的作用，如果地下室防水性能不好，轻则引起室内墙面灰皮脱落，墙面上生霉，影响人体健康；重则进水，使地下室不能使用或影响建筑物的耐久性。因此，地下室的外墙和底板必须采取防水措施。地下室防水常用的做法有防水混凝土防水、水泥砂浆防水、卷材防水、涂料防水等。

（1）防水混凝土防水 当地下室的墙采用混凝土或钢筋混凝土结构时，可连同底板一同采用防水混凝土，使承重、围护、防水功能三者合一。防水混凝土墙和底板不能过薄，一般不应小于250mm；迎水面钢筋保护层厚度不应小于50mm。防水混凝土结构底板的混凝土垫层，强度等级不应小于C15，厚度不应小于100mm，在软弱土层中不应小于150mm。当防水等级要求较高时，还应与其他防水层配合使用，如图6-25所示。

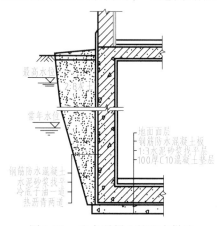

图6-25 防水混凝土的防水做法

（2）水泥砂浆防水 水泥砂浆防水层的基层，如果是混凝土结构，强度等级不应小于C15；如果是砌体结构，砌筑用的砂浆强度等级不应低于M7.5。水泥砂浆防水层可用于结构主体的迎水面或背水面，水泥砂浆防水层包括普通水泥砂浆，聚合物水泥防水砂浆，掺外加剂或掺合料防水砂浆等，聚合物水泥砂浆防水层厚度单层施工宜为

6~8mm，双层施工宜为 10~12mm，掺外加剂、掺合料等的水泥砂浆防水层厚度宜为 18~20mm，砂浆防水层一般需与其他防水层配合使用，如图 6-26 所示。

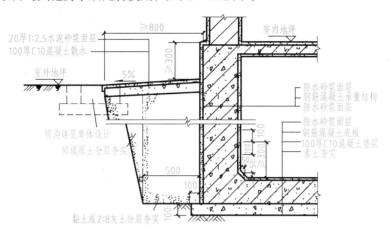

图 6-26　水泥砂浆防水与防水混凝土防水结合的做法

（3）卷材防水　卷材防水适用于受侵蚀性介质作用或受震动作用的地下室。卷材防水层用于建筑物地下室时，应铺设在结构主体底板垫层至墙体顶端的基面上，在外围形成封闭的防水层，卷材防水常用的材料为高聚物改性沥青防水卷材或合成高分子防水卷材，可铺设一层或二层。铺贴卷材前，应在基面上涂刷基层处理剂，当基面较潮湿时，应涂刷湿固化塑胶黏剂或潮湿界面隔离剂，基层处理剂应与卷材及胶黏剂的材性相容。铺贴高聚物改性沥青卷材应采用热熔法施工，铺贴合成高分子卷材采用冷粘法施工，如图 6-27 所示。

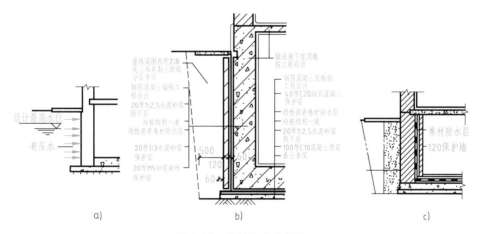

图 6-27　卷材防水的做法
a）有压地下水　b）外防水　c）内防水

（4）涂料防水　防水涂料包括无机防水涂料和有机防水涂料。无机防水涂料可选用水泥基防水涂料、水泥基渗透结晶型涂料。有机涂料可选用反应型、水乳型、聚合物水泥防水涂料。无机防水涂料宜用于结构主体的背水面，有机防水涂料宜用于结构主体的迎水面。

潮湿基层宜选用与潮湿基面黏结力大的无机涂料或有机涂料，或采用先涂水泥基类无机涂料而后涂有机涂料的复合涂层；埋置深度较深的重要工程、有振动或有较大变形的工程宜选用高弹性防水涂料；有腐蚀性的地下环境宜选用耐腐蚀性较好的反应型、水乳型、聚合物水泥涂料并做刚性保护层。防水涂料可采用外防外涂、外防内涂两种做法，如图6-28所示。

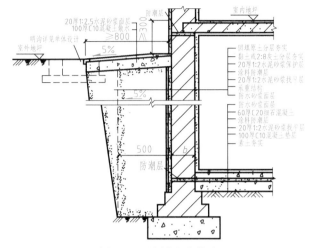

图6-28 涂料防水做法

本 章 回 顾

1. 基础是建筑物埋在地面以下的承重构件。地基是建筑物下面支承基础的土体或岩体。

2. 地基分为天然地基和人工地基两大类。

3. 影响基础埋深的因素有：地基土层构造、建筑物自身构造、地下水文地质条件、冻结深度以及相邻建筑基础的埋深。

4. 基础按材料及受力特点可分为刚性基础和柔性基础。

5. 基础按构造形式分为条形基础、独立基础、井格基础、筏形基础、箱型基础和桩基础等。

6. 地下室按使用性质分为普通地下室、人防地下室；按埋入地下深度分为全地下室、半地下室；按结构材料分为砖墙结构地下室、钢筋混凝土结构地下室。

7. 地下室一般由墙、顶板、底板、门和窗、采光井、楼梯等部分组成。

8. 地下室防水常用做法有：防水混凝土防水、水泥砂浆防水、卷材防水、涂料防水等。

第7章 墙 体

序号	学习内容	学习目标	能力目标
1	墙体的作用、类型和构造要求 砌体墙组砌方式和细部构造做法	了解墙体的作用、类型和构造要求 熟悉砌体墙的组砌方式 掌握砌体墙的细部构造做法	能区分墙体的类型和组砌方式 能正确分析砌体墙的细部构造，并能读懂砌体墙构造图
2	幕墙、隔墙的类型和构造 墙体保温和墙面装修做法	了解幕墙、隔墙的类型 掌握幕墙、隔墙、墙体保温和墙面装修的构造做法	能区分幕墙、隔墙的类型 能正确分析幕墙、隔墙、墙体保温和墙面装修的构造，并能读懂其构造图

课题 1 墙体的作用、类型及构造要求

在建筑中，墙体是组成建筑空间的竖向构件，其类型有很多种，包括砌体墙、幕墙、隔墙等。砌体墙在建筑中可用来做承重墙体和非承重墙体。幕墙是悬挂在建筑主体外侧的轻质围护墙，具有装饰效果，一般不承受其他构件的荷载，只承受自重和风荷载。隔墙在建筑中是非承重墙体，只用来分隔室内空间。

7.1.1 墙体的作用

1. 承重作用

墙体承受着自重以及屋顶、楼板（梁）等构件传来的垂直荷载、风荷载和地震荷载。

2. 围护作用

墙体遮挡自然界风、雨、雪的侵袭，防止太阳辐射、噪声干扰及室内热量的散失，起保温、隔热、隔声、防水等作用。

3. 分隔作用

墙体可以根据使用需要，把房屋内部划分为若干个房间和使用空间。

7.1.2 墙体的类型

根据墙体在建筑中的位置、受力情况、材料选用、构造施工方法的不同，可将墙体分为不同的类型。

1. 墙体按位置分类

墙体按所处的位置不同分为外墙和内墙。外墙作为建筑的围护构件，起着挡风、遮雨、保温、隔热等作用。内墙可以分隔室内空间，同时也起一定的隔声、防火等作用。

2. 墙体按布置方向分类

墙体按布置方向又可以分为纵墙和横墙。沿建筑物长轴方向布置的墙称为纵墙，沿建筑

物短轴方向布置的墙称为横墙，外横墙又称山墙。另外，窗与窗、窗与门之间的墙称为窗间墙；窗洞下部的墙称为窗下墙；屋顶上部的墙称为女儿墙等，如图7-1所示。

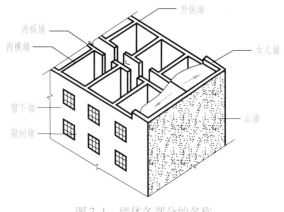

图7-1 墙体各部分的名称

3. 墙体按受力情况分类

墙体根据受力情况不同分为承重墙和非承重墙。

凡直接承受楼板（梁）、屋顶等传来荷载的墙称为承重墙，不承受外来荷载的墙称为非承重墙。在非承重墙中，不承受外来荷载、仅承受自身重力并将其传至基础的墙称为自承重墙；仅起分隔空间作用，自身重力由楼板或梁来承担的墙称为隔墙；在框架结构中，填充在柱子之间的墙称为填充墙，内填充墙是隔墙的一种；悬挂在建筑物外部的轻质墙称为幕墙，有金属幕墙、玻璃幕墙等。幕墙和外填充墙虽不能承受楼板和屋顶的荷载，但承受着风荷载，并把风荷载传给骨架结构。

4. 墙体按材料分类

墙体按所用材料的不同分为砖和砂浆砌筑的砖墙、利用工业废料制作的各种砌块砌筑的砌块墙、现浇或预制的钢筋混凝土墙、石块和砂浆砌筑的石墙等。

5. 墙体按构造形式分类

墙体按构造形式不同分为实体墙、空体墙和复合墙三种。实体墙是由普通黏土砖及其他实体砌块砌筑而成的墙；空体墙内部的空腔可以靠组砌形成，如空斗墙，也可用本身带孔的材料组合而成，如空心砌块墙等；复合墙由两种以上材料组合而成，如加气混凝土复合板材墙，其中混凝土起承重作用，加气混凝土起保温隔热作用。

6. 墙体按施工方法分类

墙体根据施工方法不同分为块材墙、板筑墙和板材墙三种。块材墙是用砂浆等胶结材料将砖、石、砌块等组砌而成，如实砌砖墙。板筑墙是在施工现场立模板现浇而成的墙体，如现浇混凝土墙。板材墙是预先制成墙板，在施工现场安装、拼接而成的墙体，如预制混凝土大板墙。

7.1.3 墙体的承重方案

墙体承重方案指的是承重墙体的布置方式，大量性民用建筑中一般采用以下几种方案：

1. 横墙承重体系

承重墙体主要由垂直于建筑物长度方向的横墙组成。楼面荷载依次通过楼板、横墙、基础传递给地基。适用于房间的使用面积不大，墙体位置比较固定的建筑，如住宅、宿舍、旅馆等。

2. 纵墙承重体系

承重墙体主要由平行于建筑物长度方向的纵墙组成。把大梁或楼板搁置在内、外纵墙上，楼面荷载依次通过楼板、梁、纵墙、基础传递给地基。适用于对空间的使用上要求有较大空间以及划分较灵活的建筑。

3. 双向承重体系

承重墙体由纵横两个方向的墙体混合组成。此方案建筑组合灵活，空间刚度较好，墙体材料用量较多。适用于开间、进深变化较多的建筑。

4. 局部框架体系

当建筑需要大空间时，采用内部框架承重，四周为墙承重。

7.1.4　对墙体的构造要求

1. 具有足够的强度和稳定性

墙体的强度是指墙体承受荷载的能力，它与所采用的材料、材料强度等级、墙体的截面面积、构造和施工方式有关。作为承重墙的墙体，必须具有足够的强度，以保证结构的安全。

稳定性与墙的高度、长度和厚度及纵横墙体间的距离有关。墙体的稳定性可通过验算确定，提高墙体稳定性的措施有：增加墙厚，提高砌筑砂浆强度等级、增加墙垛、构造柱、圈梁、墙内加筋等。

2. 满足保温隔热等热工方面的要求

我国北方地区气候寒冷，要求外墙具有较好的保温能力，以减少室内热损失。墙厚应根据热工计算确定，同时应防止外墙内表面与保温材料内部出现凝结水现象，构造上要防止冷桥的产生。

我国南方地区气候炎热，除设计中考虑朝阳、通风外，外墙应具有一定的隔热性能。

3. 满足隔声要求

为保证建筑物的室内有一个良好的声学环境，墙体必须具有一定的隔声能力。设计中可通过选用容重大的材料、加大墙厚、在墙中设空气间层等措施提高墙体的隔声能力。

4. 满足防火要求

在防火方面，应符合防火规范中相应的构件燃烧性能和耐火极限的规定，当建筑的占地面积和长度较大时，还应按防火规范要求设置防火墙，防止火灾蔓延。

5. 满足防水防潮要求

在卫生间、厨房、实验室等用水房间的墙体以及地下室的墙体应满足防水防潮的要求。通过选用良好的防水材料及恰当的构造做法，可保证墙体坚固耐久，使室内有良好的卫生环境。

6. 满足建筑工业化要求

在大量民用建筑中，墙体工程量占相当大的比重，同时其劳动力消耗大，施工工期长。因此，建筑工业化的关键是墙体施工改革，可通过提高机械化施工程度来提高工效、降低劳动强度，并应采用轻质高强的墙体材料，以减轻自重、降低成本。

课题 2　砌体墙

砌体墙包括砖砌体墙和砌块墙，是用砂浆等胶结材料将砖或砌块砌筑而成的墙体。砌体墙具有一定的保温、隔热、隔声、防火、防冻及承载能力，施工操作简单，但施工速度慢、劳动强度大。

7.2.1 砖砌体墙

1. 砌筑材料

（1）砖　按制作工艺分为烧结砖和非烧结砖，按形状可分为实心砖、多孔砖和空心砖。日前常用的有烧结实心砖、烧结多孔砖、烧结空心砖和蒸压粉煤灰砖、蒸压灰砂砖等。

普通实心黏土砖的规格是统一的，称为标准砖，其尺寸（长×宽×厚）为240mm×115mm×53mm，长宽厚之比为4:2:1（包括10mm灰缝），如图7-2所示。

由于实心黏土砖的制作破坏了大量农田，现在已限制使用。

烧结多孔砖以黏土、煤矸石或页岩等为主要原料焙烧而成，孔洞率不低于15%。多孔砖墙具有良好的热工性能，并能减少制砖对耕地的破坏。

目前使用的多孔砖，有P型和M型，如图7-3所示。

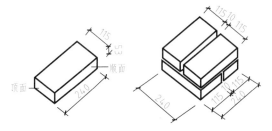

图7-2　标准砖的尺寸关系

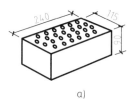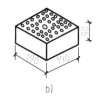

图7-3　多孔砖的尺寸
a) P型多孔砖　b) M型多孔砖

多孔砖的强度等级，主要有MU20、MU15、MU10和MU7.5。

（2）砂浆　砂浆是砌筑墙体的胶结材料，其作用是把块材胶结成整体、保证上下层块材受力均匀，并提高墙体防寒、隔热和隔声能力。砌筑砂浆要有一定的强度，以保证墙体的承载能力，还应有适当的稠度和保水性，以方便施工。

常用的砂浆有水泥砂浆、石灰砂浆和混合砂浆。水泥砂浆由水泥和砂加水拌和而成，适用于潮湿环境中的墙体。石灰砂浆由石灰膏和砂加水拌和而成，强度和防潮性能较差，适用于砌筑对强度要求不高、位于地面以上的墙体。混合砂浆由水泥、石灰膏和砂加水拌和而成，有较高的强度，和易性好，应用的较多。

砌筑砂浆的强度等级主要有M10、M7.5、M5和M2.5。

2. 砖墙的组砌方式及墙的厚度

（1）砖墙的组砌方式　砖墙的组砌方式是指砖块在砌体中的排列方式。为了保证墙体的强度和稳定性，砖墙砌筑时必须保证上下错缝、内外搭接，灰缝饱满平直，墙面平整。

在砖墙中，长度方向垂直于墙面砌筑的砖，称丁砖；长度方向平行于墙面砌筑的砖，称顺砖。每砌筑一层，称为"一皮"，上下皮之间的水平灰缝称为横缝，左右两块砖之间的垂直灰缝称为竖缝，如图7-4所示。上下层砖的错缝长度，一般不应小于1/4砖长。常见砖墙的组砌方式有：全顺式、一顺一丁式、每皮丁顺相间式（十字式）、两平一侧式等，如图7-5所示。

砖墙的组砌方式

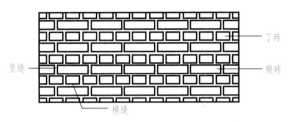

图 7-4　砖墙的组砌名称

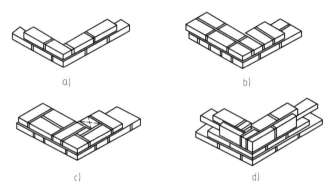

图 7-5　砖墙的组砌方式

a）全顺式　b）一顺一丁式　c）每皮丁顺相间式　d）两平一侧式

　　多孔砖一般多采用整砖顺砌的方式，对不足一块整砖的空隙，可用实心砖填砌，如图 7-6 所示。

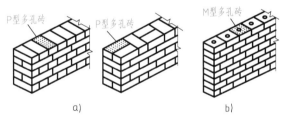

图 7-6　多孔砖的组砌方式

a）P 型多孔砖墙　b）M 型多孔砖墙

　　（2）砖墙的厚度　以标准砖砌筑墙体，常见的厚度为 115mm、178mm、240mm、365mm、490mm，简称为 12 墙（半砖墙）、18 墙（3/4 砖墙）、24 墙（一砖墙）、37 墙（一砖半墙）、49 墙（两砖墙），墙厚与砖规格的关系如图 7-7 所示。

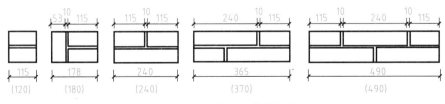

图 7-7　墙厚与砖规格的关系

3. 砖墙的细部构造

（1）勒脚　勒脚指室内地坪以下、室外地面以上的这段墙体。勒脚的作用是防止外界碰撞、防止地表水对墙脚的侵蚀、增强建筑物立面美观，所以要求勒脚坚固、防水和美观。勒脚一般采用以下几种构造做法，如图7-8所示。

1）对一般建筑，可采用20mm厚1:3水泥砂浆抹面，1:2水泥白石子水刷石或斩假石抹面。

2）标准较高的建筑，可用天然石材和人工石材贴面，如花岗石、水磨石等。

3）整个勒脚采用强度高、耐久性和防水性好的材料砌筑，如条石、混凝土等。

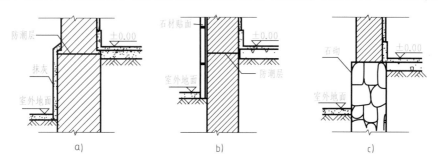

图7-8 勒脚构造做法
a）抹面 b）贴面 c）石砌

（2）墙身防潮层　在墙身中设置防潮层的目的是防止土壤中的水分沿基础墙上升，防止位于勒脚处的地面水渗入墙内，使墙身受潮。因此，必须在内外墙脚部位连续设置防潮层。防潮层按其构造形式分为水平防潮层和垂直防潮层。

水平防潮层一般应在室内地面不透水垫层（如混凝土）范围以内，通常在 −0.060m 标高处设置，而且至少要高于室外地坪150mm，以防雨水溅湿墙身。当内墙两侧地面有高差时，应在墙身内设置高低两道水平防潮层，并在靠土壤一侧设置垂直防潮层。墙身防潮层的位置如图7-9所示。

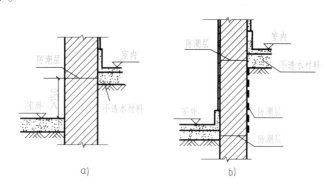

图7-9 墙身防潮层的位置
a）地面垫层为密实材料 b）室内地面有高差

按防潮层所用材料不同，一般有油毡防潮层、防水砂浆防潮层、细石混凝土防潮层等做法。

1）油毡防潮层，是在防潮层部位先抹20mm厚的水泥砂浆找平层，然后干铺油毡一层或用沥青胶粘贴一毡二油，油毡防潮层具有一定的韧性、延伸性和良好的防潮性能，但日久易老化失效，同时由于油毡使墙体隔离，削弱了砖墙的整体性和抗震能力，如图7-10a所示。

2）防水砂浆防潮层，是在防潮层位置抹一层 20mm 或 30mm 厚 1∶2 水泥砂浆掺 5% 的防水剂配制成的防水砂浆；也可以用防水砂浆砌筑 4~6 皮砖。用防水砂浆做防潮层适用于抗震地区、独立砖柱和振动较大的砖砌体中，但砂浆开裂或不饱满时会影响防潮效果，如图 7-10b 所示。

3）细石混凝土防潮层，是在防潮层位置铺设 60mm 厚的 C15 或 C20 细石混凝土，内配 3Φ6 或 3Φ8 钢筋以抗裂。由于混凝土密实性好，有一定的防水性能，并与砌体结合紧密，故适用于整体刚度要求较高的建筑，如图 7-10c 所示。

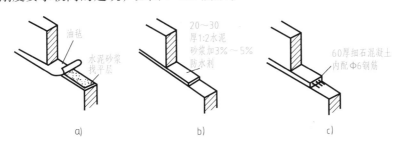

图 7-10　墙身水平防潮层构造

垂直防潮层的做法是对于在两道水平防潮层之间的墙面（靠回填土一侧），先用水泥砂浆抹面，刷上冷底子油一道，再刷热沥青两道；也可以采用掺有防水剂的砂浆抹面的做法。

（3）散水与明沟　为了防止屋顶落水或地表水侵入勒脚危害基础，必须沿外墙四周设置散水或明沟，将屋顶雨水、地表水及时排离建筑物。

散水是沿建筑物外墙设置的倾斜坡面，坡度一般为 3%~5%。散水可用水泥砂浆、混凝土、砖、块石等材料做面层，其宽度一般为 600~1000mm。当屋面为自由落水时，散水宽度应比屋檐挑出宽度宽 150~200mm。由于建筑物沉降，勒脚与散水施工时间的差异，在勒脚与散水交接处应留有缝隙，缝内填粗砂或碎石子，上嵌沥青胶盖缝，以防渗水。散水整体面层纵向距离每隔 6~12m 做一道伸缩缝，缝内处理同勒脚与散水相交处，如图 7-11 所示。

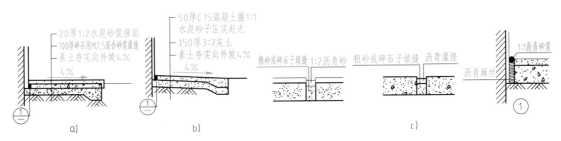

图 7-11　散水构造做法
a）水泥砂浆散水　b）混凝土散水　c）散水伸缩缝构造

散水适用于降雨量较小的北方地区。季节性冰冻地区的散水还需在垫层下加设防冻层。防冻层应选用砂石、炉渣石灰石等非冻胀材料，其厚度可结合当地经验采用。

明沟是设置在外墙四周的排水沟，将水有组织地导向积水井然后流入排水系统。明沟一般是用砖石铺砌，水泥砂浆抹面，或用素混凝土现浇而成的沟槽。沟槽应有不小于 1% 的坡度，以保证排水通畅。明沟适用于降雨量较大的南方地区，其构造如图 7-12 所示。

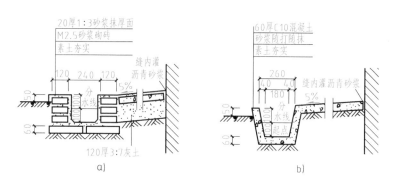

图 7-12　明沟构造做法
a）砖砌明沟　b）混凝土明沟

（4）门窗过梁　门窗过梁是用来支撑门窗洞口上部的砌体和楼板传来的荷载，并把这些荷载传给洞口两侧墙体的承重构件。过梁一般采用钢筋混凝土材料，个别也有采用砖拱过梁和钢筋砖过梁的形式。但在较大振动荷载、可能产生不均匀沉降以及有振动设防要求的建筑中，不宜采用砖砌平拱过梁和钢筋砖过梁。

1）钢筋混凝土过梁，承载力大，一般不受跨度的限制。预制装配过梁施工速度快，是最常用的一种。过梁宽度同墙厚，高度及配筋应由计算确定，但为了施工方便，梁高应与砖的皮数相适应，如 60mm、120mm、180mm、240mm 等。过梁在洞口两侧伸入墙体的长度应不小于 240mm。为了防止雨水沿门窗过梁向外墙内侧流淌，过梁底部外侧抹灰时要做滴水。

过梁的断面形状有矩形和 L 形，矩形多用于内墙和混水墙，L 形多用于外墙和清水墙。在寒冷地区，为防止钢筋混凝土过梁产生热桥问题，也可将外墙洞口的过梁断面做成 L 形。钢筋混凝土过梁断面形状如图 7-13 所示。

2）砖拱过梁，是由竖砖砌筑而成的，它利用灰缝上大下小，使砖向两边倾斜、相互挤压形成拱的作用来承担荷载。砖拱过梁分为平拱和弧拱两种，建筑上常用砖砌平拱过梁。砖砌平拱过梁的高度多为一砖长，灰缝上部宽度不宜大于 15mm，下部宽度不应小于 5mm，中部起拱高度为洞口跨度的 1/50。砖强度不低于 MU7.5，

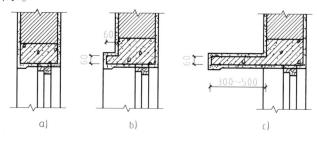

图 7-13　钢筋混凝土过梁断面形状
a）平墙过梁　b）带窗套过梁　c）带窗楣过梁

砂浆强度不低于 M2.5，净跨宜小于 1.0m，最大不应超过 1.8m，如图 7-14 所示。

3）钢筋砖过梁，是指配置了钢筋的平砌砖过梁。通常将间距小于 120mm 的 Φ6 钢筋埋在梁底厚度为 30mm 的水泥砂浆层内，钢筋伸入洞口两侧墙内的长度不应小于 240mm，并设 90°直弯钩埋在墙体的竖缝内。在洞口上部不小于 1/4 洞口跨度的高度范围内（且不应小于 5 皮砖），用强度不低于 M5 的砂浆砌筑。钢筋砖过梁净跨宜小于或等于 1.5m，最大不应超过 2.0m，如图 7-15 所示。

（5）窗台　窗台分为外窗台和内窗台两个部分，如图 7-16 所示。

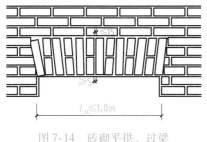

图 7-14　砖砌平拱、过梁

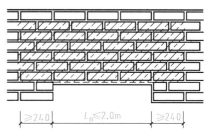

图 7-15　钢筋砖过梁

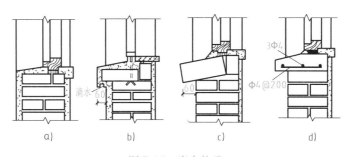

图 7-16　窗台构造

a）不悬挑窗台　b）滴水窗台　c）侧砌砖窗台　d）预制钢筋混凝土窗台

外窗台应设置排水构造，其目的是防止雨水积聚在窗下、侵入墙身和向室内渗透。因此，窗台应有不透水的面层，并向外形成不小于 20% 的坡度，以利于排水。外窗台有悬挑窗台和不悬挑窗台两种。处于阳台等处的窗不受雨水冲刷，可不必设悬挑窗台；外墙面材料为贴面砖时，也可不设悬挑窗台。悬挑窗台常采用丁砌一皮砖挑出 60mm 或将一砖侧砌并挑出 60mm，也可采用钢筋混凝土窗台。悬挑窗台底部外缘处抹灰时应做宽度和深度均不小于 10mm 的滴水线或滴水槽。

内窗台一般为水平放置，通常结合室内装修做成水泥砂浆抹灰、木板或贴面砖等多种饰面形式。在寒冷地区室内为暖气采暖时，为便于安装暖气片，窗台下应预留凹龛。此时应采用预制水磨石板或预制钢筋混凝土窗台板，如图 7-17 所示。

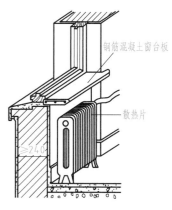

图 7-17　暖气槽与内窗台

4. 墙身加固措施

对于多层砖混结构的承重墙，由于可能承受上部集中荷载、开洞以及其他因素，会造成墙体的强度及稳定性有所降低，因此要考虑对墙身采取加固措施。

（1）壁柱和门垛　当墙体承受集中荷载、强度不能满足要求或由于墙体长度和高度超过一定限度而影响墙体稳定性时，常在墙身局部适当位置增设壁柱，使之和墙体共同承担荷载并稳定墙身。壁柱突出墙面的尺寸应符合砖规格，一般为 120mm × 370mm、240mm × 370mm、240mm × 490mm，也可根据结构计算确定，如图 7-18a 所示。

在墙体转角处或在丁字墙交接处开设门窗洞口时，为了保证墙体的承载力及稳定性和便于门窗板安装，应设门垛。门垛凸出墙面不少于 120mm，宽度同墙厚，如图 7-18b 所示。

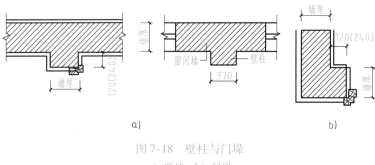

图 7-18　壁柱与门垛

a）壁柱　b）门垛

（2）设置圈梁　圈梁是沿外墙四周及部分内墙的水平方向设置的连续闭合的梁。圈梁配合楼板共同作用可提高建筑物的空间刚度和整体性，增加墙体的稳定性，减少不均匀沉降引起的墙身开裂。在抗震地区，圈梁与构造柱一起形成骨架，可提高抗震能力。

圈梁有钢筋砖圈梁和钢筋混凝土圈梁两种。钢筋砖圈梁多用于非抗震区，结合钢筋砖过梁沿外墙形成。钢筋混凝土圈梁的宽度同墙厚且不小于 180mm，高度一般不小于 120mm。钢筋混凝土外墙圈梁一般与楼板持平，铺预制楼板的内承重墙的圈梁一般设在楼板之下。圈梁最好与门窗过梁合一。在特殊情况下，当遇有门窗洞口致使圈梁局部截断时，应在洞口上部增设相应的附加圈梁。附加圈梁与圈梁搭接长度不应小于其垂直间距的二倍，且不得小于1m，如图 7-19 所示。对有抗震要求的建筑物，圈梁不宜被洞口截断。

（3）设置构造柱　钢筋混凝土构造柱是从抗震角度考虑设置的，一般设在外墙转角、内外墙交界处、较大洞口两侧及楼梯、电梯间四周等。由于房屋的层数和地震烈度不同，构造柱的设置要求也有所不同。构造柱必须与圈梁紧密连接形成空间骨架，以增加房屋的整体刚度。提高墙

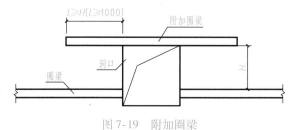

图 7-19　附加圈梁

体抵抗变形的能力，并使砖墙在受震后也能"裂而不倒"。

构造柱的最小截面尺寸为 240mm × 180mm；构造柱的最小配筋量是：纵向钢筋 4Φ12，箍筋Φ6，间距不大于 250mm。构造柱下端应伸入地梁内，无地梁时应伸入底层地坪下500mm 处。为加强构造柱与墙体的连接，构造柱处墙体宜砌成马牙槎，并应沿墙高每隔500mm 设 2Φ6 拉结钢筋，每边伸入墙体不少于1m。施工时应先放置构造柱钢筋骨架，后砌墙，随着墙体的升高而逐段浇筑混凝土构造柱身，如图 7-20 所示。由于女儿墙的上部都是自由端而且位于建筑的顶部，在地震时易受破坏。一般情况下构造柱应通至女儿墙顶部，并与钢筋混凝土压顶相连，而且女儿墙内的构造柱间距应适当加密。

7.2.2　砌块墙

1. 砌筑材料

砌块是利用混凝土、工业废料（如炉渣、粉煤灰等）或地方材料制成的人造块材，外形尺寸比砖大，具有设备简单，砌筑速度快的优点。

砌块按单块重量和幅面的大小分为小型砌块、中型砌块和大型砌块。小型砌块高度为

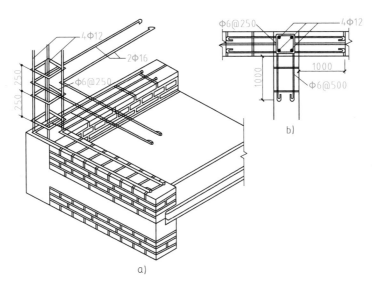

图 7-20　砖砌体中的构造柱
a) 外墙转角处　b) 内外墙交接处

115~380mm，单块质量不超过 20kg，便于人工砌筑；中型砌块高度为 380~980mm，单块质量在 20~350kg 之间；大型砌块高度大于 980mm，单块质量大于 350kg。大中型砌块由于体积和质量较大，不便于人工搬运，必须采用起重运输设备施工。我国目前采用的砌块以中型和小型为主。常用砌块的类型与规格见表 7-1。

表 7-1　砌块类型与规格

分类	小型砌块	中型砌块	大型砌块
用料及配合比	C15 细石混凝土，配合比经计算与实验确定	C20 细石混凝土，配合比经计算与实验确定	粉煤灰：530~580kg/m³ 石灰：150~160kg/m³ 磷石膏：350kg/m³ 煤渣：960kg/m³	粉煤灰：68%~75% 石灰：21%~23% 石膏：4% 泡沫剂：1%~2%
规格（厚×高×长）/mm	90×190×190 190×190×190 190×190×390	180×845×630 180×845×830 180×845×1030 180×845×1280 180×845×1480 180×845×1680 180×845×1880 180×845×2130	190×380×280 190×380×430 190×380×580 190×380×880	厚：200 高：600、700、800、900 长：2700、3000、3300、3600

2. 砌块墙的组砌

由于砌块的规格多、尺寸比较大，为保证错缝及砌体的整体性，减少施工错误，需在砌筑前设计排列顺序。

砌块的排列应上下皮错缝搭接，纵横墙交接处要交错搭砌；要优先采用大规格的砌块并尽量减少砌块的规格类型和数量，使主砌块的数量达到70%以上，排列不足一块时可以用次要规格代替，必须镶砖时，应分散布置。当采用空心砌块时，上下皮砌块应孔对孔、肋对肋以扩大受压面积。砌块的排列示意如图7-21所示。

3. 砌块墙的细部构造

（1）砌块墙的接缝处理　砌块在厚度方向大多没有搭接，因此砌块的长向错缝搭接要求比较高。中型砌块上下皮搭接长度不少于砌块高度的1/3，且不小于150mm。小型空心砌块上下皮搭接长度不小于90mm。当搭接长度不足时，应在水平灰缝内设置不小于2Φ4的钢筋网片，网片每端均超过该垂直缝不小于30mm，如图7-22所示。

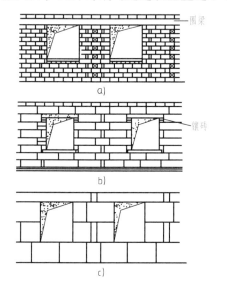

图 7-21　砌块的排列示例

a）小型砌块排列　b）中型砌块排列

c）大型砌块排列

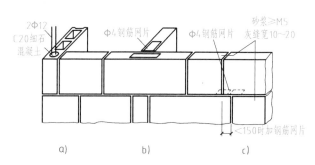

图 7-22　砌缝处理

a）转角配筋　b）丁字墙配筋　c）错缝配筋

砌筑砌块一般采用强度不低于 M5 的水泥砂浆。灰缝的宽度主要根据砌块材料的规格大小确定，一般情况下，小型砌块为 10～15mm，中型砌块为 15～20mm。当竖缝宽度大于30mm 时，需用 C20 细石混凝土灌实。

（2）圈梁　为加强砌块墙的整体性，砌块建筑应在适当的位置设置圈梁。当圈梁与过梁位置接近时，往往用圈梁取代过梁。圈梁分现浇和预制两种。现浇圈梁整体性好，对加固墙身有利，但施工复杂。预制圈梁一般采用 U 形预制块代替模板，然后在凹槽内配筋再现浇混凝土，如图7-23所示。

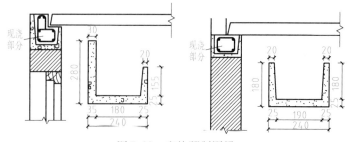

图 7-23　砌块预制圈梁

（3）构造柱　为了保证砌块墙的稳定性，应在外墙转角以及内外墙交接处增设构造柱，将砌块在垂直方向连成整体。构造柱多利用空心砌块上下孔洞对齐，并在孔中用 φ12～φ14 的钢筋分层插入，再用 C20 细石混凝土分层夯实。构造柱与砌块墙连接处的拉结钢筋网片每边伸入墙内不少于 1m。混凝土小型砌块房屋可采用 φ4 电焊钢筋网片，沿墙高每隔 600mm 设置；中型砌块可采用 φ6 钢筋网片。各皮设置，如图 7-24 所示。

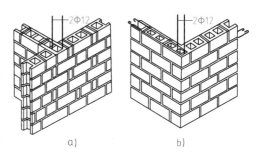

图 7-24　砌块墙构造柱

a）内外墙交接处构造柱　b）外墙转角处构造柱

（4）门窗框与墙体的联系　砖砌体与门窗框的连接一般是在砌体中预埋木砖，用钉子将门窗框固定或在砌体中预埋铁件与钢门窗框焊牢。由于砌块的块体较大且不宜砍切，或因空心砌块边壁较薄，门窗框与墙体的连接方式除采用在砌块内预埋木砖的做法外，还有利用膨胀木楔、膨胀螺栓、铁件锚固以及利用砌块凹槽固定等方法。图 7-25 所示为根据砌块种类选用的相应的连接方法。

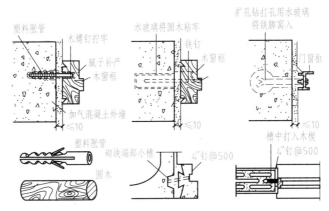

图 7-25　门窗框与砌块的连接

（5）防潮构造　砌块吸水性强、易受潮，在易受水部位，如檐口、窗台、勒脚、落水管附近，应做好防潮处理。特别是在勒脚部位，除了应设防潮层外，对砌块材料也有一定的要求，通常应选用密实且耐久的材料，不能选用吸水性强的块材材料。图 7-26 所示为砌块墙勒脚的防潮处理。

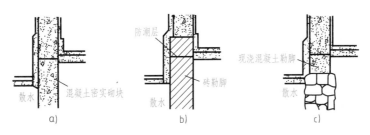

图 7-26　勒脚防潮构造

a）混凝土密实砌块　b）实心砖砌体　c）现浇混凝土勒脚

课题 3　幕墙

幕墙是用轻且薄的板材悬挂于主体结构上的轻质外围护墙,它除承受自重和风力外,一般不承受其他荷载。幕墙装饰效果好,质轻,安装快,常用的有玻璃幕墙、金属幕墙、石材幕墙等。

7.3.1　玻璃幕墙

1. 玻璃幕墙的分类

(1)按有无骨架分类　玻璃幕墙按有无骨架,可分为有骨架体系玻璃幕墙和无骨架体系玻璃幕墙。

1)有骨架体系玻璃幕墙由骨架及玻璃组成。

幕墙骨架可用型钢或铝合金、不锈钢型材及连接与固定的各种连接件、紧固件构成。立柱通过连接件固定在楼板或梁上,立柱与楼板(或梁)之间应留有一定的间隙,以方便施工安装时的调差工作。上下立柱采用内衬套管用螺栓连接,横梁采用连接角码与立柱连接,连接件的设计与安装,要考虑立柱能在上下、左右、前后三个方向均可调节移动,连接件上的所有的螺栓孔均应为椭圆形长孔。

铝合金骨架的连接构造,如图 7-27 所示。

有骨架体系按幕墙骨架与幕墙玻璃的连接方式,分为明框玻璃幕墙、隐框玻璃幕墙和半隐框玻璃幕墙。

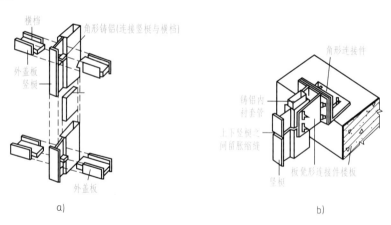

图 7-27　铝合金骨架连接构造
a)竖梃与横档的连接　b)竖梃与楼板的连接

2)无骨架体系玻璃幕墙是利用上下支架,直接将玻璃固定在建筑物的主体结构上,形成无遮挡的透明墙面。

(2)按构造方式分类　玻璃幕墙按构造方式,分为明框玻璃幕墙、隐框玻璃幕墙、点支式玻璃幕墙和全玻璃幕墙等。

1)明框玻璃幕墙是将玻璃镶嵌在骨架的金属框上,用金属压条卡紧、橡胶条密封,部分幕墙骨架暴露在玻璃外侧,有竖框式、横框式和框格式。

在明框玻璃幕墙中，玻璃与金属框接缝处的防水措施，是保证幕墙防风、防雨性能的关键。明框玻璃幕墙构造，如图 7-28 所示。

2）隐框玻璃幕墙是用黏结剂将玻璃直接粘接在骨架的外侧，金属骨架全部不显露在玻璃外边。这种玻璃幕墙的装饰效果好，但对玻璃与骨架的粘接技术要求较高。隐框玻璃幕墙构造如图 7-29 所示。

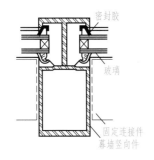

图 7-28　明框玻璃幕墙构造

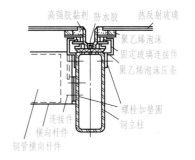

图 7-29　隐框玻璃幕墙构造

3）点支式玻璃幕墙是用金属骨架或玻璃肋构成支撑体系，再将四角开圆孔的玻璃用连接件固定在支撑体系上。支撑体系包括索杆体系和杆件体系，索杆体系主要有钢拉索、钢拉杆和自平衡索桁架的形式，杆件体系主要有钢桁架和钢立柱的形式，如图 7-30 所示。

玻璃通过螺栓固定在钢爪件上，钢爪件与后面的支撑结构连接，如图 7-31 所示。

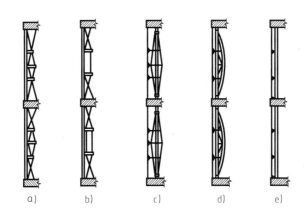

图 7-30　点支式玻璃幕墙的支撑体系
a）拉索式　b）拉杆式　c）自平衡索桁架式　d）桁架式　e）立柱式

4）全玻璃幕墙是由玻璃肋和玻璃面板构成，其支撑系统分为悬挂式和支撑式。悬挂式全玻璃幕墙如图 7-32 所示。

全玻璃幕墙的玻璃肋对玻璃面板起支撑作用，使玻璃面板具有抵抗风荷载和地震力作用的能力。玻璃面板与玻璃肋之间的连接如图 7-33 所示。

7.3.2　金属板幕墙

金属板幕墙由金属骨架和金属板材组成。金属板既是建筑物的围护构件，也是墙体的装饰面层，用于幕墙的金属薄板有铝合金板、不锈钢板、彩色钢板、铜板和铝塑板等。

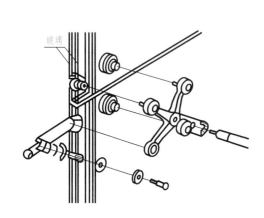

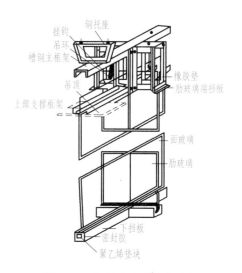

图 7-31　玻璃连接

图 7-32　悬挂式全玻璃幕墙构造

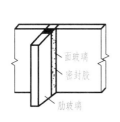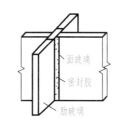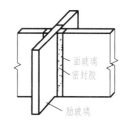

图 7-33　玻璃面板与肋的连接

铝合金板材幕墙的节点构造，如图 7-34 所示。

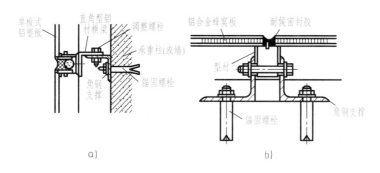

a)　　　　　　　　　　　　b)

图 7-34　铝合金板材幕墙节点构造
a) 单板或铝塑复合板　b) 铝合金蜂窝板

7.3.3　石材幕墙

　　石材幕墙由金属骨架和石材饰面板组成，因为石材板质量大，金属骨件一般采用镀锌方钢、槽钢或角钢。石材饰面板用金属件悬挂在骨架上，主要有钢销式干挂法、短槽式干挂法和背栓式干挂法等，如图 7-35 所示。

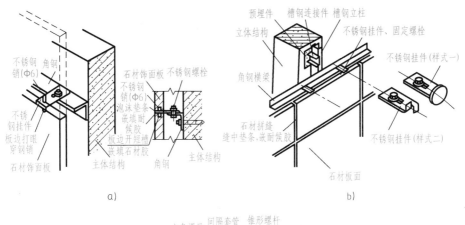

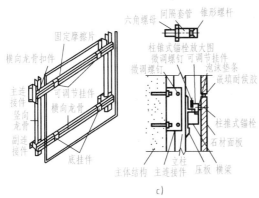

图 7-35 石材干挂法构造

a) 钢销式干挂法 b) 短槽式干挂法 c) 背栓式干挂法

课题 4 隔墙

7.4.1 对隔墙的要求

隔墙是建筑物的非承重构件，起水平方向分隔空间的作用，因此要求隔墙质量轻、厚度薄、便于安装和拆卸，同时，根据房间的使用特点，还要具备隔声、防水、防潮和防火等性能，以满足建筑的使用功能。

7.4.2 隔墙的种类

隔墙按其构造形式分为骨架隔墙、块材隔墙和板材隔墙三种主要类型。

1. 骨架隔墙

骨架隔墙又称为立筋式隔墙。它由轻骨架和面层两部分组成。

（1）骨架 骨架有木骨架、轻钢骨架、石膏骨架、石棉水泥骨架和铝合金骨架等。

木骨架是由上槛、下槛、墙筋、横撑或斜撑组成，上、下槛截面尺寸一般为（40~50）mm×（70~100）mm，墙筋之间沿高度方向每隔 1.2m 左右设一道横撑或斜撑。墙筋间距为 400~

600mm，当饰面为抹灰时，取400mm，饰面为板材时取500mm或600mm。木骨架具有自重轻、构造简单、便于拆装等优点，但防水、防潮、防火、隔声性能较差，并且耗费大量木材。

轻钢骨架是由各种形式的薄壁型钢加工制成的。它具有强度高、刚度大、质量轻、整体性好，易于加工和大批量生产以及防火、防潮性能好等优点。常用的轻钢有0.6～1.0mm厚的槽钢和工字钢，截面尺寸一般为50mm×（50～150）mm×（0.63～0.8）mm。轻钢骨架和木骨架一样，也是由上下槛、墙筋、横撑或斜撑组成。

安装过程是先用射钉将上、下槛固定在楼板上，然后安装木龙骨或轻钢龙骨（即墙筋和横撑）、竖龙骨（墙筋），竖龙骨（墙筋）的间距为400～600mm。

（2）面层　面层有抹灰面层和人造板面层，抹灰面层常用木骨架，即传统的板条抹灰隔墙。人造板材可用木骨架或轻钢骨架。

1）板条抹灰隔墙。它是先在木骨架的两侧钉灰板条，然后抹灰。灰板条的尺寸一般为1200mm×30mm×6mm，板条间留缝7～10mm，以便让底灰挤入板条间缝背面咬住板条。同时为避免灰板条在一根墙筋上接缝过长而使抹灰层裂缝，一般板条的接头连续高度不应超过500mm，如图7-36所示。

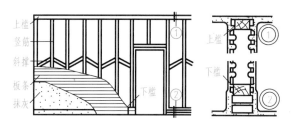

图7-36　板条抹灰隔墙

2）人造板材面层骨架隔墙。它是骨架两侧镶钉胶合板、纤维板、石膏板或其他轻质薄板构成的隔墙，面板可用镀锌螺钉、自攻螺钉或金属夹子固定在骨架上，如图7-37所示。为提高隔墙的隔声能力，可在面板间填岩棉等轻质有弹性的材料。

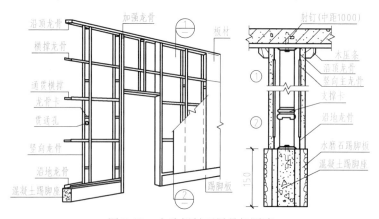

图7-37　人造板材面层骨架隔墙

2. 块材隔墙

块材隔墙是指用空心砖、加气混凝土砌块等块材砌筑的墙。

为了减轻隔墙自重和节约用砖，可采用轻质砌块隔墙。目前常采用加气混凝土砌块、粉煤灰硅酸盐砌块以及水泥炉渣空心砖等砌筑隔墙。

砌块隔墙厚度由砌块尺寸决定，一般为 90～120mm。砌块墙吸水性强，故在砌筑时应先在墙下部实砌 3～5 皮黏土砖再砌砌块。砌块不够整齐时宜用普通黏土砖填补。砌块隔墙的构造如图 7-38 所示。

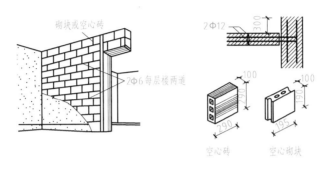

图 7-38　砌块隔墙构造

3. 板材隔墙

板材隔墙是指轻质的条板用黏结剂拼合在一起形成的隔墙。由于板材隔墙是用轻质材料制成的大型板材，施工中直接拼装而不依赖骨架，因此它具有自重轻、安装方便、施工速度快、工业化程度高的特点。目前多采用条板，如加气混凝土条板、石膏条板、炭化石灰板、石膏珍珠岩板以及各种复合板。条板厚度大多为 60～100mm，宽度为 600～1000mm，长度略小于房间净高。安装时，条板下部先用一对对口木楔顶紧，然后用细石混凝土堵严，板缝用黏结砂浆或黏结剂进行黏结，并用胶泥刮缝，平整后再做表面装修，如图 7-39 所示。

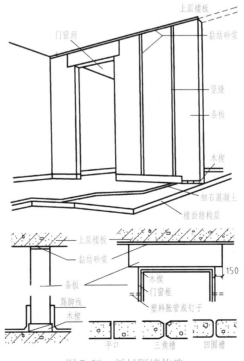

图 7-39　板材隔墙构造

课题 5   墙体保温

7.5.1   围护结构的传热

1. 传热过程

热的传递有热对流、热传导和热辐射三种方式。由于室内外存在温差，室内热量以热对流、热传导和热辐射等方式，通过外围护结构向室外散失，而且温差越大，散失热量越多。为了节能，必须对围护结构采取相应的保温措施。

建筑物围护结构的传热需经过吸热、传热和放热三个过程，如图 7-40 所示。

吸热是外围护结构的内表面从室内空气中吸收热量的过程。传热是指热量在围护结构内部由高温向低温的一侧传递的过程。放热则是指热量由围护结构的外表面向低温的空间散发的过程。

2. 热阻

热量在构件的传递过程中将遇到阻力，使热量不会突然消失，这种阻力称为热阻。热阻是反映阻止热量传递能力的综合参量，通过围护结构所传递热量的多少与围护结构的热阻成反比。热阻越大，热量损失越小，围护结构的保温性能越好；热阻越小，热量损失越大，围护结构的保温性能越差。

提高围护结构的热阻性能是增加保温性能的有效

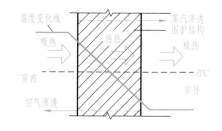

图 7-40   围护结构的传热过程

措施，可以从增加围护结构的厚度，或选择热导率小的材料方面增加围护结构的热阻值。

7.5.2   墙体保温

工程实践中，一般通过改善围护结构热阻性能的措施，提高墙体的保温能力。外墙保温分为单一材料保温和复合材料保温。

1. 单一材料保温墙体

单一材料保温墙体是指采用绝热材料、新型墙体材料以及配套专用砂浆为主要材料的墙体，又称自保温墙体。这种墙体具有较高的保温性能，不需要再做保温层，常用的有加气混凝土砌块、烧结保温空心砖、节能型空心砌块等。

单一材料保温墙体热工性能良好，并具有一定的耐久性和抗冲击能力，但墙体厚度较大，主要用于填充墙或低层建筑承重墙。

2. 复合材料保温墙体

复合材料保温墙体由保温材料和墙体材料复合构成，主要有内保温墙体、外保温墙体和夹心保温墙体，如图 7-41 所示。

（1）内保温墙体   内保温墙体是将保温材料置于外墙内侧，一般包括主体结构层、空气层、保温层和保护层，如图 7-41a 所示。

空气层可以防止水分渗透使保温材料受潮，保护层的作用是保护保温层并阻止水蒸气的渗透，常用的有各种人造板材或其他饰面材料。

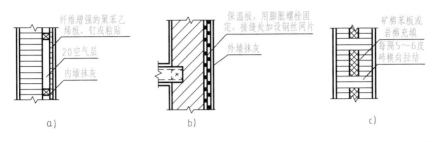

图 7-41　复合材料保温墙体
a）内保温墙体　b）外保温墙体　c）夹心保温墙体

目前，常用的外墙内保温有以下几种做法。

1）在外墙内侧粘贴保温材料，如阻燃型聚苯板、水泥聚苯板、纸面石膏聚苯复合板等。

2）在外墙内侧抹适当厚度的保温砂浆，如膨胀珍珠岩保温砂浆、聚苯颗粒保温砂浆等。

3）在外墙内侧设置木龙骨或轻钢龙骨，嵌入玻璃棉或岩棉等保温材料后，再做墙面装饰。

外墙内保温对饰面和保温材料要术较低，施工方便，但占用室内使用空间，热桥部位热损失较大，墙体易结露。外墙内保温多用于南方室内外温差较小的地区。

（2）外保温墙体　外保温墙体是将保温层设置在外墙的外表面上，应采用热阻值高的高效保温材料，并要求吸湿率低、收缩率小。保温层外侧一般需要做面层，如图 7-41b 所示。

外墙外保温层多采用保温板材，如阻燃型聚苯板、挤塑型聚苯板、膨胀珍珠岩保温板等。保温板的固定，主要有粘贴、钉固及悬挂的方法，也可在浇筑混凝土外墙时，将聚苯板直接放在外模板内侧，通过钢筋锚栓与聚苯板连接，与混凝土一次浇筑成一体。

外墙外保温也可以采用抹保温砂浆的做法，常用的有膨胀珍珠岩保温砂浆、聚苯颗粒保温砂浆等。

外墙外保温热工性能高，保温效果好，不仅适用于新建工程，也适用于旧建筑物改造。

（3）夹心保温墙体　夹心保温墙体是将保温材料置于墙体中间，如图 7-41c 所示。

夹心层可以是保温材料，也可以是空气间层。对空气间层，要求有较好的密封性能，保证间层中的空气处于密封状态，不允许在夹层两侧的墙体上开口、打洞。

7.5.3　墙体的隔汽措施

在冬季，有采暖的房间门窗紧闭，生活用水等使室内湿度增高，形成高温高湿的室内环境。同时，由于外墙的内外两侧存在温差，室内高温一侧的水蒸气会向室外低温一侧渗透。当渗透至外墙时，由于外墙部位温度较低，水蒸气将形成凝结水。如果凝结水发生在墙体内部，会使墙体内部保温材料的空隙中充满水分，降低外墙的保温性能，缩短使用寿命；如果凝结水发生在墙体内表面，会损坏室内装修，影响室内空间的正

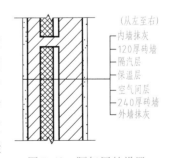

（从左至右）
内墙抹灰
120厚砖墙
隔汽层
保温层
空气间层
240厚砖墙
外墙抹灰

图 7-42　隔气层的设置

常使用。

为了避免上述情况的发生，一般在保温层靠室内高温一侧设置隔气层，阻止水蒸气进入墙体，如图7-42所示。隔气层使用的材料有防水卷材、防水涂料及铝箔等。保温层与外墙间的空气间层，可以切断液态水的毛细迁移，改善保温层的湿度状况。

课题6 墙面装修

7.6.1 墙面装修的作用

1）保护墙体，提高墙体的耐久性。
2）改善墙体的热工性能、光环境、卫生条件等使用功能。
3）美化环境，提高建筑的艺术效果。

7.6.2 墙面装修的分类

墙面装修按其所处的位置，分为室外装修和室内装修。室外装修起保护墙体和美化的作用，应选用强度高、耐水性好以及有一定抗冻性和抗腐蚀、耐风化的建筑材料。室内装修主要是为了改善室内卫生条件，提高采光、音响效果，美化室内环境。内装修材料的选用应根据房间的功能要求和装修标准确定。同时，对一些有特殊要求的房间，还要考虑材料的防水、防火、防辐射等能力。

按材料和施工方式不同，常见的墙面装修可分为抹灰类、贴面类、涂料类、卷材类和铺钉类等，见表7-2。

表7-2 饰面装修分类

类别	室外装修	室内装修
抹灰类	水泥砂浆、混合砂浆、聚合物水泥砂浆、拉毛、水刷石、干黏石、斩假石、假面砖、喷涂、滚涂等	纸筋灰、麻刀灰粉面、石膏粉面、膨胀珍珠岩灰浆、混合砂浆、拉毛、拉条等
贴面类	外墙面砖、马赛克、水磨石板、天然石板等	釉面砖、人造石板、天然石板等
涂料类	石灰浆、水泥浆、溶剂型涂料、乳液涂料、彩色胶砂涂料、彩色弹涂等	大白浆、石灰浆、油漆、乳胶漆、水溶性涂料、弹涂等
卷材类	—	塑料墙纸、金属面墙纸、木纹墙纸、花纹玻璃、纤维布、纺织面墙纸及锦缎等
铺钉类	各种金属饰面板、石棉水泥板、玻璃	各种木夹板、木纤维板、石膏板及各种装饰面板等

7.6.3 墙面装修构造

墙面装修一般由基层和面层组成，基层即支托面层的结构构件或骨架，其表面应平整，并应有一定的强度和刚度。面层附着于基层表面起美化和保护作用，它应与基层牢固结合，且表面需平整均匀。通常将面层最外表面的材料，作为装修构造类型的命名。

1. 抹灰类墙面装修

抹灰类墙面装修是指用石灰砂浆、水泥砂浆、水泥石灰混合砂浆、聚合物水泥砂浆、膨胀珍珠岩水泥砂浆以及麻刀灰、纸筋灰、石膏灰等作为饰面层的装修做法。它主要的优点在于材料的来源广泛、施工操作简便和造价低廉。但也存在着耐久性差、易开裂、湿作业量大、劳动强度高、工效低等缺点。一般抹灰按质量要求分为普通抹灰、中级抹灰和高级抹灰三级。

为了保证抹灰层与基层连接牢固，表面平整均匀，避免裂缝和脱落，在抹灰前应将基层表面的灰尘、污垢、油渍等清除干净，并洒水湿润。同时还要求抹灰层不能太厚，并分层完成。普通标准的抹灰一般由底层和面层组成，装修标准高的房间，当采用中级或高级抹灰时，还要在面层和底层之间加一层或多层中间层，如图 7-43 所示。一般室内抹灰层的总厚度为 15～20mm，室外为 15～25mm。

底层抹灰，简称灰底，它的作用是使面层与基层粘牢和初步找平，厚度一般为 5～15mm。底灰的选用与基层材料有关，对黏土砖墙、混凝土墙的底灰一般用水泥砂浆、水泥石灰混合砂浆或聚合物水泥砂浆。板条墙的底灰常用麻刀石灰砂浆或纸筋石灰砂浆。另外，对湿度较大的房间或有防水、防潮要求的墙体，底灰宜选用水泥砂浆。

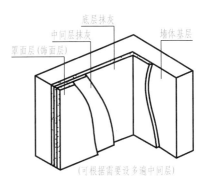

图 7-43 墙面抹灰分层

中层抹灰的作用在于进一步找平，减少由于底层砂浆开裂导致的面层裂缝，同时也是底层和面层的黏结层，其厚度一般为 5～10mm。中层抹灰的材料可以与底灰相同，也可根据装修要求选用其他材料。

面层抹灰，也称罩面，主要起装饰作用，要求表面平整、色彩均匀、无裂纹等。根据面层采用的材料不同，除一般装修外，还有水刷石、干黏石、水磨石、斩假石、拉毛灰、彩色抹灰等做法，见表 7-3。

表 7-3 常见抹灰做法说明

抹灰名称	做法说明	适用范围
纸筋灰墙面（一）	1. 喷内墙涂料 2. 2mm 厚纸筋灰罩面 3. 8mm 厚 1:3 石灰砂浆 4. 13mm 厚 1:3 石灰砂浆打底	砖基层的内墙
纸筋灰墙面（二）	1. 喷内墙涂料 2. 2mm 厚纸筋灰罩面 3. 8mm 厚 1:3 石灰砂浆 4. 6mm 厚 TG 砂浆打底扫毛，配比：水泥:砂:TG 胶:水 = 1:6:0.2:适量 5. 涂刷 TG 胶浆一道，配比：TG 胶:水:水泥 = 1:4:1.5	加气混凝土基层的内墙
混合砂浆墙面	1. 喷内墙涂料 2. 5mm 厚 1:0.3:3 水泥石灰混合砂浆面层 3. 15mm 厚 1:1:6 水泥石灰混合砂浆打底找平	内墙
水泥砂浆墙面（一）	1. 6mm 厚 1:2.5 水泥砂浆罩面 2. 9mm 厚 1:3 水泥砂浆刮平扫毛 3. 10mm 厚 1:3 水泥砂浆打底扫毛或划出纹道	砖基层的外墙或有防水要求的内墙
水泥砂浆墙面（二）	1. 6mm 厚 1:2.5 水泥砂浆罩面 2. 6mm 厚 1:1:6 水泥石灰砂浆刮平扫毛 3. 6mm 厚 2:1:8 水泥石灰砂浆打底扫毛 4. 喷一道 107 胶水溶液，配比：107 胶:水 = 1:4	加气混凝土基层的外墙

（续）

抹灰名称	做法说明	适用范围
水刷石墙面（一）	1. 8mm 厚1:1.5 水泥石子（小八里）或10mm 厚1:1.25 水泥石子（中八里）罩面 2. 刷素水泥浆一道（内掺水重的3%~5%107胶） 3. 12mm 厚1:3 水泥砂浆打底扫毛	砖基层外墙
水刷石墙面（二）	1. 8mm 厚1:1.5 水泥石子（小八里） 2. 刷素水泥浆一道（内掺3%~5%107胶） 3. 6mm 厚1:1:6 水泥石灰砂浆刮平扫毛 4. 6mm 厚2:1:8 水泥石灰砂浆打底扫毛	加气混凝土基层的外墙
斩假石墙面（剁斧石）	1. 斧剁斩毛两遍成活 2. 10mm 厚1:1.25 水泥石子（米粒石内掺30%石屑）罩面赶平压实 3. 刷素水泥一道（内掺水重的3%~5%107胶） 4. 12mm 厚1:3 水泥砂浆打底扫毛或划出纹道	外墙
水磨石墙面	1. 10mm 厚1:1.25 水泥石子罩面 2. 刷素水泥浆一道（内掺水重的3%~5%107胶） 3. 12mm 厚1:3 水泥砂浆打底扫毛	墙裙、踢脚等处

在室内抹灰中，对人群活动频繁、易受碰撞的墙面，或有防水、防潮要求的墙身，常做墙裙对墙身进行保护。墙裙高度一般为 1.5m，有时也做到 1.8m 以上。常见的做法有水泥砂浆抹灰、水磨石、贴瓷砖、油漆、铺钉胶合板等。同时，对室内墙面、柱面及门窗洞口的阳角，宜用1:2 水泥砂浆做护脚，高度不小于 2m，每侧宽度不应小于 50mm，如图 7-44 所示。

此外，在室外抹灰中，由于抹灰面积大，为防止面层裂纹和便于操作，或立面处理的需要，常对抹灰面层做分格，称为引条线。引条线的做法是在底灰上埋放不同形式的木引条，待面层抹完后取出木引条，再用水泥砂浆勾缝，以提高抗渗能力，如图 7-45 所示。

图 7-44 护脚做法

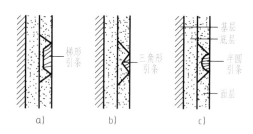

图 7-45 外墙抹灰面的引条做法
a) 梯形线脚 b) 三角形线脚 c) 半圆形线脚

2. 贴面类墙面装修

贴面类墙面装修是指利用各种天然石材或人造板、块，通过绑、挂或直接粘贴于基层表面的饰面做法。这类装修具有耐久性好、施工方便、装饰性强、质量高、易于清洗等优点。常用的贴面材料有陶瓷面砖、马赛克以及水磨石、水刷石、剁斧石等水泥预制板和天然的花岗岩、大理石板等。其中，质地细腻、耐候性差的材料常用于室内装修，如瓷砖、大理石板等。而质感粗放、耐候性较好的材料，如陶瓷面砖、马赛克、花岗岩板等，多用作室外装修。

（1）陶瓷面砖、马赛克类装修 对陶瓷面砖、马赛克等尺寸小、质量轻的贴面材料，可用砂浆直接粘贴在基层上。在外墙面时，其构造多采用 10～15mm 厚 1:3 水泥砂浆打底找平，用 8～10mm 厚 1:1 水泥细砂浆粘贴各种装饰材料。粘贴面砖时，常留 13mm 左右的缝隙，以增加材料的透气性，并用 1:1 水泥细砂浆勾缝。在内墙面时，多用 10～15mm 厚 1:3 水泥砂浆或 1:1:6 水泥石灰混合砂浆打底找平。用 8～10mm 厚 1:0.3:3 水泥石灰砂浆粘贴各种贴面材料。

（2）天然或人造石板类装修 常见的天然石板有花岗岩、大理石板两类。它们具有强度高、结构密实、不易污染、装修效果好等优点。但由于加工复杂、价格昂贵，故多用于高级墙面装修中。

人造石板一般由白水泥、彩色石子、颜料等配合而成，具有天然石材的花纹和质感，同时有质量轻、表面光洁、色彩多样、造价较低等优点，常见的有水磨石板、仿大理石板等。

天然石板墙面的构造做法，应先在墙身或柱内预埋中距 500mm 左右、双向的 Φ8 "Ω" 形钢筋，在其上绑扎 Φ6～Φ8 的钢筋网，再用 16 号镀锌铁丝或铜丝穿过事先在石板上钻好的孔眼，将石板绑扎在钢筋网上。固定石板用的横向钢筋间距应与石板的高度一致，当石板就位、校正、绑扎牢固后，在石板与墙或柱面的缝隙中，用 1:2.5 水泥砂浆分层灌实，每次灌入高度不应超过 200mm。石板与墙柱间的缝宽一般为 30mm。天然石板的安装如图 7-46a 所示。人造石板装修的构造做法与天然石板相同，但不必在板上钻孔，而是利用板背面预留的钢筋挂钩，用铜丝或镀锌铁丝将其绑扎在水平钢筋上，就位后再用砂浆填缝，如图 7-46b 所示。

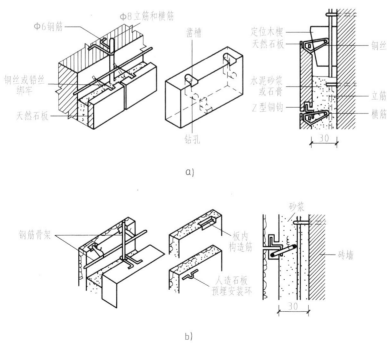

图 7-46 天然石板与人造石板墙面装修

a）天然石板墙面装修 b）人造石板墙面装修

近年来，为节省钢材，降低石板类墙面的装修造价，在构造做法上，各地出现了不少合理的构造方法。如用射钉枪按规定部位，将钢钉打入墙身或柱内，然后在钉头上直接绑扎石板。

3. 涂料类墙面装修

（1）材料特点　涂料类墙面装修是指利用各种涂料敷于基层表面形成完整牢固的膜层，从而起到保护和装饰墙面作用的一种装修做法。它具有造价低、装饰性好、工期短、功效高、自重轻以及操作简单、维修方便、更新、更快等特点，因而在建筑上得到了广泛的应用和发展。

涂料按其成膜物的不同可分为无机涂料和有机涂料两大类。

1）无机涂料，有普通无机涂料和无机高分子涂料。普通无机涂料，如石灰浆、大白浆、可赛银浆等，多用于一般标准的室内装修。无机高分子涂料有 JH80-1 型、JH80-2 型、JHN84-1 型、F832 型、LH-82 型、LH-82 型、HT-1 型等。无机高分子涂料有耐水、耐酸碱、耐冻融、装修效果好、价格较高等特点，多用于外墙面装修和有耐擦洗要求的内墙面装修。

2）有机涂料，依其主要成膜物质与稀释剂不同，有机涂料有溶剂型涂料、水溶性涂料和乳液涂料三类。溶剂型涂料有传统的油漆涂料、苯乙烯内墙涂料、聚乙烯醇缩丁醛内（外）墙涂料、过氯乙烯内墙涂料等；常见的水溶性涂料有聚乙烯醇水玻璃内墙涂料（即106 涂料）、聚合物水泥砂浆饰面涂料、改性水玻璃内墙涂料、108 内墙涂料、ST-803 内墙涂料、JGY-821 内墙涂料、801 内墙涂料；乳液涂料又称乳胶漆，常见的有乙丙乳胶涂料、苯丙乳胶漆涂料等，多用于内墙装修。

（2）构造做法　建筑涂料的施涂方法一般分为涂刷、滚涂和喷涂三种。施涂溶剂型涂料时，后一遍涂料必须在前一遍涂料干燥后进行，否则易发生皱皮、开裂等质量问题。施涂水溶性涂料时，要求与做法同上。每遍涂料均应施涂均匀，各层结合牢固。当采用双组分和多组分的涂料时，施涂前应严格按产品说明书的规定配合比，根据使用情况可分批混合，并在规定的时间内用完。

在湿度较大，特别是遇明水部位的外墙和厨房、厕所、浴室等房间内施涂涂料时，为确保涂层质量，应选用耐洗刷性较好的涂料和耐水性能好的腻子材料（如聚醋酸乙烯乳液水泥腻子等）。涂料工程使用的腻子应坚实牢固，不得粉化、起皮和裂纹，待腻子干燥后，还应打磨平整光滑，并清理干净。

用于外墙的涂料，考虑到长期直接暴露于自然界中经受日晒雨淋的侵蚀，因此要求外墙涂料涂层除应具有良好的耐水性、耐碱性外，还应具有良好的耐洗刷性、耐冻融循环性、耐久性和耐玷污性。当外墙施涂涂料面积过大时，可以外墙的分格缝、墙的阴角处或落水管等处为分界线。在同一墙面应用同一批号的涂料，每遍涂料不宜施涂过厚，涂料要均匀，颜色应一致。

4. 卷材类墙面装修

卷材类墙面装修是将各种装饰性墙纸、墙布等卷材裱糊在墙面上的一种饰面做法。在我国，利用各种花纸裱糊、装饰墙面，已有悠久的历史。由于普通花纸怕潮、怕火、不耐久，且脏了不能清洗，所以在现代建筑中已不再应用。但也随之出现了种类繁多的新型复合墙纸、墙布等裱糊用装饰材料。这些材料不仅具有很好的装饰性和耐久性，而且不怕水、不怕火、耐擦洗、易清洁。

凡是用纸或布作衬底，加上不同的面层材料，生产出的各种复合型的裱糊用装饰材料，习惯上都称为墙纸或壁纸。依面层材料的不同，有塑料面墙纸（PVC 墙纸）、纺织物面墙纸、金属面墙纸及天然木纹纸等。墙布是指可以直接用作墙面装饰材料的各种纤维织物的总称，包括印花玻璃纤维墙面装饰布和锦缎等材料。

在卷材工程中，基层涂抹的腻子应坚实牢固，不得粉化、起皮和裂缝。当有铁帽等突出物时，应先将其嵌入基层表面并涂防锈涂料，钉眼接缝处用油性腻子填平，干后用砂纸磨平。为达到基层平整效果，通常在清洁的基层上用胶皮刮板刮腻子数遍。刮腻子的遍数视基层的情况不同而定，抹完最后一遍腻子时应打磨，光滑后再用软布擦净。对有防水或防潮要求的墙体，应对基层作防潮处理，在基层涂刷均匀的防潮底漆。

墙面应采用整幅裱糊，并统一预排对花拼缝。不足一幅的应裱糊在较暗或不明显的部位。裱糊的顺序为先上后下、先高后低，应使饰面材料的长边对准基层上弹出的垂直准线，用刮板或胶辊赶平压实。阴阳转角应垂直，棱角分明。阴角处墙纸（布）搭接顺光，阳面处不得有接缝，并应包角压实。

5. 铺钉类墙面装修

铺钉类墙面装修是指利用天然板条或各种人造薄板借助于钉、胶粘等固定方式对墙面进行的饰面做法。选用不同材质的面板和恰当的构造方式，可以使这类墙面具有质感细腻、美观大方，或给人以亲切感等不同的装饰效果。同时，还可以改善室内声学等环境效果，满足不同功能要求。铺钉类装修构造做法与骨架隔墙的做法类似，由骨架和面板两部分组成，施工时先在墙上立骨架（墙筋），然后在骨架上铺钉装饰面板。

骨架有木骨架和金属骨架，木骨架截面一般为 50mm×50mm，金属骨架多为槽形冷轧薄钢板。木骨架一般借助于墙中的预埋防腐木砖固定在墙上，木砖尺寸为 60mm×60mm×60mm，中距 500mm，骨架间距还应与墙板尺寸相配合。金属骨架多用膨胀螺栓固定在墙上。为防止骨架和面板受潮，在固定骨架前，宜先在墙上抹 10mm 厚混合砂浆，然后刷两遍防潮防腐剂（热沥青），或铺一毡两油防潮层。

常见的装饰面板有硬木条（板）、竹条、胶合板、纤维板、石膏板、钙塑板及各种吸声墙板等。面板在木骨架上用圆钉或木螺钉固定面板。

本 章 回 顾

1. 墙体是组成建筑空间的竖向构件，起着承重、围护和分隔的作用。墙体应满足强度、稳定及保温、隔热、隔声、防火等要求，并有利于建筑工业化生产。

2. 砌体墙包括砖砌体墙和砌块墙，有多种组砌方式，要重视墙体细部构造的处理，合理的细部构造是墙体正常工作的保证。

3. 幕墙是一种轻质外围护结构，主要有玻璃幕墙、金属幕墙、石材幕墙等。

4. 隔墙是建筑物中分隔房间的非承重墙，要选用自重轻的材料与结构，隔墙要有一定的隔声、防潮、防水和防火能力，一般有骨架隔墙、块材隔墙和板材隔墙。

5. 通过改善围护结构热阻性能的措施，提高墙体的保温能力。外墙保温分为单一材料保温和复合材料保温。

6. 墙体饰面起着保护墙体、改善墙体功能和美化环境的作用，按材料和施工方式不同有抹灰类、贴面类、涂料类、卷材类和铺钉类等。

第8章 楼 地 层

序号	学习内容	学习目标	能力目标
1	楼地层的构造要求、组成及类型	了解楼地层的构造要求、组成及类型	理解楼地层的构造要求 能区分楼地层的类型
2	钢筋混凝土楼板的类型、构造 楼地面的构造做法、防水做法 顶棚、阳台和雨篷的构造	掌握钢筋混凝土楼板、楼地面、顶棚、阳台和雨篷的构造做法	能正确分析楼地层的构造，并能读懂楼地层构造图

课题1 楼地层的构造要求与组成

楼地层包括楼板层和地层。楼板层是建筑物中用来分隔空间的水平构件，它沿着竖向将建筑物分隔成若干层；地层大多直接与地基相连，有时分割地下室。楼地层也是房屋主要的水平承重构件和水平支撑构件，它将荷载传递到墙、柱、墩、基础或地基上，同时又对墙体起着水平支撑作用，以减少水平风力和地震水平荷载对墙面的作用。

8.1.1 楼地层的构造要求

1. 具有足够的强度和刚度

首先要求楼地层能满足坚固方面的要求，任何房屋的楼地层均应有足够的强度，能够承受自重同时又能承受不同要求的使用荷载而不致损坏，同时还应有足够的刚度，在一定荷载作用下，不超过规定的挠度变形，保证房屋整体的稳定性。

2. 具有一定的隔声能力

楼板层应具备一定的隔声能力，避免上下楼层之间的相互干扰。不同使用性质的房间对隔声的要求不同，对隔声要求高的房间，可采用隔声性能强的弹性材料作为面层，或做隔声叠层构造处理，以提高隔绝撞击声的能力。

3. 满足防火和热工要求

地面铺层材料要注意避免采用蓄热系数过小的材料，以免冬季容易传导人们足部的热量，使人体感到不适。在采暖建筑中，在地板、阁楼屋面等处设置保温隔热材料，尽量减少热量散失。楼地层应注意防火、防腐、防蛀处理，最终达到坚固、持久、耐用的目的。

4. 满足防潮和防水要求

对有水侵袭的房间，如卫生间、淋浴室、厨房等，楼地层要有防潮、防水能力，防止水的渗漏影响建筑物的正常使用。

5. 应宜于各种管线的敷设

在现代建筑中，各种服务设施日趋完善，有各种管道、线路将借楼板层来敷设，为保证室内布置更加灵活，空间使用更加合理，在楼板层的设计中，必须仔细考虑各种管线的布置走向，有利于各种管线的设置。

8.1.2 楼地层的组成

1. 楼板层的组成

楼板层通常由面层、结构层、顶棚层三部分组成。为了满足不同的使用要求，可依据具体情况增设附加层，如找平层、结合层、防潮层、保温层、管道铺设层等，如图 8-1 所示。

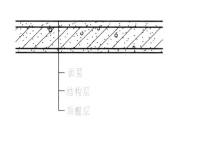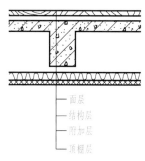

图 8-1　楼板层的组成

（1）面层　面层又称楼面，是楼板层最上面的构造层，是人们直接接触的部位，对下面的结构层起着保护作用，使结构层免受损坏，同时，也起装饰室内的作用，保证室内使用条件。面层应坚固、耐磨、平整、光洁、不易起尘，且应有较好的蓄热性和弹性。根据各房间的功能要求不同，面层会有多种不同的做法，如水泥砂浆地面、石板地面、木地面等。

（2）结构层　结构层位于面层和顶棚层之间，是楼板层的承重部分。结构层承受楼板层的全部荷载，并对楼板层的隔声、防火等起主要的作用。结构层包括板、梁等构件。按其材料不同有钢筋混凝土楼板、木楼板、压型钢板组合楼板等形式。

（3）顶棚层　顶棚层又称天棚、天花板，是楼板层最下面的部分，是下表面的构造层，也是室内空间上部的装修层。顶棚的主要功能是保护楼板、安装灯具、遮掩各种水平管线和室内装修。在构造上可分为直接式顶棚和吊顶棚等多种形式。

（4）附加层　附加层又称功能层，根据使用功能的要求不同可设置在结构层的上部或下部，主要有管线敷设层、隔声层、防水层、保温或隔热层等。

2. 地层的组成

地层也称地坪，是建筑物底层与土壤相接触的水平结构部分，它由面层、垫层和基层组成。对有特殊要求的地坪，常在面层和垫层之间增设一些附加层，如图 8-2 所示。

（1）面层　面层又称地面，是地层上表面的构造层，也是室内空间下部的装修层，起着保护垫层和装饰室内的作用，应满足耐磨、平整、易清洁、不起尘和防水等要求。

（2）垫层　垫层是地坪的结构层。垫层承受地面荷载并将其均匀地传递给夯实的地基。垫层又分为刚性垫层和非刚性垫层两种。垫层通常采用 C10 混凝土，

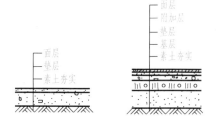

图 8-2　地层的组成

厚度为 60 ~ 100mm 。混凝土垫层为刚性垫层，在北方少雨地区也可用灰土、三合土等非刚性垫层，垫层的最小厚度，见表 8-1。

表 8-1 垫层的最小厚度

垫层名称	材料强度等级或配合比	厚度/mm
混凝土	≥C10	60
三合土	1:3:6（熟化石灰:砂:碎砖）	70 ~ 120
灰土	3:7 或 2:8（熟化石灰:黏性土）	100
砂、炉渣、碎（卵）石		50 ~ 70
碎石灌浆		80 ~ 100
矿渣		80

注：表中熟化石灰可用粉煤灰、电石渣等代替；砂可用炉渣代替；碎砖可用碎石、矿渣、炉渣等代替。

（3）基层　基层多为垫层与地基之间的找平层或填充层，主要起加强地基、辅助结构层传递荷载的作用。对地基条件较好且室内荷载不大的建筑，一般可不设基层。当建筑标准较高或地面荷载较大或有保温等特殊要求，或面层材料本身就是结构层的，需要设置基层。基层通常是在素土夯实的基础上，再铺设灰土层、三合土层、碎砖石或卵石灌浆层等，以加强地基。

素土夯实层也可看作是地坪的基层，材料为不含杂质的砂石黏土，通常是填 300 mm 的素土夯实成 200 mm 厚，使之均匀传力。

（4）附加层　附加层是为满足房屋特殊使用要求而设置的构造层次，如防潮层、防水层、保温层等。

8.1.3　楼板的类型

楼板是楼板层中结构层的构件，根据所采用的材料不同，楼板可分为木楼板、砖拱楼板、钢筋混凝土楼板以及压型钢板组合楼板等类型，如图 8-3 所示。

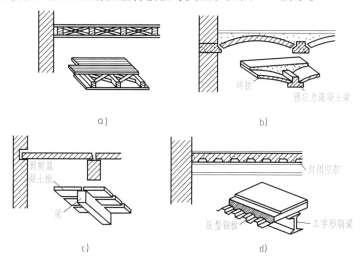

图 8-3　楼板的类型

a）木楼板　b）砖拱楼板　c）钢筋混凝土楼板　d）压型钢板组合楼板

1. 木楼板

木楼板具有自重轻、构造简单等优点，但其耐火性、耐久性、隔声能力较差，现已很少使用。

2. 砖拱楼板

砖拱楼板可节约钢材、水泥及木材，但自重大、抗震性能差，且占用的空间较多，施工复杂，现已很少使用。

3. 钢筋混凝土楼板

钢筋混凝土楼板具有强度高，整体性好的优点，有较强的耐久性和防火性能，并便于工业化生产和机械化施工，是目前应用最为广泛的一种楼板。

4. 压型钢板组合楼板

压型钢板组合楼板是在钢筋混凝土楼板基础上发展起来的，这种组合体系是利用凹凸相间的压型薄钢板作衬板与现浇混凝土浇筑在一起而形成的钢衬板组合楼板，主要用于大空间、高层民用建筑和大跨度工业厂房中。

课题2　钢筋混凝土楼板

钢筋混凝土楼板按其施工方式的不同，可分为现浇整体式钢筋混凝土楼板、预制装配式钢筋混凝土楼板和装配整体式钢筋混凝土楼板三种类型。

8.2.1　现浇整体式钢筋混凝土楼板

现浇整体式钢筋混凝土楼板是在施工现场将整个楼板浇筑成整体，既在施工现场经支模、扎筋、浇灌混凝土、养护等施工程序而成型的楼板结构。由于是现场整体浇筑成型，结构整体性能良好，刚度大，有利于抗震，且制作灵活，适合于整体性要求较高、平面形式不规则、尺寸不符合模数或管道穿越较多的楼面。

现浇钢筋混凝土楼板按结构类型可分为板式楼板、梁板式楼板、井式楼板、无梁楼板及压型钢板组合式楼板等。

1. 板式楼板

当跨度不大时（一般为 2～3m），将楼板现浇成一块平板，并直接支承在墙上，楼板上的荷载通过楼板直接传给墙体，这种楼板称为板式楼板，如图 8-4 所示。板式楼板底面平整，便于支模施工，是最简单的一种形式，适用于平面尺寸较小的房间（厨房、厕所）以及公共建筑的走廊等。

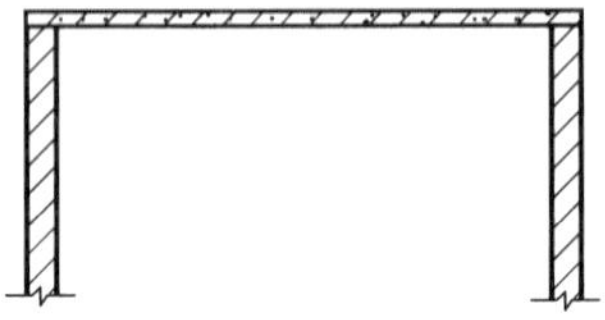

2. 梁板式楼板

对于平面尺寸较大的房间，若仍采用板式楼板，会因板跨较大而需要增加板厚，使得材料用量增多，板的自重加大，也不经济，通常在板下设梁，以增加板的支点，从而减小了板的跨度并减少板内配筋。这种由板和梁组成的楼板称为梁板式楼板，如图 8-5 所示。

图 8-4　板式楼板

梁板式楼板一般由板、次梁、主梁组成。板、次梁、主梁现浇而成，主梁搁置在墙上或端部与柱整浇在一起，次梁支承在主梁上，板支承在次梁上，这样楼板上的荷载先由板传给

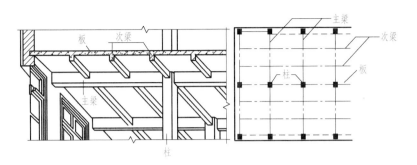

图 8-5 梁板式楼板

梁, 再由梁传给墙或柱。

梁板式楼板通常在纵横两个方向都设置梁。主梁和次梁的布置应整齐有规律, 并应考虑建筑物的使用要求、房间的大小形状以及荷载作用情况等。一般主梁沿房间短跨方向布置, 次梁则垂直于主梁布置。除了考虑承重要求外, 梁的布置还应考虑经济合理性。一般主梁的经济跨度为 5~8m, 梁的高度为跨度的 1/15~1/8。次梁跨度一般为 4~6m, 梁高为跨度的 1/18~1/12。梁的宽与高之比一般为 1/3~1/2。

3. 井式楼板

井式楼板是梁板式楼板的一种特殊布置形式。对于平面尺寸较大, 且平面形状为方形或接近于方形的房间或门厅, 可将两个方向的梁等间距布置, 并采用相同的梁高, 梁不分主次, 从而形成一种特殊的布置形式, 梁相交呈井字形, 形成井字形梁, 这种楼板称为井式楼板, 如图 8-6 所示。

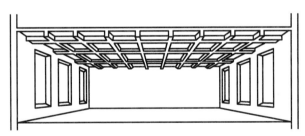

图 8-6 井式楼板

井式楼板中板的跨度为 3.5~6m, 梁的跨度可达 20~30m, 梁的截面高度一般不小于梁跨的 1/15, 梁宽为高度的 1/4~1/2, 且不小于 120mm。井式楼板的梁通常采用正交正放或正交斜放的布置方式, 由于布置规整, 故具有较好的装饰性, 一般多用于公共建筑的门厅、大厅、会议厅、餐厅、舞厅等无须设柱的空间。

4. 压型钢板组合楼板

压型钢板组合楼板是以衬板与混凝土浇筑在一起构成的整体式楼板结构。钢衬板起到现浇混凝土的永久性模板作用, 同时由于在其上加肋条或压出凹槽, 能与混凝土共同工作, 压型钢板起到配筋作用。压型钢板组合楼板已在大空间建筑和高层建筑中采用, 它简化了施工程序, 加快了施工进度, 并且有现浇式钢筋混凝土楼板刚度大、整体性好的优点。此外, 还可利用压型钢板肋间空间敷设电力或通信管线。

压型钢板组合式楼板的基本构造形式如图 8-7 所示, 它是由钢梁、压型钢板和现浇混凝土组成的。压型钢板双面镀锌，截面一般为梯形，板薄却刚度大。为进一步提高承载能力和便于敷设管线，采用压型钢板下加一层钢板或由两层梯形板组合成箱形截面的组合压型钢板，如图8-8所示。

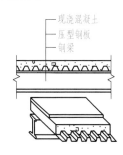

图8-7　压型钢板组合楼板

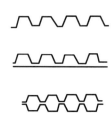

图8-8　压型钢板截面形式

5. 无梁楼板

无梁楼板是不设梁而将楼板直接支承在柱上的一种楼板结构。无梁楼板分为无柱帽和有柱帽两种类型。当楼板承受的荷载很大时，为了增大柱的支承面积和减小板的跨度，无梁楼板大多在柱顶设置柱帽和托板。无梁楼板的柱网通常为正方形或近似正方形，常用的柱网尺寸为6m左右，较为经济。无梁楼板与梁板式楼板相比，具有顶棚平整、室内净高大、采光通风好、施工简便等优点。无梁楼板多用于楼面荷载较大的商店、展览馆、仓库等建筑物中，如图8-9所示。

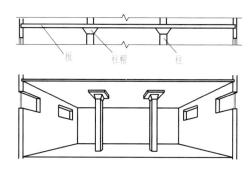

图8-9　无梁楼板

8.2.2　预制装配式钢筋混凝土楼板

预制装配式钢筋混凝土楼板是将楼板在工厂预先制作好后，到施工现场装配而成。它能节省模板，促进工业化水平，加快施工速度，缩短工期。但预制楼板的整体性不好，不利于抗震，且不宜在楼板上穿洞。

1. 预制楼板构件的类型

预制装配式钢筋混凝土楼板的类型有实心平板、空心板和槽形板三种。

（1）实心平板　预制实心平板的宽度多为500～1000mm，板的长度（即跨度）一般不超过2.5m，板的厚度常用50～80mm。实心平板的两端支承在墙或梁上。板的上下表面平整，制作简单，构件小，易于安装，但板的跨度通常较小，一般用于走廊和跨度较小的房间，且板的隔声效果较差，如图8-10所示。

（2）空心板　钢筋混凝土楼板在受力时，主要由其上部的混凝土来承受压力，下部的钢筋承受拉力。这样，从受力的观点来看，可将板沿纵向这一部分的混凝土挖去，就形成了中部带孔的钢筋混凝土空心板。这样做不仅可以节约混凝土还可减轻自重，并且具有一定的隔声效果。

空心板孔洞形状有圆形、椭圆形、矩形和方形等，如图8-11所示。空心板中多为圆形

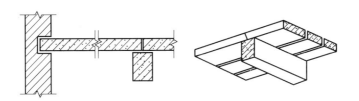

图 8-10　实心平板

孔板，圆形孔板制作中脱模容易，不易产生板面开裂，且刚度好。空心板板宽为 500～1200mm，较为经济的跨度为 2.4～4.2m，板的厚度一般为 110～240mm。空心板上下表面平整，节省材料，隔声、隔热性能好，是预制板中应用最广泛的一种类型。但空心板板面不能随意打洞，不能用于管道穿越较多的房间。

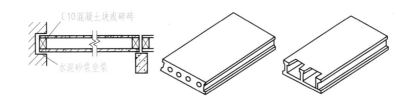

图 8-11　空心板

（3）槽形板　槽形板是一种梁板结合的构件，即在实心平板的两侧设置相当于小梁的边肋，构成槽形截面。板宽为 600～1200mm，板跨为 3～7.2m，由于两侧有肋，则槽形板的板厚较小，一般为 30～35mm，肋高为 150～300mm。

槽形板的搁置方式有正槽板和倒槽板两种，如图 8-12 所示。正槽板是将槽形板的边肋向下放置，板底不平，常用于对天棚平整度要求不高的房间，否则应做吊顶处理；倒槽板是将槽形板的边肋向上放置，板底平整，但受力不甚合理，并需另做面板。

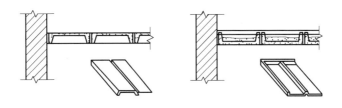

图 8-12　槽形板

2. 预制装配式钢筋混凝土楼板梁的断面形式

预制装配式钢筋混凝土楼板将板直接搁置在梁上，梁断面可制成矩形、T 形、花篮梁、十字形等形式，如图 8-13 所示。矩形断面梁外形简单，制作方便。T 形断面梁较矩形断面梁自重轻。十字形或花篮梁可减少楼板所占的高度，如图 8-14 所示。通常，梁的经济跨度为 5～9m。

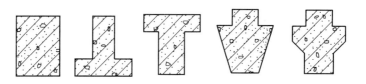

图 8-13 预制的梁的断面形式

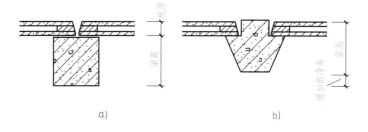

a) b)

图 8-14 板在梁上的搁置

a) 板搁在矩形梁上 b) 板搁在花篮梁上

3. 预制装配式钢筋混凝土楼板的细部构造

（1）板与墙、梁的连接 为保证结构的整体性，板与墙或梁应有可靠的连接。板在墙或梁上应有足够的搁置长度，在墙上不宜小于 100mm，在梁上不宜小于 80mm，对于抗震区，要求更加严格。

为使板与墙或梁有较好的连接，受力均匀，在板安装时，应先在墙或梁上铺设厚度不小于 10mm 的水泥砂浆，即坐浆。若采用的是多孔空心板，板孔的两端必须用砖块或混凝土填实，以防止板端在搁置处被压坏，也可避免板缝灌浆时混凝土会进入孔内。

为增加建筑物的整体刚度和抗震性能，板与墙、板与梁或板与板之间可用钢筋拉结，如图 8-15 所示。拉结钢筋的设置与锚固构造做法，应满足抗震要求。

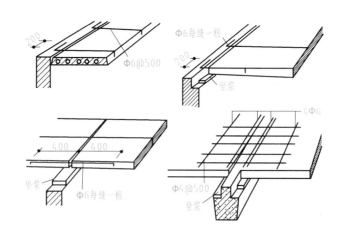

图 8-15 板的锚固

（2）板缝的处理 预制板在铺设时，板与板相拼，之间会有缝隙存在，为加强楼板的整体性，板缝内应用细石混凝土灌实，必要时，可在板缝内配筋。

当缝隙较小时，可调整增大房间板块之间的缝隙，调整后的板缝宽度若小于 50mm，可直接用细石混凝土浇筑；当调整后的板缝宽度大于或等于 50mm 时，应在灌缝中配置钢筋，如图 8-16a、b 所示。当缝宽为 60 ~ 120mm 时，可将缝留在靠墙处沿墙挑砖填缝，如图 8-16c 所示。当缝宽大于 120mm 时，必须另行现浇混凝土并配置钢筋，形成现浇板带，此时，可将穿越楼板的管道设在现浇板带处，如图 8-16d 所示。若缝隙大于 200mm，则应重新选择板的规格。

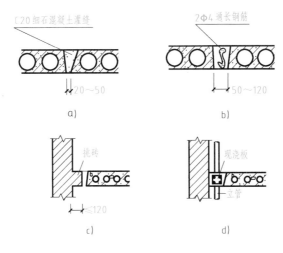

图 8-16　板缝的处理

（3）预制板上设立隔墙的处理　当在预制钢筋混凝土板上设立隔墙时，宜采用轻质隔墙，并尽量避免使隔墙的重量完全由一块板承担。当隔墙与板跨平行时，通常将隔墙设置在两块板的接缝处、槽形板的纵肋上或在墙下设梁来支承隔墙，如图 8-17a、b 所示。当隔墙与板跨垂直时，应尽量将墙布置在楼板的支承端，否则应进行结构设计，在板面内加配构造钢筋，如图 8-17c 所示。

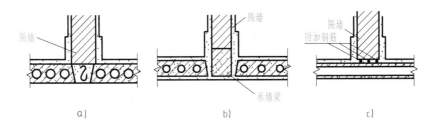

图 8-17　预制板上设立隔墙的处理

8.2.3　装配整体式钢筋混凝土楼板

装配整体式钢筋混凝土楼板是将楼板中的部分构件预制，现场安装后，再浇筑混凝土面层而形成的整体楼板。这种楼板的整体性较预制楼板要好，与现浇楼板相比要节省模板，而且施工速度也较快，其最广泛的一种应用形式是叠合式楼板。

叠合式楼板是由预制薄板与现浇钢筋混凝土面层叠合而成的装配整体式楼板。叠合式楼板的钢筋混凝土薄板既是整个楼板的组成部分，也是现浇钢筋混凝土叠合层的永久性模板。为使预制薄板与现浇钢筋混凝土叠合层结合牢固，预制薄板的表面应做适当的处理，以加强二者的结合。预制薄板的表面处理通常有两种形式，一种是表面刻槽，另一种是板面上留出三角形结合钢筋，如图8-18所示。

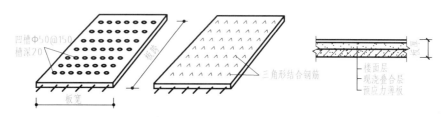

图8-18　叠合式楼板

叠合式楼板的跨度一般为4~6m，最大跨度可达9m，薄板的宽度一般为1.1~1.8m，薄板厚度通常为50~70mm，叠合楼板的总厚度一般为150~250mm，视板的跨度而定，以薄板厚度的两倍为宜。叠合式楼板的现浇混凝土叠合层内，配以少量的支座负弯矩钢筋，并可敷设水平设备管线。

课题3　楼地面构造

楼地面包括楼面和地面，是指楼板层和地层的面层。它们在设计要求和构造做法上基本相同，可统称为地面。

楼地面按其所用材料和做法不同可分为四大类：整体浇筑地面、板块地面、卷材地面和涂料地面。

8.3.1　楼地面的构造做法

1. 整体浇筑地面

整体浇筑地面指用现场浇筑的方法做成的整片地面，包括水泥砂浆地面、水磨石地面、细石混凝土地面等现浇地面。

（1）水泥砂浆地面　水泥砂浆地面是用水泥砂浆抹压而成的整体浇筑地面。一般采用1:2.5~1:2的水泥砂浆抹光压平，厚度15~20mm，这是单层做法。为了减少由于水泥砂浆干缩而产生裂缝，提高地面的耐磨性，可采用双层做法，即先用1:3水泥砂浆打底找平，厚度为15~20mm，再用1:2.0~1:1.5水泥砂浆抹面，厚为5~10mm。

水泥砂浆地面构造简单、坚固耐用、防水性好、造价较低；但导热系数较大，热工性能较差，易起尘、易产生凝结水，无弹性，且装饰效果较差，一般用于装修标准较低的建筑物中，如图8-19所示。

（2）水磨石地面　水磨石地面是以水泥为胶结材料，大理石或白云石等中等硬度石子做骨料而形成的水泥石屑浆，在刚性垫层或结构层上浇筑抹平结硬后，经磨光、打蜡而成的一类整体地面。其常见做法是：先用15~20mm厚1:3水泥砂浆找平，再用10~15mm厚1:2.0~1:1.5的水泥石渣浆抹面压实，经浇水养护后磨光、打蜡，如图8-20所示。

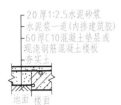

图 8-19　水泥砂浆地面　　　　　　　　　　图 8-20　水磨石地面做法

为了防止面层因温度变化等引起的开裂,适应地面变形,常用玻璃、铜条、铝条将地面分隔成若干小块或各种图案,也可以用白水泥替代普通水泥,并掺入颜料,形成美术水磨石地面,但造价较高。

水磨石地面具有坚硬耐磨、耐久防水、防火、表面光洁、不起尘、易清洁等优点,装饰效果也优于水泥砂浆地面,多用于人流量较大的公共建筑的大厅、走廊、楼梯以及候车厅等。但水磨石地面无弹性,导热系数较大,热工性能较差,造价高于水泥砂浆地面,且施工较复杂,这使它的应用受到一定的限制。

2. 板块地面

板块地面是指用板材或各种块材铺贴而形成的地面。按材料不同分为黏土砖地面、水泥制品块地面、陶瓷板块地面、石板地面和木地面等。

(1) 黏土砖地面　黏土砖地面用普通砖铺设,有平砌和侧砌两种。这种地面施工简单,造价低廉,适用于要求不高或临时建筑的地面以及庭院小道等。

(2) 水泥制品块地面　常见的水泥制品块地面有水泥砂浆块、水磨石块和预制混凝土块。水泥制品块与基层黏结有两种方式:一种是当预制块尺寸较大且较厚时,常在板块下干铺一层细砂或细炉渣土,待校正找平后,用砂浆嵌缝。这种做法施工简单、造价低,便于维修更换,但不易平整。另一种是当预制块小且薄时,用水泥砂浆做结合层,铺好后再用水泥砂浆嵌缝。这种做法坚实、平整,但施工较复杂,造价也较高。

(3) 陶瓷板块地面　陶瓷板块地面包括陶瓷地砖、陶瓷锦砖等。陶瓷板块地面的常用做法是:先用 15～20mm 厚 1:3 水泥砂浆找平,再用 5～8mm 厚 1:1 水泥砂浆粘贴地砖、锦砖等,并用素水泥浆扫缝,如图 8-21～图 8-23 所示。

图 8-21　彩色釉面砖楼地面　　　　　　　　图 8-22　防滑彩色釉面砖楼地面

陶瓷地砖分为有釉面、无釉面、防滑及抛光等多种类型，形状为方形，其规格尺寸一般较大，如 300mm×300mm 、400mm×400mm、600mm×500mm 等，其色彩丰富，抗腐耐磨，施工方便，装饰效果好，常用于门厅、餐厅、营业厅等。

陶瓷锦砖又称马赛克，是优质瓷土烧制的小尺寸瓷砖，有各种颜色、多种几何形状，并可拼成各种图案。陶瓷锦砖面层薄、自重轻、不宜踩碎，正面贴在牛皮纸上，反面有小凹槽，便于施工，常用于厕所、盥洗室、浴室和实验室等。

陶瓷板块地面坚硬耐磨、色泽稳定、易于保持清洁，而且具有较好的耐水、耐腐蚀的性能。但陶瓷板块地面没有弹性、吸热性大，不宜用于人们长时间停留的房间。同时，陶瓷板块地面属于刚性地面，只能铺贴在整体性和刚性较好的混凝土垫层或钢筋混凝土楼板上。

（4）石板地面 石板地面包括天然石板地面和人造石板地面。天然石板地面包括花岗石和大理石等。它们质地坚硬、色泽艳丽、美观，属于高档地面装修材料。一般做法是，先用 20～30mm 厚1:3 或1:4 干硬性水泥砂浆找平，再用5～10mm 厚1:1 水泥砂浆作结合层铺贴石板，板缝宽不大于1mm，撒干水泥粉浇水扫缝。天然石板地面多用于装修标准较高的建筑物的门厅、大厅等。

人造石板有预制水磨石板、人造大理石板等，价格低于天然石板，做法同天然石板，如图 8-24 所示。

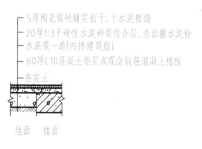

图 8-23 陶瓷锦砖楼地面

图 8-24 磨光大理石楼地面

（5）木地面 木地面是由木板铺钉或粘贴形成的一种地面形式。木地板有普通木地板、硬木条形地板和硬木拼花地板等。木地面具有较好的弹性、吸声能力、蓄热性和接触感，不起尘，易清洁，一般用于装修标准较高的住宅、宾馆、体育馆、舞台等建筑中。但木地面耐火性差，易腐朽，且造价较高。

木地板按其构造做法有实铺式木地面和空铺式木地面两种。

1）实铺木地面，分为铺钉式和粘贴式两种。

铺钉式实铺木地面是先将木搁栅固定在混凝土垫层或钢筋混凝土楼板上的找平层上，然后在搁栅上钉长条木地板的形式。木搁栅的断面尺寸一般为 50mm×50mm 或 50mm×70mm，间距为 400～500mm，搁栅间的空当可用来安装各种管线。

木地面可采用单层地板或双层地板，如图 8-25a、b 所示。单层地板常采用普通木地板和硬木条形地板，长条地板应顺房间采光方向铺设，走道沿行走方向铺设，单层地板的做法应用比较多。双层地板是在搁栅上铺设毛板再铺地板的形式，弹性好，但较费木料。双层地板的面层，地板常采用硬木拼花地板和硬木条形地板，毛板与面板最好成 45°或 90°交叉铺钉，毛板与面板之间可衬一层油纸，作为缓冲层，以减小摩擦。此外，铺钉式实铺木地面应组织好板下架空层的通风，通常在木地板与墙面之间，留有 10～20mm 的空隙，在踢脚板处设通风口，使地板下的空气流通，以保持地板干燥。

粘贴木地板是在混凝土垫层或钢筋混凝土楼板上做好找平层，然后用黏结材料将木板直接粘贴上去的一种木地板形式，如图 8-25c 所示。这种做法不用搁栅，节约了木材，造价低，施工简单，结构高度小，在目前应用较多；但这种木地板弹性差，使用中维修困难，施工中应注意粘贴质量和基层的平整。

实铺木地面若为底层地面，应防止木地板受潮腐烂，铺钉式实铺木地面或粘贴木地板时应做好防潮处理。通常是在混凝土垫层或其找平层上做防潮层，如图 8-26 所示。

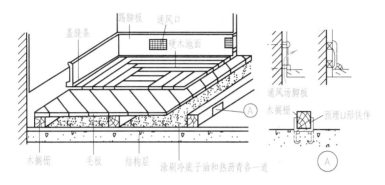

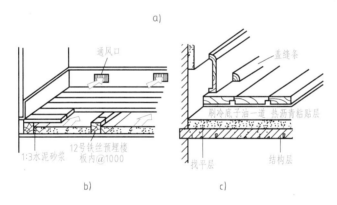

图 8-25　实铺木地面

a）双层地板　b）单层地板　c）粘贴式木地板

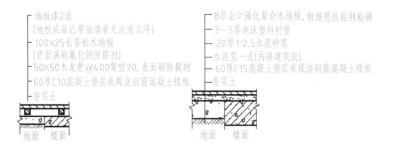

图 8-26　木地面做法

2)空铺木地面,常用于底层地面,是将木搁栅架空搁置在地垄墙或砖墩上的一种木地面形式。不使木搁栅与基层接触,防止木板变形或腐烂。空铺木地面应组织好架空层的通风,使地板下的潮气能通过空气对流排至室外。空铺木地面构造复杂,耗费木材较多,实际中较少采用。空铺木地板的做法如图8-27所示。

3. 卷材地面

卷材地面是由成卷的铺材粘贴而成的一种地面形式。常见的有塑料地面、橡胶地面及各种地毯等。

(1)塑料地面 塑料地面常用聚氯乙烯为主要原料加入适量填充料,掺入颜料,经热压制成。施工时,先清理基层,除去找平层上的油污和灰尘,然后根据房间大小设计排料,在基层上弹线定位后,在塑料板底满涂胶粘剂1~2遍后,由中间向四周铺贴,或者可用干铺方法。在其拼接缝处,先将板缝切成V形,然后用三角形塑料焊条、电热焊枪焊接,并均匀加压24h。

塑料地面的品种多样:有卷材和块材之分,有软质和半硬质之分,有单色和复色之分等。塑料地面经济性好,施工简便,且色泽鲜艳、表面光亮、装饰效果好,同时具有较好的防水、消声、保温等性能,弹性好,行走舒适,易清扫,适用于有洁净要求的工业厂房、宾馆、会议室、阅览室、展览馆和实验室等建筑。彩色石英塑料板地面做法如图8-28所示。

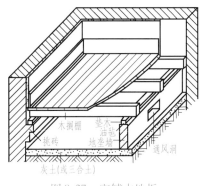

图8-27 空铺木地板

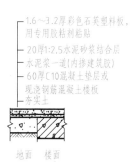

1.6~3.2厚彩色石英塑料板,用专用胶粘剂粘贴
20厚1:2.5水泥砂浆结合层
水泥浆一道(内掺建筑胶)
60厚C10混凝土垫层或现浇钢筋混凝土楼板
夯实土

地面 楼面

图8-28 彩色石英塑料板地面

(2)橡胶地面 橡胶地面是以天然或合成橡胶为主要原料,掺入一些填充料而制成的。橡胶地面可以干铺也可以用胶粘剂粘贴在水泥砂浆找平层上。这种地面的特点与塑料地面相似,并有电绝缘性,有利于隔绝撞击声,适用于有洁净要求的工业厂房、宾馆、展览馆和实验室等建筑以及各类球场、跑道等。

(3)地毯地面 地毯地面按面层材料组成不同有化纤地毯、羊毛地毯和棉织地毯等,用于建筑物内满铺或局部铺设,可以直接干铺或固定铺设。固定铺设即是将地毯用胶粘剂粘贴在地面上,四周用倒钩钉或带钉板条和金属条将地毯四周固定。地毯具有良好的弹性、吸声及隔声能力,保温好、行走舒适、美观大方、施工简便,但价格较贵,不易清理,适用于住宅和宾馆等高档场所。

4. 涂料地面

涂料地面是在水泥砂浆地面或混凝土地面的表面上涂刷或涂刮涂料而形成的一种地面形式。涂料地面耐磨、防水性能好、易清洁,可根据需要做成各种几何图案,可以改善水泥砂浆地面在使用和装饰方面的不足。涂料的种类繁多,按材料和施工方法的不同,面层薄厚不同。较薄的涂料地面施工简便，造价低，但在人流多的部位磨损较快，不适于人流较多的公共场所。较厚的涂料地面耐磨、耐腐蚀、抗渗、有弹性，多用于实验室、医院手术室等有卫生和耐腐蚀要求的地面，如图 8-29 所示。

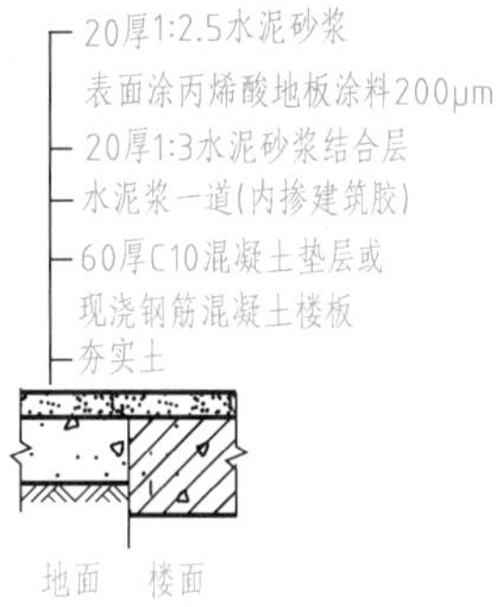

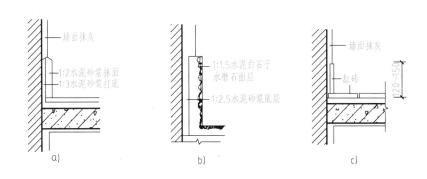

20厚1:2.5水泥砂浆
表面涂丙烯酸地板涂料200μm
20厚1:3水泥砂浆结合层
水泥浆一道(内掺建筑胶)
60厚C10混凝土垫层或
现浇钢筋混凝土楼板
夯实土
地面
楼面

图 8-29　涂料地面

8.3.2　地面细部构造

1. 踢脚线构造

踢脚线是指地面与墙面交接处的垂直部位，在构造上通常按地面的延伸部分来处理。其作用不仅可以遮盖地面与墙面的接缝，增加室内美观，同时也可以保护墙面根部及墙面清洁。踢脚线的高度一般为 120 ~ 150mm，所用材料有水泥砂浆、水磨石、木材、石材等，一般与地面材料一致，如图 8-30 所示。

墙面抹灰
1:2水泥砂浆抹面
1:3水泥砂浆打底
a)
1:1.5水泥白石子
水磨石面层
1:2.5水泥砂浆底层
b)
墙面抹灰
缸砖
120~150
c)

图 8-30　踢脚线

a）水泥砂浆踢脚线　b）水磨石踢脚线　c）缸砖踢脚线

2. 地面防水构造

对于室内用水较多的房间如厨房、卫生间等，地面容易积水，且容易发生渗漏，因而应做好地面的排水和防水。

（1）地面排水　为便于排水，首先要设置地漏，并使地面四周向地漏方向形成一定坡度。地面排水坡度一般为 1% ~1.5%，如图 8-31a 所示。另外，有水房间的地面标高应比相邻房间或走廊低 20 ~30mm，或在门口做高为 20 ~30mm 的挡水门槛。

（2）楼面防水　有防水要求的楼层，结构层以现浇钢筋混凝土楼板为好，面层也宜采用防水性能较好的材料。为了提高防水质量，可在结构层（垫层）与面层间设防水层一道。常用的防水材料有防水卷材、防水砂浆或防水涂料等。还应将防水层沿房间四周墙体根部向墙体延伸至少 150mm，门口处应将防水层铺出门外至少 250mm。

当有竖向管道穿越楼层防水时，应做好管道周围的防水密封处理。工程上有两种处理方法：一种是普通管道穿越的周围，用 C20 干硬性细石混凝土填充捣密，再用两布二油橡胶酸性沥青防水涂料作密封处理。另一种是热力管穿越楼层时，先在楼板层热力管通过处预埋管径比立管稍大的套管，套管高出地面 30mm 左右，套管四周用上述方法密封。有水房间的排水与防水构造，如图 8-31 所示。

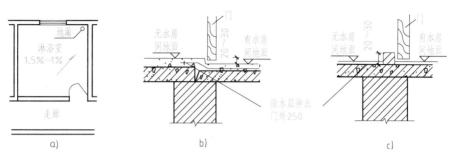

图 8-31　有水房间的排水与防水构造
a)设地漏排水　b)地面降低　c)设管门槛

课题 4　顶棚构造

顶棚也称天棚、天花板,是楼板层的组成部分之一,位于楼板层中结构层的下面,是室内空间最上部的装修层,顶棚应满足室内使用和美观等方面的要求。顶棚按照构造方式的不同,有直接式顶棚和悬吊式顶棚两种类型。

8.4.1　直接式顶棚

直接式顶棚是在屋面板或楼板结构底面直接进行喷浆、抹灰、粘贴壁纸、粘贴面砖、粘贴或钉接石膏板条以及其他板材等饰面材料。这种顶棚具有构造简单、构造层厚度小、施工方便、可取得较高的室内净空以及造价低等特点;但由于没有隐蔽管线以及设备的内部空间,故多用于普通建筑或空间高度受到限制的房间。

1. 直接喷刷顶棚

当楼板底面平整,室内装饰要求不高时,可直接在顶棚的基层上刷大白浆、石灰浆、涂料或乳胶漆等涂料,如图 8-32 所示。

2. 直接抹灰顶棚

当楼板的底面不够平整或室内装修要求较高时,可在楼板底抹灰后再喷刷涂料。水泥砂浆抹灰的做法是:先将板底清洗干净,扫毛或刷素水泥浆一道,然后可用水泥砂浆或混合砂浆打底,最后再抹灰饰面,干燥后喷刷涂料。

3. 贴面顶棚

贴面顶棚是在楼板底面用胶粘剂直接粘贴墙纸等装饰材料;对有保温、隔热、吸声等要求的建筑物,可在楼板底面粘贴泡沫塑料板、铝塑板、岩棉板或装饰吸声板等,如图 8-33 所示。

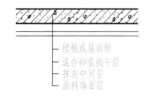

图 8-32　喷刷类顶棚构造层次

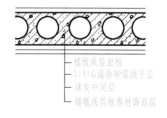

图 8-33　裱糊类顶棚构造层次

8.4.2 悬吊式顶棚

悬吊式顶棚是指装饰面悬吊于屋面板或楼板下并与屋面板或楼板留有一定距离的顶棚，俗称吊顶。悬吊式顶棚可结合灯具、通风口、音响、喷淋、消防设施等进行整体设计，形成变化丰富的立体造型，以改善室内环境，满足不同使用功能的要求。一般来说，悬吊式顶棚的装饰效果较好，形式变化丰富，适于中、高档次的建筑顶棚装饰。

吊顶一般由吊筋、龙骨和面板组成。吊筋与楼板层相连，固定方法有预埋件锚固、膨胀螺栓锚固和射钉锚固等，如图 8-34 所示。

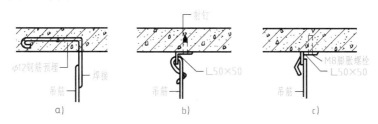

图 8-34 吊筋固定
a) 预埋件钢筋锚固 b) 射钉锚固 c) 膨胀螺栓锚固

吊顶的龙骨由主龙骨和次龙骨组成，主龙骨与吊筋相连，吊筋与楼板相连。主龙骨一般单向布置；次龙骨固定在主龙骨上，其布置方式和间距依据面层材料和顶棚的外形而定；在次龙骨下做面层。主龙骨按所用材料不同可分为木龙骨和金属龙骨两类。目前多采用金属龙骨。面板有木质板、石膏板和铝合金板等。

1. 木龙骨吊顶

木龙骨吊顶由主龙骨、次龙骨组成，如图 8-35 所示。其中，主龙骨截面为 50mm × 70mm 方木，间距一般为 1.2 ~ 1.5m，用钢筋固定在钢筋混凝土楼板下部。次龙骨截面为 40mm ×50mm，间距视面板规格而定，一般为 400 ~ 500mm，通过吊木钉牢在主龙骨的底部。木骨架的耐火性能较差，但加工较方便。

2. 金属龙骨吊顶

金属龙骨吊顶主要由吊筋、金属主次龙骨、横撑龙骨及装饰面板组成。常见的金属骨架有轻钢骨架和铝合金骨架两种。

轻钢骨架主龙骨一般用特制的型材制作，断面形式有 U 形、T 形等系列。主龙骨一般通过钢筋悬挂在楼板下部，间距为900 ~ 1200mm，主龙骨下部悬挂次龙骨。为保证龙骨的整体刚度，在龙骨之间增加横撑，间距视面板规格而定，最后在次龙骨上固定面板，如图 8-36 所示。

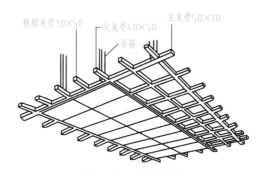

图 8-35 木质吊顶

铝合金龙骨是在轻钢龙骨的基础上发展生产的产品：常用的有⊥形、U 形、凹形以及嵌条式构造的各种特制龙骨。其构造与轻钢龙骨吊顶相似。具有耐锈蚀、轻质美观、安装方便等优点，目前在民用建筑中应用较广。但当顶棚的荷载较大，或者悬吊点间距较大以及在特

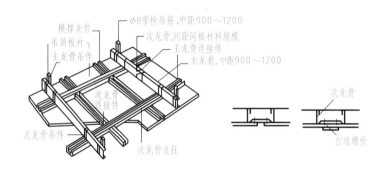

图 8-36 轻钢龙骨吊顶

殊环境下使用时，须采用普通型钢做基层，如角钢、槽钢、工字钢等。铝合金龙骨吊顶构造如图 8-37 所示。

课题 5 阳台与雨篷

8.5.1 阳台

阳台是多高层建筑中特殊的组成部分，是室内外的过渡空间，是人们接触室外的平台，可以在上面休息、眺望，满足人的精神需求，同时阳台造型也对建筑物的立面起到装饰作用。

1. 阳台的类型

阳台按其与建筑物外墙的相对位置可分为

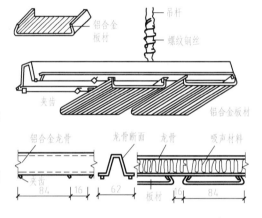

图 8-37 铝合金龙骨吊顶

挑阳台（凸阳台）、半挑半凹阳台和凹阳台，如图 8-38 所示，此外，还有转角阳台；按阳台栏板上部的形式又可分为封闭式阳台和开敞式阳台；按施工形式可分为现浇式阳台和预制装配式阳台。当阳台宽度占有两个或两个以上开间时，称为外廊。

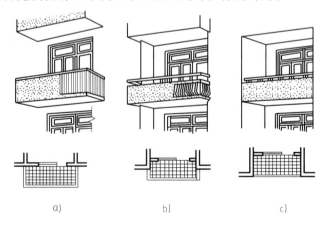

a)   b)   c)

图 8-38 阳台类型
a) 挑阳台 b) 半挑半凹阳台 c) 凹阳台

2. 阳台的组成及设计要求

阳台由承重结构（梁、板）和围护结构（栏杆或栏板）组成。作为建筑物的特殊组成部分，阳台要满足以下的要求。

（1）阳台应安全坚固　阳台出挑部分为悬臂结构，挑出长度应满足结构抗倾覆的要求，以保证结构安全。阳台栏杆、扶手是阳台的围护构件，应坚固、安全、耐久。同时，阳台栏杆应有一定的安全高度，多层住宅阳台栏杆净高不低于 1.05m，中高层住宅阳台栏杆不低于 1.1m。此外，空花栏杆其垂直杆件之间的净距离不大于 130mm，以防止儿童钻过而发生危险。

（2）阳台应满足适用性和美观的要求　阳台的出挑长度要根据使用要求确定，并不能大于结构允许出挑长度，一般为 1.0～1.5m，以 1.2m 最为常见。开敞式的阳台地面要低于室内地面 60mm，以免雨水倒流入室内，并做排水设施。阳台造型应满足立面设计要求。

3. 阳台的结构布置

现浇钢筋混凝土阳台分为挑板式和挑梁式。

挑板式是由楼板挑出阳台板构成，此时出挑长度不宜过多，这种方式的阳台板底平整，造型简洁，还可以将阳台平面制成半圆形、弧形、多边形等形式，增加建筑物的整体美观。

挑梁式是在挑出的悬臂梁上现浇阳台板的形式。这种结构布置受力合理，悬挑长度可适当大些。阳台的结构布置如图 8-39 所示。

图 8-39　阳台的结构布置
a）挑板式阳台　b）挑梁式阳台

4. 阳台的细部构造

（1）阳台栏杆（板）和扶手　阳台栏杆是漏空的，栏板则多是实心的，有三种形式，即空花栏杆、实心栏板以及由空花栏杆和实心栏板组合而成的组合式栏杆。材料有金属、玻璃和混凝土等多种形式。混凝土栏板多为现浇，与混凝土阳台板或边梁整浇在一起，如图 8-40 所示。

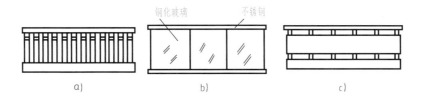

图 8-40　阳台栏杆形式
a）空花栏杆　b）实心栏板　c）组合式栏杆

扶手是栏杆、栏板顶面供人手扶的设施。该部位的制作要符合地区气候特征、人的心理要求及材料特点，做到安全、坚固、美观、舒适的同时，也要经济合理、施工方便。材料有木、钢筋混凝土、金属、有机玻璃和各种塑料板等，它们价格不一，形式多样，丰富多彩。

为了提防儿童穿越攀登镂空栏杆，要注意栏杆空格大小，最好不用横条。为了阳台排水和防止物品坠落的需要，栏杆与阳台板的连接处需采用 C20 混凝土设置挡水带。

（2）阳台排水处理　开敞式阳台为避免阳台的雨水泛入室内，地面应低于室内地面 30 ~ 60mm，并向排水口处找 0.5% ~ 1% 的排水坡。

阳台的排水有两种做法，一是通过落水管排除阳台的雨水，将雨水引向外墙边的雨水管排至地面，如图 8-41a 所示。另一种做法，是采用镀锌钢管或塑料管预埋于阳台的角部用于排水，管径通常为 40 ~ 60mm，水舌管口向外出挑不小于 80mm，防止落水溅到下层阳台上，如图 8-41b 所示。

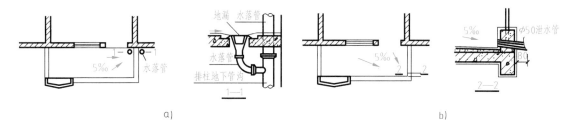

图 8-41　阳台排水

8.5.2　雨篷

雨篷是设在建筑物出入口的上部，起遮挡雨雪、保护大门、突出入口位置等作用，并对建筑物的立面起到一定的装饰效果。雨篷的形式多种多样，根据建筑的风格、当地气候状况选择而定。

雨篷多为现浇钢筋混凝土悬挑构件，其悬挑长度可以根据建筑和结构设计的不同而定，一般应大于等于 0.6m，若雨篷外伸尺寸较大，可采用柱子支承。雨篷只承受雪荷载与自重。在结构上，钢筋混凝土雨篷有板式和梁板式两种。板式雨篷多做成变厚度的，一般根部板厚为 1/10 挑出长度，但不小于 70mm，板端不小于 50mm。梁板式雨篷为使其底面平整，美观易清洁，常采用翻梁的形式，即板在梁的底部。雨篷梁与雨篷板面不应在同一标高上，梁面必须高出板面至少 60mm，或设一小凸沿，以防雨水渗入室内。板面需做防水和排水处理，并在靠墙处做泛水。雨篷构造如图 8-42 所示。

目前，也有很多建筑的雨篷采用轻型材料的形式，比如钢与玻璃组合雨篷，这种雨篷美观轻盈，造型丰富，体现出现代建筑技术的特色，如图 8-43 所示。

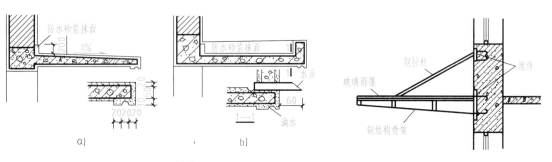

图 8-42　雨篷构造
a）板式雨篷　b）梁板式雨篷

图 8-43　钢与玻璃组合雨篷

本 章 回 顾

1. 楼地层包括楼板层和地层。

2. 楼板层通常由面层、结构层、顶棚层三部分组成。地层由面层、垫层和基层构成。

3. 根据所采用的材料不同，楼板可分为木楼板、砖拱楼板、钢筋混凝土楼板以及压型钢板组合楼板等类型。

4. 钢筋混凝土楼板有预制装配式、现浇整体式和装配整体式等类型，不同形式的楼板具有不同的结构特点和构造特征。

5. 楼地面是楼板层和地坪层的面层，按其所用材料和做法不同可分为四大类：整体浇筑地面、板块地面、卷材地面和涂料地面。

6. 顶棚也称天棚、天花板，一般有直接式顶棚和悬吊式顶棚两种类型。

7. 阳台是建筑物中室内外的过渡空间，有挑阳台、凹阳台、半挑半凹阳台等形式。

8. 雨篷是设在建筑物出入口的上部，起遮挡雨雪、保护大门、突出入口位置等作用，现浇钢筋混凝土雨篷有板式和梁板式两种。

第9章 屋 顶

序号	学习内容	学习目标	能力目标
1	屋顶的作用和类型	了解屋顶的作用、类型和排水方式	能区分屋顶的类型
2	平屋顶和坡屋顶构造及防水	掌握平屋顶和坡屋顶构造及防水	能正确分析平屋顶和坡屋顶构造和防水做法，并能读懂屋顶构造图

课题 1 屋顶的作用及类型

9.1.1 屋顶的作用

屋顶位于建筑物最顶部，是房屋最上层的水平围护结构。其主要作用有以下几方面。

1）围护作用。屋顶将建筑顶部围合封闭起来，抵御自然界各种环境因素对建筑物的不利影响，如抵御风、霜、雨、雪的侵袭。其中防水、排水、保温、隔热对屋顶的基本功能要求，也是屋顶设计的核心。

2）承重作用。屋顶承担上部荷载连同自重，应有必要的刚度和强度，做到安全稳定，坚固耐用。

3）装饰建筑立面。屋顶是建筑外部形体的重要组成部分，其形式对建筑的造型极具影响，因此屋顶的形式应与建筑的整体形象相协调。

随着社会和建筑科技的进步，屋顶的功能逐渐向多样化发展。如为改善生态环境，将屋顶开辟成园林绿化空间；现代超高层建筑出于消防扑救的需要，要求屋顶设置直升机停机坪；某些"节能型"建筑，利用屋顶来安装太阳能集热器。

9.1.2 屋顶的类型

屋顶按外形分主要有平屋顶和坡屋顶，还有一些屋顶形式受屋顶结构限制，有不同的造型。

1. 平屋顶

一般将排水坡度小于 10% 的屋顶称为平屋顶。平屋顶常用的排水坡度为 2%～3%，上人屋顶通常为 1%～2%。平屋顶根据檐口构造形式不同又分为挑檐平屋顶、女儿墙平屋顶、挑檐女儿墙平屋顶等，如图 9-1 所示。

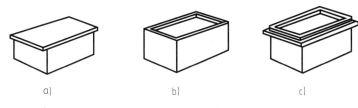

图 9-1 平屋顶类型

a）挑檐平屋顶 b）女儿墙平屋顶 c）挑檐女儿墙平屋顶

平屋顶的结构形式与楼盖基本类同，这有利于协调统一建筑与结构的关系，造型简洁，节约材料。上部平坦的空间，可设露台、屋顶花园，种植植物，也可设游泳池、体育场地、直升机停机坪等，大大提高了空间利用率。

2. 坡屋顶

坡屋顶的屋面坡度较陡，一般在 10% 以上。当建筑物宽度较小时可做单坡，宽度较大时常做双坡或四坡。对屋面坡度进行不同的处理，可形成单坡顶、硬山两坡顶、悬山两坡顶、四坡顶、卷棚顶、庑殿顶、歇山顶、圆攒尖顶等形式，如图 9-2 所示。

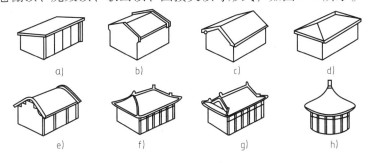

图 9-2 坡屋顶类型

a）单坡顶 b）硬山两坡顶 c）悬山两坡顶 d）四坡顶
e）卷棚顶 f）庑殿顶 g）歇山顶 h）圆攒尖顶

坡屋顶的构造高度大，对其内部做密闭填充或开敞通风处理，可提高屋顶的保温与隔热效果。坡屋顶在我国历史悠久，广泛用于民居建筑。某些现代建筑，考虑到景观环境和建筑风格的要求，也常采用坡屋顶。

3. 其他形式的屋顶

随着科学技术的不断发展，出现了许多新型的屋顶结构形式，如薄壳、折板、悬索、网架、膜结构等空间结构体系，其形式流畅舒展，使得建筑群的造型更加丰富多彩，如图 9-3 所示。这些屋顶结构形式独特，内部可形成很大的通透空间，特别适合于大跨度的体育馆、展览馆等建筑。

9.1.3 屋顶的构造要求

作为承重和围护构件的屋顶，应满足强度、刚度、防水、保温隔热、抵御侵蚀等使用要求，同时还应做到自重轻、构造简单、施工方便、造价经济，并与建筑整体形象相协调。在这些构造要求中，防水是核心。屋顶防水效果需要通过选用合理排水方案、恰当的防水构造做法，并经过精心施工才能得到保证。

屋顶造价在多层房屋建筑中约占建筑土建投资的 7% ~ 12%，并随房屋层数的增加所占

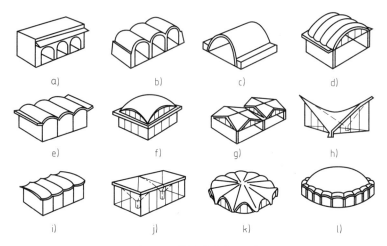

图 9-3　其他形式的屋顶

a) 窑洞屋顶　b) 砖石拱屋顶　c) 落地拱屋顶　d) 双曲拱屋顶　e) 筒壳屋顶　f) 扁壳屋顶　g) 扭壳屋顶
h) 落地扭壳屋顶　i) 双曲壳板屋顶　j) 伞壳屋顶　k) 抛物面壳屋顶　l) 球壳屋顶

比例相应下降。在选择屋顶构造做法时，可通过压缩屋顶构造高度、减少材料消耗量及结构自重，以取得较好的经济效果。

课题 2　平屋顶的构造

9.2.1　平屋顶的构造组成

屋顶主要解决承重、保温隔热、防水三方面问题，由于各种材料性能上的差异，目前很难有一种材料兼备以上三种功能。因此，形成了承重、保温隔热、防水多种材料叠加的多层次构造，各层材料各尽其能。

平屋顶主要由屋面面层（或称防水层）、承重结构层、保温或隔热层和顶棚四个基本层次组成，如图9-4所示。

9.2.2　平屋顶的排水

1. 屋面排水坡度

（1）确定屋面坡度　屋面坡度的确定与屋面防水材料、地区降水量的大小、屋顶结构形式、建筑造型要求以及经济条件等因素有关。对于一般民用建筑，确定屋面坡度主要考虑以下两个因素。

1）防水材料。若尺寸较小，接缝必然较多，缝隙处容易产生渗漏，因此屋面应有较大的排水坡度，如瓦屋面一般为坡屋顶。如果屋面的防水材料

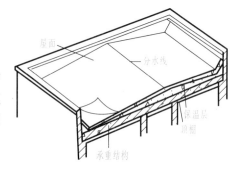

图 9-4　平屋顶的构造组成

覆盖面积较大，接缝少而且严密，屋面的排水坡度就可以小些，如卷材屋面一般为平屋顶。

2）当地降水量。降雨量大的地区，屋面渗漏的可能性较大，屋面的排水坡度应适当加大；反之，屋面排水坡度则应小些。

（2）屋面坡度的形成　屋面坡度的形成有材料找坡和结构找坡两种方式，如图9-5所示。

图 9-5　屋面坡度的形成
a）结构找坡　b）材料找坡

1）结构找坡，是将屋面板按一定的坡度搁置在结构构件上，使结构本身形成排水所需的坡度。平屋顶用结构找坡时，屋顶坡度宜为3%以上。结构找坡不需在屋顶另设找坡层，省工省料、施工简单、造价低；但屋面板略有倾斜，不利于日后建筑的加层，室内空间也不规整，用于民用建筑时需设吊顶。

2）材料找坡，是将屋面板水平搁置在结构构件上，上部垫置轻质材料形成坡度。材料找坡一般适宜坡度为2%，铺设时最薄处厚度不宜小于30mm。常用的材料为水泥炉渣、石灰炉渣等，北方地区可利用保温层形成坡度。材料找坡能够使室内顶棚平整，内部观感效果好，加层时方便，但增大了屋顶自重。

2. 屋顶排水方式

屋顶的排水方式分为无组织排水和有组织排水两大类。

（1）无组织排水　无组织排水又称自由落水，是屋面雨水顺坡由檐口自由落下至室外地坪的排水方式。无组织排水构造简单、排水可靠、造价低廉、维修方便；但落水时沿檐口形成水帘，雨水溅起会浸湿墙面，影响外墙的坚固耐久性，下落的雨水也影响人行道上的行人。在寒冷地区的冬季檐口流水会形成冰柱，冰柱可能会坠落伤人。所以，无组织排水一般只适用于降水量较小、房屋檐口高度低及次要建筑中。

（2）有组织排水　有组织排水又称天沟排水，是在屋顶设置与屋面排水方向垂直的纵向天沟，将雨水汇集起来，经水落口和水落管有组织地排到室外地面或室内地下排水管网。有组织排水又分为有组织外排水和有组织内排水两种方式。

1）有组织外排水，是屋面雨水经安装在外墙面上的雨水管排至室外地面的排水方式。平屋顶外排水根据檐口构造不同又分为挑檐沟外排水（图9-6a）、女儿墙外排水（图9-6b）、女儿墙挑檐沟外排水（图9-6c）。

2）有组织内排水，是水落管设在室内的一种排水方式，在多跨房屋、高层建筑以及有特殊需要时采用。水落管可设在跨中的管道井内（图9-7a），也可设在外墙内侧（图9-7b）。当屋顶空间较大，设有较高吊顶空间时，也可采用内落外排水（图9-7c）。内排水的管路长、造价高，且雨水管在转折处易堵塞，管道经过室内时有碍观瞻，因此，只有当檐口有结冰危险或连跨屋面的中间跨处，采用其他排水方式不方便时才采用。

3. 排水装置

在有组织排水中，需要用到的排水装置有天沟（檐沟）、雨水口、雨水管等。

1）天沟，即屋面上与排水坡度方向垂直的排水沟，位于檐口处的天沟又称檐沟。天沟的功能是将屋面雨水汇集后，顺沟底坡度通过雨水口排除。

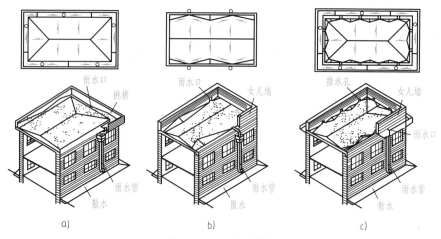

图 9-6 有组织外排水

a)挑檐沟外排水 b)女儿墙外排水 c)女儿墙挑檐沟外排水

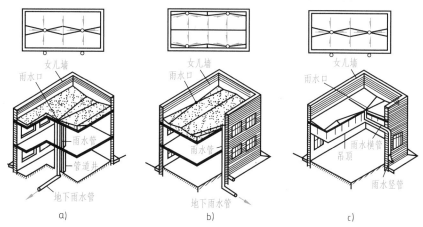

图 9-7 有组织内排水

a)室内雨水管 b)室内靠墙雨水管 c)内落外排水

平屋顶的天沟有两种,一种是用专门的槽形板做成矩形天沟,另一种是利用屋顶坡面的低洼部位由垫坡材料做成三角形天沟。天沟沟底沿长度方向应设置不小于1%的纵坡,坡向雨水口,如图9-8所示。

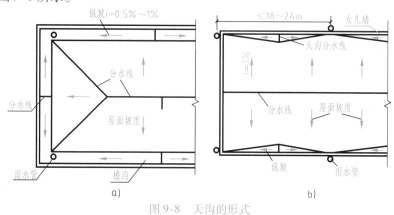

图 9-8 天沟的形式

a)矩形天沟 b)三角形天沟

矩形天沟的断面尺度应该根据地区降水量和汇水面积的大小确定，净宽应不小200mm，保证屋面雨水有足够的空间汇集。天沟上口与分水线的距离应不小于120mm，以免雨水从天沟外侧涌出或溢向屋面引起渗漏，如图9-9所示。

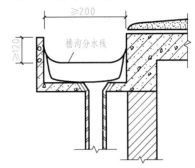

图9-9　矩形天沟的构造

2）雨水口，是设置在天沟（檐口）底部或女儿墙侧壁上的排水设施，用来将屋面雨水排至雨水管。雨水口应排水通畅，不易堵塞和渗漏。

雨水口通常为定型产品，有铸铁和塑料两类材质。塑料雨水口质地轻，不生锈，色彩多样，近年来采用得较多。雨水口分为直管式和弯管式两类，直管式设置在天沟（檐口）底部，弯管式设置在女儿墙的侧壁上，如图9-10所示。

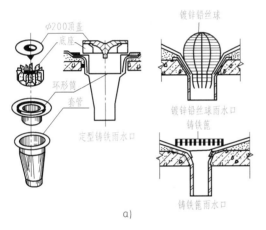

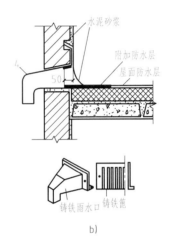

图9-10　矩形天沟的构造

a）直管式雨水口　b）弯管式雨水口

3）雨水管，按材质分有铸铁、镀锌铁皮、塑料（PVC）、石棉水泥和陶土等雨水管。目前多采用塑料雨水管，直径有50mm、75mm、100mm、125mm、150mm、200mm几种规格，选择时应与雨水口配套。民用建筑雨水管的直径一般为100mm，面积较小的阳台可用75mm的雨水管。雨水管的间距不宜过大，一般为15～20m，最大不超过24m，如图9-11所示。雨水管和墙面之间应留20mm的距离，沿高度方向每隔1200mm用管箍与墙面固定。

9.2.3　平屋顶的防水构造

屋顶防水构造是屋顶构造做法的关键，防水层一般位于屋顶上部，习惯称之为屋面。根据防水材料的不同，平屋顶的防水构造分为卷材防水屋面、刚性防水屋面、涂膜防水屋面等。

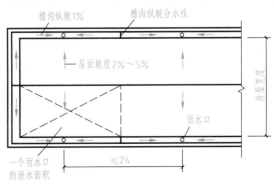

图9-11　雨水管布置示例

屋面应根据建筑物的使用性质、重要程度、气候特点以及防水层的合理使用年限,按不同等级进行防水设防,见表9-1。

表 9-1　屋面防水等级与防水材料

项目	屋面防水等级			
	Ⅰ级	Ⅱ级	Ⅲ级	Ⅳ级
建筑物类别	特别重要或对防水有特殊要求的建筑	重要的建筑和高层建筑	一般的建筑	非永久性的建筑
防水层合理使用年限	25 年	15 年	10 年	5 年
设防要求	三道或三道以上防水设防	二道防水设防	一道防水设防	一道防水设防
防水层选用材料	宜选用合成高分子防水卷材、高聚物改性沥青防水卷材、金属板材、合成高分子防水涂料、细石防水混凝土等材料	宜选用高聚物改性沥青防水卷材、合成高分子防水卷材、金属板材、合成高分子防水涂料、高聚物改性沥青防水涂料、细石防水混凝土、平瓦、油毡瓦等材料	宜选用高聚物改性沥青防水卷材、合成高分子防水卷材、三毡四油沥青防水卷材、金属板材、高聚物改性沥青防水涂料、合成高分子防水涂料、细石防水混凝土、平瓦、油毡瓦等材料	可选用二毡三油沥青防水卷材、高聚物改性沥青防水涂料等材料

注: 1. 表中采用的沥青均指石油沥青,不包括煤沥青和煤焦油等材料。
　　 2. 石油沥青纸胎油毡和沥青复合胎柔性防水卷材,系限制使用材料。
　　 3. 在Ⅰ、Ⅱ级屋面防水设防中,当仅做一道金属板材时,应符合有关技术规定。

1. 卷材防水屋面

卷材防水屋面是指以防水卷材相互搭接,黏合剂分层粘贴构成防水层的屋面。由于防水卷材具有一定的柔韧性,具有能适应振动影响、屋面变形、温度变化的能力,所以又叫作柔性防水屋面。卷材防水屋面施工操作较为复杂,技术要求较高。但只要严格遵守施工规范,一般就能保证防水质量,所以,卷材防水屋面是当前平屋顶防水的主要做法。

(1) 卷材防水屋面的基本构造(不考虑保温)　目前建筑工程中常用的防水卷材有高聚物改性沥青防水卷材和合成高分子防水卷材等。卷材防水平屋顶由多层材料叠合而成。由于地区的差异,平屋顶的构造层次也有所不同,一般包括结构层、找坡层、找平层、结合层、防水层和保护层等,如图9-12所示。

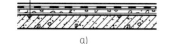

图 9-12　卷材防水屋面构造
a) 不上人卷材防水屋面　b) 上人卷材防水屋面

1）结构层，一般为钢筋混凝土屋面板，可预制也可现浇，构造类似于钢筋混凝土楼板，应有足够的刚度和强度，并满足安全稳定、坚固耐用的使用要求。

2）找坡层，在平屋顶采用材料找坡时，一般宜选用轻质、廉价的材料形成排水坡度，通常做法是在结构层上铺 1:(6~8) 的水泥膨胀蛭石或水泥焦渣等。

3）找平层，在铺设卷材前，必须先做找平层，以保证基底平整。一般为 20~30mm 厚的 1:3 水泥砂浆、细石混凝土或沥青砂浆。

4）结合层，其作用是使基层与防水层黏接牢固。高分子卷材大多用配套的基层处理剂，也可采用冷底子油或稀释乳化沥青做结合层。

5）防水层，由防水卷材与胶结材料黏合而成，是屋面防水的关键层次。

铺贴高聚物改性沥青防水卷材和合成高分子防水卷材的胶结材料应与卷材的材料相适应，一般由厂家配套提供。粘贴方法有热熔法、冷粘法和自粘法。卷材的铺设方法应与屋面坡度相对应：屋面坡度小于 3% 时，卷材宜平行于屋脊线，从檐口到屋脊向上铺设，卷材上下边搭接长度不小于 70mm，通常为 80~120mm，左右边搭接长度不小于 100mm，通常为 100~150mm；屋面坡度在 3%~15% 时，卷材可平行或垂直于屋脊线铺设；屋面坡度大于 15% 或受振动影响时，卷材应垂直于屋脊线铺设。

6）保护层，卷材防水层如果直接暴露在外，易受温度、阳光及氧气等作用，易老化，故上部须加设保护层。保护层所用材料及做法应根据屋顶的使用要求而定。不上人屋面保护层的做法是：在最上一层沥青胶上趁热满粘一层粒径 3~5mm 的绿豆砂，也可在卷材表面涂刷水溶型或溶剂型的浅色保护着色剂，如氯丁银粉胶等。上人屋面保护层通常采用 20mm 厚 1:3 水泥砂浆铺贴缸砖、大阶砖、混凝土板等，也可现浇 30~40mm 厚 C20 细石混凝土。

（2）卷材防水屋面的细部构造　卷材防水层面的细部构造处理包括泛水、檐沟、雨水口、变形缝、出入口等部位的处理。

1）泛水，是屋面防水层与凸出屋面的构件，如女儿墙、水箱间、楼梯间、变形缝、检修孔等之间的防水构造。泛水处屋面与垂直墙面相交处应用找平层做出弧形或 45°斜面，铺贴泛水处的卷材应加铺一层附加防水层，并用满粘法粘贴牢固。墙体为砖墙时，卷材收头可直接铺至女儿墙压顶下，用压条钉压固定并用密封材料封闭严密，压顶应做防水处理，如图 9-13a 所示；卷材收头也可压入砖墙凹槽内固定密封，凹槽距屋面找平层高度不应小于 250mm，如图 9-13b 所示；墙体为混凝土时，卷材收头可采用金属压条钉压，并用密封材料封固，如图 9-13c 所示。

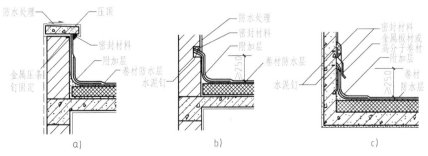

图 9-13　屋面泛水
a）女儿墙处泛水　b）砖墙泛水　c）钢筋混凝土墙泛水

泛水卷材粘贴好后，还需采取隔热防晒措施，做法是在砌砖上抹水泥砂浆或浇筑细石混凝土保护，也可采用涂刷浅色涂料或粘贴铝箔保护的方法。

2）檐沟，通常与圈梁现浇成整体。由于檐沟为悬挑构件，雨水在檐沟内积存时间较长，故檐沟应加强防水设防。檐沟内转角部位找平层应做成弧形或45°斜面，采用沥青防水卷材时，应增铺1~2层卷材；如果采用高聚物改性沥青防水卷材或合成高分子防水卷材时，宜设置防水涂膜附加层，附加层与屋面交接处200mm范围应干铺，宽度不应小于200mm。卷材收头处用水泥钉钉压条压牢固，再用密封材料（油膏或砂浆）封口，如图9-14所示。

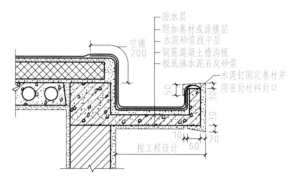

图9-14　檐沟用密封材料封口

3）挑檐，对于平屋顶一般采用与圈梁整浇的钢筋混凝土挑板，屋面防水层沿屋面从檐口开始往上铺，在距离挑檐端部800mm范围内的卷材应采用满粘法，卷材收头压入找平层留置的凹槽内，用水泥钉钉牢，然后用密封材料密封，并在挑檐下端做滴水处理，如图9-15所示。

4）雨水口，是为避免雨水口周围雨水存留，雨水口周围500mm范围内屋面坡度不应小于5%，并应用厚度不小于2mm的防水涂料或粘贴卷材附加层加强。雨水口的埋设标高，应考虑增加附加层和柔性密封层的厚度及排水坡度加大的尺寸。雨水口与屋面基层连接处，应留宽20mm、深20mm的凹槽，嵌填密封材料，如图9-16所示。

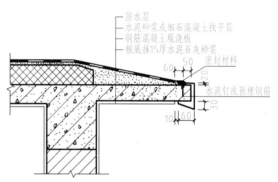

图9-15　挑檐

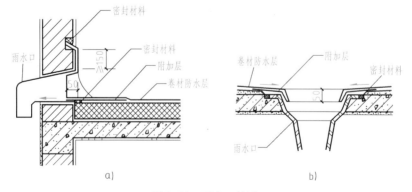

图9-16　雨水口构造
a）弯管式雨水口　b）直管式雨水口

5）屋面变形缝，应采用能适应变形的密封处理，要求既能防止雨水浸入，又能保证屋顶的保温隔热效果。不上人屋面变形缝做法是在变形缝内填充泡沫塑料，上部填放衬垫材料，并用卷材封盖，顶部应加扣混凝土盖板或金属盖板，如图 9-17a 所示；上人屋面变形缝处应保证屋面平整，以利于人的活动，如图 9-17b 所示。

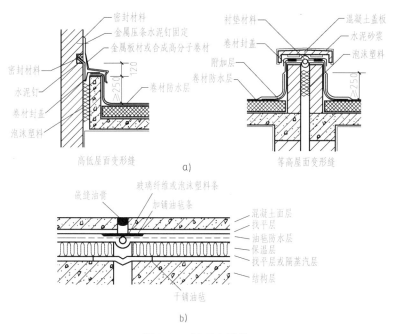

图 9-17　屋面变形缝

a）不上人屋面变形缝　b）上人屋面变形缝

6）伸出屋面管道，其周围的找平层应做成圆锥台形状，管道与找平层间应留凹槽，并嵌填密封材料。防水层收头处用金属箍箍紧，并用密封材料填实，如图 9-18 所示。

7）屋面出入口，包括屋面上人孔和上人屋面出入口。屋面上人孔周围应用砖砌高出屋面不小于 250mm 的孔壁，屋面防水层沿孔壁铺贴，收头压在上部的混凝土压顶圈下，如图 9-19a 所示；上人屋面出入口处的防水层收头，应压在混凝土踏步下，防水层的泛水应设护墙，如图 9-19b 所示。

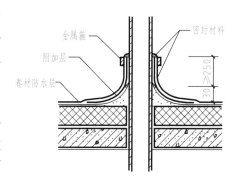

图 9-18　伸出屋面管道

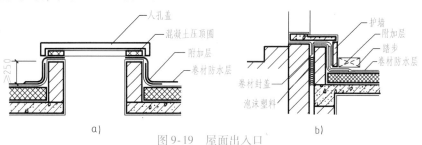

图 9-19　屋面出入口

a）屋面上人孔　b）上人屋面出入口

2. 刚性防水屋面

刚性防水屋面是指以刚性材料如水泥砂浆、细石混凝土、配筋细石混凝土等作为防水层的屋面。刚性防水屋面施工简单、操作容易、维修方便、造价较低；但刚性防水层对各种变形的适应性较差，对温度变化较敏感，易产生裂缝而渗水。

刚性防水屋面一般用于我国南方非保温地区，防水等级为Ⅲ～Ⅳ级的屋面防水，也可用作防水等级为Ⅰ～Ⅱ级的屋面多道设防中的一道防水层。

（1）刚性防水屋面的基本构造 刚性防水屋面由结构层、找平层、隔离层、刚性防水层组成，如图9-20所示。

1）结构层，应具有足够的强度和刚度，一般采用现浇钢筋混凝土屋面板，以免结构变形过大而引起防水层开裂。当采用预制钢筋混凝土屋面板时，用掺微膨胀的强度等级不低于C20的细石混凝土灌缝。刚性防水屋面的排水坡度一般采用结构找坡，所以结构层施工时要考虑倾斜搁置。

2）找平层，是为了使刚性防水层便于施工，厚度均匀，应在结构层上用20mm厚1:3的水泥砂浆找平。当采用现浇钢筋混凝土屋面板时，若能够保证基层平整，可不做找平层。

3）隔离层，是为了减小结构层变形对防水层的影响，应在防水层下设置隔离层。隔离层一般采用麻刀灰、纸筋灰、低强度等级水泥砂浆或干铺一层油毡等做法。如果防水层中加有膨胀剂，其抗裂性较好，则不需再设隔离层。

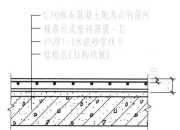

C20细石混凝土配双向钢筋网
铺卷材或塑料薄膜一层
25厚1:3水泥砂浆找平
结构层(结构找坡)

图9-20 刚性防水屋面的基本构造

4）刚性防水层，可采用水泥砂浆、细石混凝土、配筋细石混凝土等，一般宜采用细石混凝土浇筑，要求其强度等级不低于C20，厚度不小于40mm，并应配置直径为4～6mm、间距为100～200mm的双向钢筋。钢筋应位于防水层中间偏上的位置，上面保护层的厚度不小于10mm。

为防止刚性防水层裂缝导致漏水，可采取以下措施。

① 添加防水剂。在细石混凝土中加入水泥用量3%～5%的防水剂，产生不溶性物质，堵塞毛细孔道，以提高防水性能。

② 掺加微膨胀剂。在细石混凝土中掺入少量矾土水泥和石膏粉制成微膨胀混凝土，以抵消混凝土的收缩，提高抗裂性而达到防水效果。

③ 提高密实性。控制水灰比，加强浇筑时的振捣，提高砂浆和混凝土的密实性。

（2）刚性防水屋面的细部构造 刚性防水屋面的细部构造处理包括分格缝、泛水、檐口、变形缝和伸出屋面板等部位的构造处理。

1）分格缝，是为了避免刚性防水层因结构变形、温度变化和混凝土干缩等原因产生裂缝。分格缝的宽度宜为20～30mm，间距不宜大于6m，一般位于结构变形的敏感部位，如预制板的支承端、不同屋面板的交接处、屋面与女儿墙的交接处等。分格缝的构造处理应注意的问题有：①防水层内钢筋网片在分格缝处应断开；②屋面板缝用沥青麻丝等密封材料嵌入，缝口处用油膏堵缝；③缝口表面用防水卷材铺贴盖缝，卷材宽度为200～300mm。分格缝有平缝和凸缝两种，如图9-21所示。

2）泛水，应在刚性防水层与垂直墙面的交接处需做泛水处理，其构造做法与卷材防水层

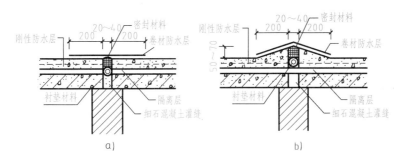

图 9-21 屋面分格缝

a）平缝 b）凸缝

屋面基本相同。刚性防水层与山墙、女儿墙交接处，应留宽度为 30mm 的分格缝，并应用密封材料嵌填。泛水处应铺设卷材或涂膜附加层，卷材或涂膜应做好收头处理，如图 9-22 所示。

3）檐口，其形式根据屋顶排水方式，分为挑檐檐口和挑檐沟檐口。

① 挑檐檐口通常直接由刚性防水层挑出形成，挑出尺寸一般不大于 450mm；也可设置挑檐板，刚性防水层伸到挑檐板外，如图 9-23 所示。

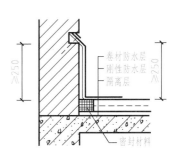

图 9-22 泛水

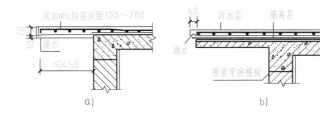

图 9-23 挑檐檐口

a）刚性防水层悬挑檐口 b）挑檐板檐口

② 挑檐沟檐口的檐沟底部应用找坡材料垫置形成纵向排水坡度，铺好隔离层后再做防水层，防水层一般采用 1:2 的防水砂浆，如图 9-24 所示。

4）变形缝，其两侧应砌砖墙，高度不小于 250mm，刚性防水层与墙体交接处应留宽度为 30mm 的缝隙，用密封材料嵌填，然后按泛水处理。变形缝中应填充泡沫塑料，上填衬垫材料，并应用卷材封盖，顶部应加扣混凝土盖板或金属盖板，如图 9-25 所示。

5）伸出屋面管道，与刚性防水层交接处应留设缝隙，用密封材料嵌填，并应加设卷材或涂膜附加层，收头处应固定密封，如图 9-26 所示。

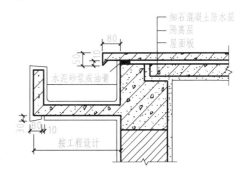

图 9-24 挑檐沟檐口

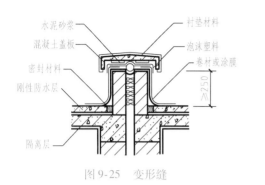

图 9-25 变形缝

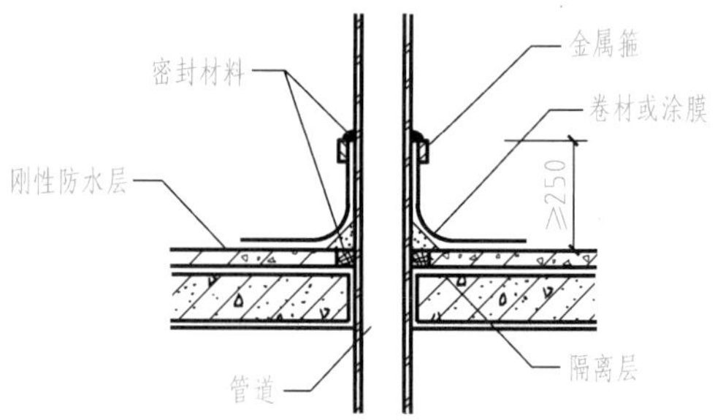

图 9-26 伸出屋面管道

3. 涂膜防水屋面

涂膜防水屋面是在屋面基层上直接涂刷防水涂料，利用涂料固化或干燥后形成的不透水性膜达到防水的目的。涂膜防水屋面具有防水、抗渗、黏结力强、耐腐蚀、耐老化、延伸率大、弹性好、不延燃、施工方便等诸多优点，已广泛用于建筑各部位的防水工程中。

涂膜防水屋面主要适用于防水等级为Ⅲ级、Ⅳ级的屋面防水，也可用作Ⅰ级、Ⅱ级屋面多道防水设防中的一道防水层。常用的防水涂料有高聚物改性沥青防水涂料、合成高分子防水涂料、聚合物水泥防水涂料。

涂膜防水层对下面基层的要求与卷材防水屋面的基本相同，基本构造和泛水构造如图 9-27、图 9-28 所示。防水涂层在施工时应注意以下问题：

1）防水涂膜应分遍涂布，待先涂布的涂料干燥成膜后，方可涂布后一遍涂料，且前后两遍涂料的涂布方向应相互垂直。

2）涂膜防水层的收头，应用防水涂料多遍涂刷或用密封材料封严。

3）涂膜防水层在未做保护层前，不得在防水层上进行其他施工作业或直接堆放物品。

4）根据屋面防水涂膜的暴露程度，应选择耐紫外线、热老化保持率相适应的涂料。

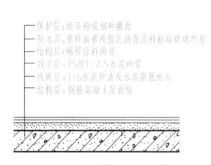

图 9-27 涂膜防水屋面构造

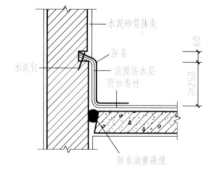

图 9-28 涂膜防水屋面泛水构造

涂膜防水屋面的细部构造与卷材防水屋面类似。

屋面防水设计应遵循"合理设防、防排结合、因地制宜、综合治理"的原则。当采用多道设防时，可将卷材、涂膜、细石防水混凝土、瓦等材料复合使用，也可卷材叠层使用。铺设时，应将耐老化、耐穿刺的防水层放在最上面，相邻材料之间应具相容性。

9.2.4 平屋顶的保温与隔热

屋顶采取必要的保温隔热措施，能够改善室内温度环境、节约建筑整体能耗、降低建筑综合成本。寒冷地区的屋顶设保温层，能阻止室内热量散失；炎热地区的屋顶设置隔热层，能阻止太阳的辐射热传至室内；而在冬冷夏热地区（黄河至长江流域），建筑节能则要冬、夏兼顾。

　　不同地区采暖居住建筑和需要满足夏季隔热要求的建筑，其屋盖系统的最小传热阻应按现行《民用建筑热工设计规范（含光盘）》（GB 50176—2016）、《严寒和寒冷地区居住建筑节能设计标准》（JGJ 26—2018）和《夏热冬冷地区居住建筑节能设计标准》（JGJ 134—2010）来确定。

　　1. 平屋顶的保温

　　（1）保温材料　屋面保温材料一般为轻质多孔材料，根据外部形状分为以下 3 种类型。

　　1）松散保温材料，主要有膨胀蛭石、膨胀珍珠岩、炉渣、矿渣等，厚度应由设计确定。这些保温材料都属于无机材料，具有自重大、保温性能差、现场铺设工序复杂的缺点，用于经济不发达的边远地区或对保温要求不高的建筑中。

　　2）整体保温材料，一般采用水泥珍珠岩、水泥蛭石等在现场人工拌和浇筑而成，可浇筑成不同的厚度，兼做找坡层。整体保温材料克服了松散保温材料难以施工的缺点；但仍具有自重大、保温性能差的缺点。

　　3）板块状保温材料，目前多采用聚苯乙烯、聚氨酯等有机保温板等。有机保温板块具有自重轻、热效率高、防水性好、便于铺设等优点，应用广泛。

　　（2）保温构造　平屋顶屋面坡度平缓，常将保温层放在屋面结构层上。根据保温层的位置有以下两种构造形式。

　　1）正铺保温屋面，即保温层放在防水层之下，结构层之上。正铺保温屋面的做法符合热工原理，避免了雨水向保温层渗透，有利于保证保温层的保温效果。同时，这种做法构造简单、施工方便。具体构造如图 9-29 所示。

　　为了防止室内湿气进入保温层，需要在保温层下设置隔汽层，并将屋面做成排汽屋面，排汽屋面施工中应注意以下几点：

　　① 找平层需设置分格缝作为排汽道，并宜采用空铺法、点粘法或条粘法铺贴卷材。

　　② 排汽道应纵横贯通，并与排汽管相通。排汽管一般设在檐口下或屋面排汽道交叉处。

　　③ 排汽道宜纵横设置，间距宜为 6m。屋面面积每 36m² 宜设置一个排汽孔，排汽孔应做防水处理，如图 9-30 所示。

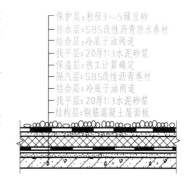

图 9-29　正铺保温屋面

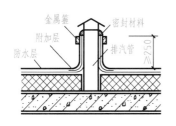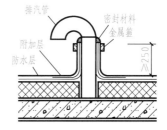

图 9-30　屋面排汽口

④ 在保温层下也可铺设带支点的塑料板，通过空腔层排水、排汽。

2) 倒铺保温屋面，即将保温层设置在防水层上，上部铺卵石做保护层。倒铺保温屋面的保温层应采用吸水率低且长期浸水不腐烂的保温材料，如干铺或粘贴聚苯乙烯泡沫保温板，也可现喷硬质聚氨酯泡沫塑料，如图9-31所示。

2. 平屋面隔热

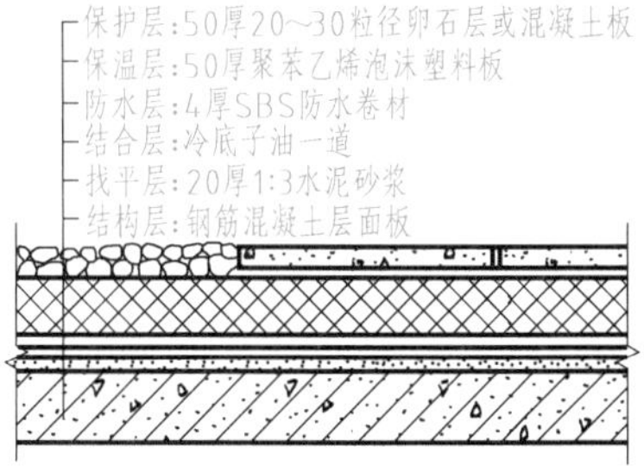

在气候炎热地区，太阳辐射强度大，照射在近乎水平的屋顶上，使屋顶温度剧烈升高。大量实测资料表明，对于屋顶无任何隔热措施的一般民用建筑，在烈日暴晒下，对房间造成烘烤作用，其内表面温度可达 50~60℃，从而影响室内的正常工作和生活。为减少太阳辐射热传进室内和降低室内温度，屋顶应采取隔热降温措施。屋顶隔热有以下几种做法。

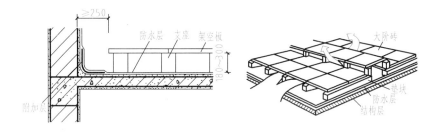

图9-31　倒铺保温屋面

（1）通风隔热　通风隔热是指在屋顶设置通风间层，利用风压和热压作用，使通风间层中的热空气被不断带走，达到隔热降温的目的。通风隔热屋面有两种做法：一是设架空层屋面，二是利用顶棚通风隔热。

设架空层屋面是在屋面上架空铺设一层预制板、大阶砖或瓦材等，使架空层与屋面之间形成可流动的空气间层，用以隔热。架空层进风口应朝向夏季主导风向，出风口应设于背风向。架空层高度一般为 180~240mm，如果屋顶面积较大且坡度平缓则宜高一些，以利通风，如图9-32所示。

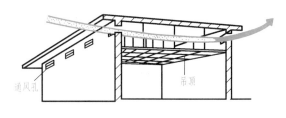

图9-32　架空层通风隔热

顶棚通风隔热是利用顶棚与屋顶之间的空间做隔热层，顶棚通风层应有足够的净空高度，一般为 500mm 左右，如图9-33所示。

（2）蓄水隔热　蓄水隔热是指在屋顶上设置蓄水池蓄水，水深为 150~200mm，利用水分子蒸发带走大量的热，达到降温隔热的目的。蓄水隔热屋面可采用刚性防水屋面，也可以采用柔性防水与刚性防水结合两道设防的构造，还需在屋顶增加蓄水分仓壁、溢水孔、泄水孔和过水孔，其细部构造如图9-34所示。这种屋面构造复杂，投资较大，特别是后期维修管理费用高。

图9-33　顶棚通风隔热

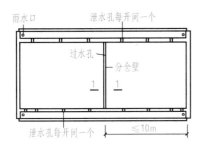
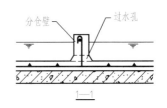
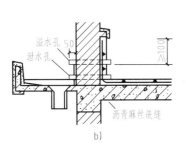
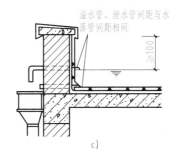

图 9-34　蓄水屋面细部构造

a）分仓壁　b）溢水口　c）排水管、过水孔

（3）种植隔热　种植隔热是指在屋顶上种植植物，利用植物的蒸腾和光合作用，吸收太阳辐射热，达到隔热的目的。这种做法不仅能有效隔热，同时可以美化环境，投资较小，收益较大，值得进一步研究推广，如图 9-35 所示。

（4）反射隔热　反射隔热即利用材料对阳光的反射作用，以减少接受的辐射热，达到隔热的目的。反射屋面的隔热降温作用主要取决于屋面表面反射材料的性质。材料表面颜色越浅，反射太阳辐射的能力越大。反射隔热的一般做法是在屋面上铺设浅色砂砾，或在屋面上涂刷白色涂料。如果在通风间层屋顶的基层中加铺一层铝箔纸板，利用第二次反射作用，其隔热作用会更加显著。

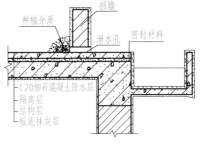

图 9-35　种植隔热屋面

课题 3　坡屋顶的构造

由于坡屋顶屋面坡度大，屋顶防水宜采用以"导"为主，以"堵"为辅的做法，故坡屋面防水材料大多为瓦材。瓦屋面的形式多样，具有传统建筑特色，目前在仿古建筑、农村建筑和普通中小型民用建筑仍得到较多的应用。

9.3.1　承重结构

坡屋顶常用的承重结构类型有屋架承重、横墙承重、梁架承重、钢筋混凝土梁板承重等。

1. 屋架承重

在建筑物的纵向承重墙或柱上，搁置屋架，然后在屋架上搁置檩条来承受屋面重力的一种结构形式，如图9-36a所示。屋架由上弦杆、下弦杆、腹杆组成，屋架的形式有三角形、梯形、矩形、多边形等，民用建筑的坡屋顶一般采用三角形屋架。屋架按材料的不同又分为木屋架、钢屋架、钢木屋架、混凝土屋架等，木制屋架跨度可达18m，钢筋混凝土屋架跨度可达24m，钢屋架跨度可达36m以上。屋架承重的建筑，室内横墙的位置可根据使用需要来确定，增加了使用的灵活性，适用于房间面积较大或内部使用需要敞通空间的建筑，如教学楼、食堂等。

2. 横墙承重

将横墙顶部按屋面的坡度大小砌成三角形，上部搁置檩条来承受屋面重力的结构形式，如图9-36b所示。山墙端部檩条可出挑，形成悬山屋顶，也可将山墙砌出屋面做出硬山屋顶。这种承重方式用横墙代替屋架，故简化了屋顶构造，节省钢材和木材，便于施工，造价较低，有利于防火、隔声，但房间开间不够灵活。横墙承重一般适用于开间为4.5m以内、尺寸较小的房间，如住宅、宿舍、旅馆等建筑。

3. 梁架承重

梁架也称木构架，是我国传统的结构形式。它由柱和梁组成排架，檩条把一排排排架联系起来，形成一个整体骨架，如图9-36c所示。这种承重系统的主要优点是结构牢固、抗震性好，墙只起围护和分隔作用，体现了所谓"墙倒房不塌"的特点，但木材消耗量大，耐火性和耐久性均差，维修费用高，现已很少采用。

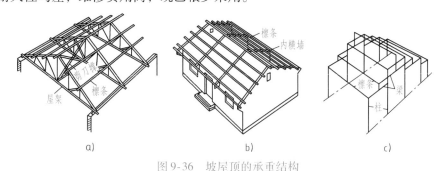

图9-36　坡屋顶的承重结构

a) 屋架承重　b) 横墙承重　c) 梁架承重

4. 钢筋混凝土梁板承重

为了节省木材，目前很多坡屋顶采用在横墙上倾斜搁置钢筋混凝土屋面板来作为坡屋顶的承重结构，这种承重方式节省木材，提高了建筑物的防火性能，构造简单，近年来常用于住宅和风景园林建筑中，如图9-37所示。

9.3.2　屋面构造

传统坡屋顶的屋面材料一般多用瓦材，如平瓦、小青瓦、波形瓦、油毡瓦等，由于瓦材尺寸小，不能直接搁置在

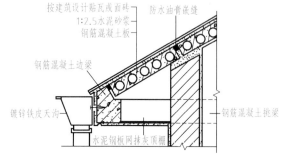

图9-37　钢筋混凝土屋面板承重

承重结构上，它下面必须设置基层。屋面基层按照是否设檩条，分为无檩体系屋面和有檩体系屋面。

1. 无檩体系屋面

无檩体系屋面基层为屋面板（钢筋混凝土板层面板或挂瓦板、木望板），将其直接搁在横墙、屋架或屋面梁上，上部铺瓦，瓦在排水和防水的同时，还起到造型和装饰的作用。这种构造方式结构简单，造型古朴美观，近年来常见于民用住宅、仿古建筑、风景园林区建筑的屋顶。

（1）钢筋混凝土板瓦屋面 钢筋混凝土板瓦屋面是以预制钢筋混凝土空心板或现浇板作为瓦屋面的基层，然后在其上盖瓦形成屋面。盖瓦方式有两种：一是在找平层上铺油毡一层，再钉挂瓦条挂瓦；二是在屋面板上直接用防水水泥砂浆贴瓦或陶瓷面砖，如图 9-38 所示。

（2）挂瓦板瓦屋面 挂瓦板为预应力或非预应力混凝土构件，板肋根部预留有泄水孔，可以排除瓦缝渗下的雨水，板的断面形式如图 9-39 所示。挂瓦板的长度可达 6m，搁置在横墙或屋架上，兼有檩条、望板、挂瓦条三者的作用。平瓦直接挂在挂瓦板上，板缝用 1:3 水泥砂浆嵌缝。挂瓦板瓦屋面可节约大量木材，减少施工程序。挂瓦板的横档之间可用轻质材料填充，有利于屋

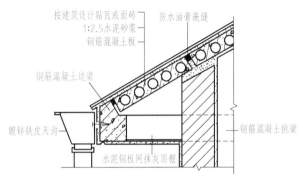

图 9-38 钢筋混凝土板瓦屋面

面保温。缺点是板与板之间、板与支座之间的连接不够有力，抗震性能稍差。

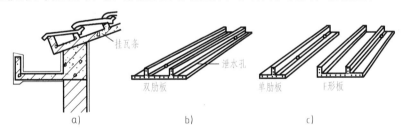

图 9-39 挂瓦板瓦屋面

a）挂瓦条挂瓦 b）草泥窝瓦 c）砂浆贴瓦

2. 有檩体系屋面

（1）屋面基层 屋面基屋包括檩条、椽条、木望板等。

1）檩条，支承在横墙或屋架上，可采用木材、钢材或钢筋混凝土制作。檩条的断面尺寸应由结构计算确定，方木檩条一般为（75～100）mm×（100～180）mm，木檩条跨度为 4m，钢筋混凝土檩条可达 6m。

2）椽条，当檩条间距较大，不宜在上面直接铺设木望板时，可垂直于檩条布置椽条。椽条用木制成，间距一般为 400mm 左右，截面为 50mm×50mm 或 40mm×40mm。

3）木望板，在坡屋顶中形成整体覆盖层，能提高坡屋顶的保温、隔热和防风沙能力。木望板一般为 20mm 左右的实木板或胶合板。当檩条间距小于 800mm 时，可在檩条上直接铺钉木望板；檩条间距大于 800mm 时，应先在檩条上铺设椽条，然后在椽上铺钉木望板。

（2）屋面面层 以平瓦屋面为例，坡屋顶的屋面面层有以下两种做法。

1）木望板瓦屋面是在檩条或椽条上直接铺钉 15～20mm 厚木望板，板上铺防水卷材，卷材用顺坡而设的顺水条钉固定于屋面板上，然后垂直于顺水条钉挂瓦条，挂瓦形成屋面，如图 9-40 所示。木望板瓦屋面在瓦的底部与木望板之间留有一定空间，当有雨水渗下时可顺坡流向檐口排出，不会影响室内。瓦下铺设的油毡可作为第二道防水，因此其防水性能较好。

2）冷摊瓦屋面是在椽条上直接铺钉挂瓦条，挂瓦形成屋面，如图 9-41 所示。冷摊瓦屋面不设木望板，其构造简单、造价低廉。但保温性能差，雨雪容易从瓦缝中飘入室内，通常用于标准不高的建筑物。

图 9-40　木望板瓦屋面

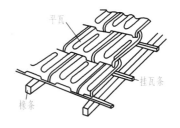

图 9-41　冷摊瓦屋面

现代坡屋顶的屋面很多为压型钢板屋面。压型钢板是将镀锌钢板轧制成型，表面涂刷防腐涂层或彩色烤漆而成的屋面材料，具有多种规格，有的中间填充了保温材料，成为夹芯板，可提高屋顶的保温效果。压型钢板屋面一般与钢屋架相配合，先在钢屋架上固定工字形或槽形檩条，然后在檩条上固定钢板支架，彩色压型钢板与支架用钩头螺栓连接，如图 9-42 所示。

9.3.3　坡屋面的细部构造

1. 纵墙檐口

坡屋顶的纵墙檐口形式多为挑檐，它可以保护外墙不受雨水淋湿，瓦头挑出封檐的长度宜为 50～70mm，如图 9-43 所示；油毡瓦屋面的檐口应设金属滴水板，如图 9-44 所示。

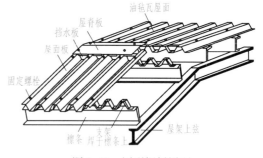

图 9-42　压型钢板屋面

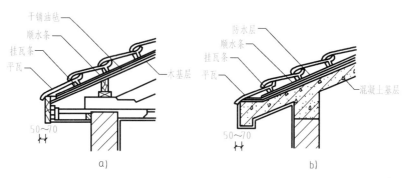

图 9-43　平瓦屋面檐口
a）木望板瓦屋面檐口　b）钢筋混凝土板瓦屋面檐口

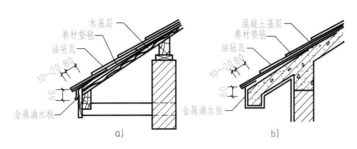

图 9-44　油毡瓦屋面檐口

a）木望板瓦屋面滴水板　b）钢筋混凝土板瓦屋面滴水板

当坡屋顶的纵墙檐口处为檐沟时，构造如图 9-45 所示。

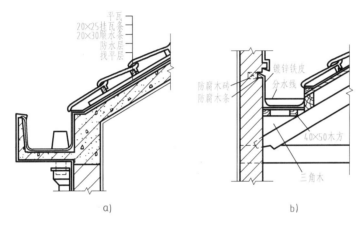

图 9-45　纵墙檐沟构造

a）挑檐沟构造　b）女儿墙封檐构造

2. 泛水

瓦屋面的泛水宜采用聚合物水泥砂浆或掺有纤维的混合砂浆分次抹成。常见的做法有细石混凝土泛水、水泥石灰麻刀砂浆泛水、小青瓦坐浆泛水和镀锌铁皮泛水等，如图 9-46 所示。

图 9-46　泛水构造

a）水泥石灰麻刀砂浆泛水　b）小青瓦坐浆泛水　c）镀锌铁皮泛水

3. 屋脊、天沟和斜沟构造

互为相反的坡面在高处相交形成屋脊，屋脊处应用 V 形脊瓦盖缝，如图 9-47a 所示。在等高跨和高低跨屋面相交处会形成天沟，两个互相垂直的屋面相交处会形成斜沟。天沟和斜沟应保证有一定的断面尺寸，上口宽度应为300~500mm，沟底一般用镀锌铁皮铺于木基层上，镀锌铁皮两边向上压入瓦片下至少150mm，如图9-47b所示。

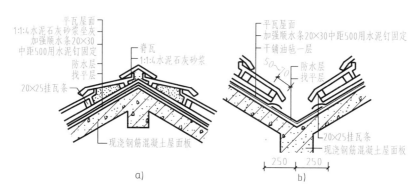

图9-47　屋脊、天沟和斜沟构造
a) 屋脊　b) 天沟和斜沟

9.3.4　坡屋顶的保温与隔热

1. 坡屋顶的保温

坡屋顶的保温有屋面保温和顶棚保温两种做法。当采用屋面保温时，保温层可设在瓦材下面或檩条之间，如图9-48a所示；当采用顶棚层保温时，先在顶棚搁栅上铺板，板上铺油毡作隔汽层，在隔汽层上铺设保温材料，这样可收到保温和隔热的双重效果，如图9-48b所示。

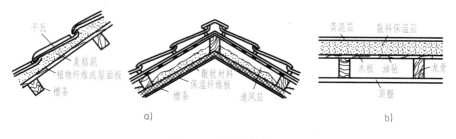

图9-48　坡屋顶的保温
a) 屋面保温　b) 顶棚保温

2. 坡屋顶的隔热

坡屋顶隔热一般是在坡屋顶中设进气口和排气口，通过在屋顶组织空气对流，形成屋顶内的自然通风，减少由屋顶传入室内的辐射热，从而达到隔热降温的目的。

（1）屋面通风隔热　屋面通风隔热的做法是铺设双层瓦屋面，并将脊瓦架空，由檐口处进风，至屋脊处排风，利用空气流动带走间层中的一部分热量，以降低瓦底面的温度；还可在檩条下钉纤维板，利用檩条间的空气流动进行通风降温。

（2）吊顶通风隔热　吊顶通风隔热即利用吊顶内较大的空间组织自然通风，隔热效果明显，还能对木结构屋顶起驱潮防腐作用。通风口可设在檐口、屋脊、山墙和坡屋面上，如图9-49所示。

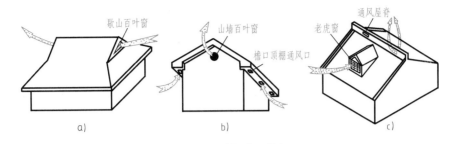

图 9-49 吊顶棚通风

a）歇山百叶窗 b）山墙百叶窗和檐口通风口 c）老虎窗与通风屋脊

本 章 回 顾

1. 屋顶是建筑物的承重和围护构件，由防水层、保温层和结构层等组成。

2. 屋顶按外形分为平屋顶、坡屋顶和其他形式的屋顶。

3. 屋面坡度的形成方法有结构找坡或材料找坡。

4. 屋面排水方式有无组织排水和有组织排水。有组织排水又分为外排水和内排水两种方案。

5. 平屋顶的防水按材料性质不同分为柔性防水、刚性防水和涂料防水。

6. 防水屋面细部构造是防水的薄弱部位，包括天沟、檐沟、雨水口、变形缝等都应加强构造处理。

7. 屋顶保温与隔热是为了消除外界环境对室内的影响所设置的功能层。

8. 坡屋顶中常用的承重结构类型有三类：屋架承重、横墙承重、梁架承重。

第10章 楼 梯

序号	学习内容	学习目标	能力目标
1	楼梯的组成、类型及各部分尺寸	了解楼梯的组成、类型及各部分尺寸要求	能区分楼梯的类型 能理解楼梯的各部分尺寸要求
2	钢筋混凝土楼梯、细部构造、台阶与坡道	掌握钢筋混凝土楼梯和细部构造的基本构造做法	能正确分析楼梯构造并能读懂楼梯构造图
3	电梯及自动扶梯的类型、组成和构造	了解电梯及自动扶梯的类型、组成和构造要求	能区分电梯的类型 能理解电梯及自动扶梯的组成和基本构造要求

课题1 楼梯的组成与类型

楼梯是楼层间的垂直交通枢纽，是楼房的重要构件。在高层建筑中虽然以电梯和自动扶梯作为垂直交通的重要手段，但楼梯仍是必不可少的。

10.1.1 楼梯的组成

楼梯一般由楼梯梯段、楼梯平台、栏杆扶手三部分组成，如图 10-1 所示。

1. 楼梯梯段

楼梯梯段是由若干个踏步组成的倾斜构件，是楼梯的主要使用和承重部分。每个踏步一般由两个相互垂直的平面组成，供人们行走时脚踏的水平面称为踏面，与踏面垂直的平面称为踢面。踏面和踢面之间的尺寸关系决定了楼梯的坡度。为减少人们上下楼梯时的疲劳并适应人体行走的习惯，每梯段踏步数不宜超过 18 级，但也不宜少于 3 级。

2. 楼梯平台

楼梯平台是联系两个倾斜梯段的水平构件，有楼层平台（正平台）和中间平台（休息台）之分。其中，楼梯平台主要起到联系室内外交通的作用，中间平台有缓冲疲劳和转换梯段方向的作用。

3. 栏杆扶手

栏杆扶手是梯段及平台临空边缘的安全保护构件，可用来倚扶，要求其必须坚固可靠，

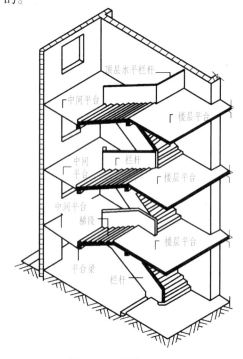

图 10-1 楼梯的组成

并有保证安全的高度。栏杆、栏板上部供人们用手倚扶的配件，称为扶手。

10.1.2　楼梯的类型

（1）按楼梯的位置分类　楼梯有室内楼梯与室外楼梯两种。

（2）按楼梯的使用性质分类　室内有主要楼梯、辅助楼梯；室外有安全楼梯、防火楼梯。

（3）按材料分类　楼梯有木质楼梯、钢筋混凝土楼梯、钢质楼梯、混合式楼梯及金属楼梯。

（4）按梯段的数量和形式分类　楼梯有直行单跑楼梯、直行双跑楼梯、折角双跑楼梯、折角三跑楼梯、折角双分楼梯、平行双跑楼梯、平行双分楼梯、平行双合楼梯、螺旋式楼梯及交叉式楼梯等，如图 10-2 所示。

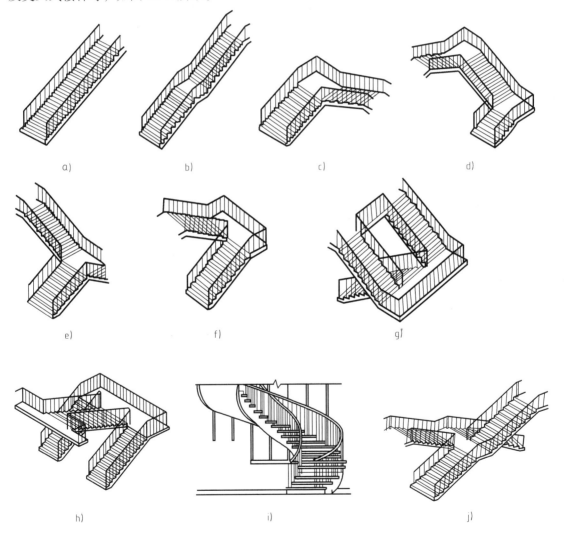

图 10-2　楼梯的类型

a）直行单跑楼梯　b）直行双跑楼梯　c）折角双跑楼梯　d）折角三跑楼梯　e）折角双分楼梯
f）平行双跑楼梯　g）平行双分楼梯　h）平行双合楼梯　i）螺旋式楼梯　j）交叉式楼梯

10.1.3 楼梯的设计要求

1）作为主要楼梯，应与主要出入口邻近，且位置明显；同时还应避免垂直交通与水平交通在交接处拥挤、堵塞。

2）必须满足防火要求，楼梯间除允许直接对外开窗采光外，不得向室内任何房间开窗；楼梯间四周墙壁必须为防火墙；对防火要求高的建筑物特别是高层建筑，应设计成封闭式楼梯或防烟楼梯。

3）楼梯间必须有良好的自然采光。

课题 2 楼梯的尺度

10.2.1 楼梯坡度

楼梯的坡度即楼梯段的坡度，可以采用两种方法表示，一种是用梯段与水平面的夹角表示；另一种是用踏步的高宽比表示。楼梯的坡度不宜过大或过小，若建筑物的层高不变，则坡度越大，楼梯间的进深越小，行走容易疲劳；坡度越小，楼梯间的进深越大，楼梯占用的面积增加，不经济。普通楼梯的坡度范围一般为25°~45°，合适的坡度范围一般以30°左右为宜。当坡度小于20°时采用坡道；当坡度大于45°时采用爬梯，如图10-3 所示。

楼梯的坡度应根据建筑物的使用性质和层高来确定。对人流集中、交通量大的建筑，楼梯的坡度应小些，如医院、影剧院等。对使用人数较少、交通量小的建筑，楼梯的坡度可略大些，如住宅、别墅等。

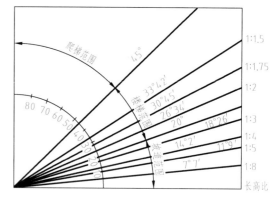

图 10-3　楼梯的坡度

10.2.2 踏步尺寸

楼梯踏步由踏面和踢面组成。踏步尺寸包括踏步宽度和踏步高度，如图 10-4 所示。楼梯踏步尺寸决定楼梯的坡度，而踏步尺寸的确定又与人行走的步距有关，为了保证人们行走时不会感到吃力和疲劳，踏步的宽与高必须有一个恰当的比例关系。

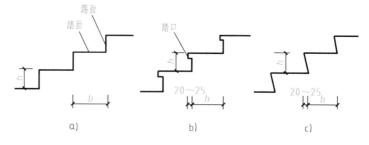

图 10-4　楼梯踏步的尺寸

a）踏步尺寸　b）加宽踏口　c）踢面倾斜

通常踏步尺寸的确定可用下列经验公式

$$2h + b = (600 \sim 620)\,\text{mm}$$

或

$$h + b = 450\,\text{mm}$$

式中　　　　h——踏步的高度（mm）；

　　　　　　b——踏步的宽度（mm）；

$(600 \sim 620)\,\text{mm}$——人的平均步距。

民用建筑中，踏步尺寸应根据使用要求决定，不同类型的建筑物，其要求也不相同，楼梯踏步的最小宽度与最大高度的限制值，见表 10-1。

表 10-1　楼梯踏步最小宽度和最大高度　　　　　　　（单位：mm）

楼梯类别	最小宽度 b	最大高度 h
住宅公用楼梯	260	175
幼儿园、小学校等楼梯	260	150
电影院、剧场、体育馆、商场、医院、旅馆、大中学校等楼梯	280	160
其他建筑楼梯	260	170
专用疏散楼梯	250	180

当踏步的踏面宽度较小时，可以将踢面做成倾斜或使踏面挑出 20 ~ 25mm 的踏口，从而增大踏面的实际宽度，如图 10-4 所示。

10.2.3　梯段宽度

梯段宽度是指楼梯间墙体内表面至梯段边缘之间的水平距离。按通行人数考虑时，每股人流的宽度为人的平均肩宽（550mm）再加少许提物尺寸（0 ~ 150mm），即 550mm + (0 - 150)mm。按消防要求考虑，每个楼梯段必须保证两人能同时上下，故要求最小宽度为 1100 ~ 1400mm，室外疏散楼梯最小宽度为 800 ~ 900mm。

10.2.4　楼梯平台宽度

楼梯平台宽度应大于或等于梯段宽度，要保证平台处人流不致拥挤，考虑搬运家具转弯的可能性以及门的布置。

10.2.5　栏杆扶手的高度

楼梯栏杆（板）扶手的高度是指从踏步前缘至扶手表面的垂直高度。它与楼梯的坡度大小有关，一般情况下，栏杆（板）扶手的高度采用 900mm；平台处水平栏杆（板）扶手的高度不小于 1000mm；供儿童使用的楼梯扶手高度常为 600 ~ 700mm，如图 10-5 所示。

10.2.6　楼梯的净空高度

楼梯的净空高度是指楼梯平台上部及下部过道处的净空高度和上下两层梯段间的净空高度。为保证人流通行和家具搬运，要求平台处的净高不应小于 2m；梯段间的净高不应小于 2.2m，如图 10-6 所示。

图 10-5　楼梯扶手的高度

图 10-6　楼梯的净空高度

课题3　钢筋混凝土楼梯

钢筋混凝土楼梯按其施工方法可分为现浇整体式和预制装配式两类。

10.3.1　现浇整体式钢筋混凝土楼梯

现浇整体式钢筋混凝土楼梯是指在施工现场支模板、绑扎钢筋、浇筑混凝土而形成的整体楼梯。其结构整体性好，能适应各种楼梯间平面和楼梯形式，充分发挥了钢筋混凝土的可塑性，但施工周期长，模板耗费量大。现浇整体式钢筋混凝土楼梯根据楼梯段的传力与结构形式的不同，有板式楼梯和梁板式楼梯两种。

1. 板式楼梯

板式楼梯的楼梯段为一块整板，倾斜搁置在平台梁上。板式楼梯通常由梯段板、平台梁和平台板组成。梯段板承受梯段的全部荷载，通过平台梁将荷载传给墙体，如图10-7a所示。也可不设平台梁，将梯段板和平台板现浇为一体，楼梯梯段和平台上的荷载直接传给承重横墙，如图10-7b所示。这种楼梯底面平整、外形简洁，便于支模；但自重大、混凝土用量大、不经济，适用于荷载较小，楼梯跨度不大的房屋。

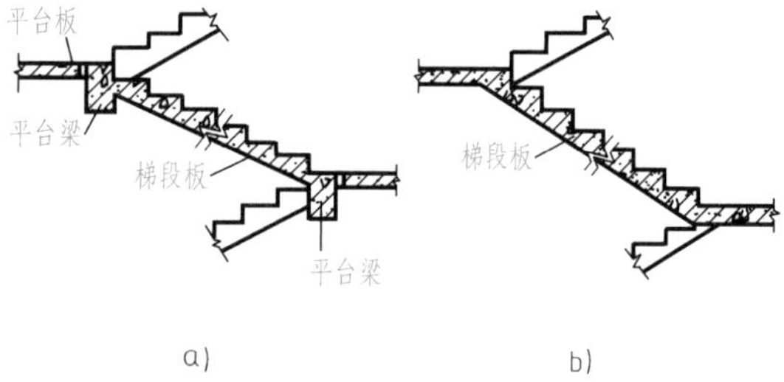

图 10-7　现浇钢筋混凝土板式楼梯
a）设平台梁楼梯　b）不设平台梁楼梯

2. 梁板式楼梯

梁板式楼梯由梯段斜梁和踏步板组成。荷载由踏步板传给梯梁，再通过平台梁将荷载传给墙体。梁式楼梯有双梁式梯段和单梁式梯段。

双梁式梯段的梯段斜梁有两根，布置在踏步板两端。斜梁在板下部的称正梁式梯段，其踏步外露又称为明步；斜梁在板上部的称反梁式梯段，其踏步包在梁内又称为暗步，如图10-8所示。

单梁式梯段由一根斜梁支承踏步板，可以将梯段斜梁布置在踏步板中间，踏步板从梁的两侧悬挑。有时也可以将梯段斜梁布置在踏步板的一端，踏步板的另一端搁置在墙上，如图10-9所示。

梁板式楼梯的受力较复杂，施工难度大；但可节约材料、减轻自重，梁板式楼梯多用于梯段跨度较大的楼梯。

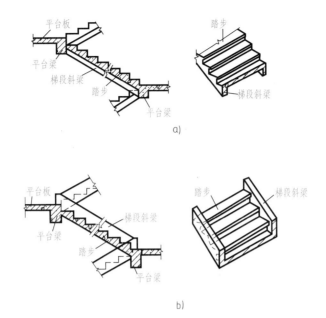

图 10-8 现浇钢筋混凝土梁板式楼梯

a) 正梁式梯段（明步） b) 反梁式梯段（暗步）

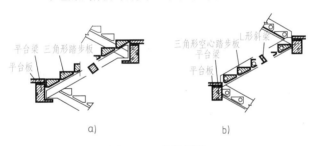

图 10-9 单梁楼梯

a) 踏步板中间设斜梁 b) 踏步板一端设斜梁

10.3.2 预制装配式钢筋混凝土楼梯

预制装配式钢筋混凝土楼梯是指构件在工厂预制生产，然后在工地安装组合而成的楼梯。其特点是施工速度快、节约模板，建筑工业化程度高；但整体性、抗震性、灵活性等不及现浇钢筋混凝土楼梯。预制装配式钢筋混凝土楼梯按其构造方式不同分为小型构件装配式楼梯、中型构件装配式楼梯和大型构件装配式楼梯。

1. 小型构件装配式楼梯

小型构件装配式楼梯是分别将楼梯的踏步板、斜梁、平台板和平台梁预制成构件后在现场装配成的楼梯。其特点是构件的尺寸小、质量轻、便于安装，但存在着施工工序较多、施工进度较慢、湿作业较多的缺点。

（1）预制踏步 预制踏步按其断面形式有三角形、L形、一字形三种形式，如图 10-10 所示。

（2）支承方式 小型构件装配式楼梯的支承方式主要有梁承式、墙承式和悬挑式三种。

1）梁承式楼梯，是把踏步板搁置在斜梁上，斜梁搁置在平台梁上，平台梁搁置在两侧墙体上，而平台板可以搁置在两边侧墙上，也可以一边搁在墙上，另一边搁在平台梁上。踏

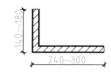

图 10-10 预制踏步的形式

步板的截面可以是一字形、L 形和三角形。斜梁有矩形和锯齿形，当用三角形踏步板时，可选择两种斜梁形式。作暗步楼梯时应用锯齿形斜梁；作明步楼梯时，应选择矩形斜梁；当采用一字形和 L 形踏步板时，应选择锯齿形斜梁。对 L 形踏步板在搁置时有踢面向下和踢面向上两种方法；一字形踏步板只有踏面没有踢面，施工时可用砖补砌踢板，如图 10-11 所示。

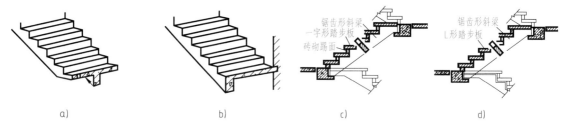

图 10-11 梁承式楼梯

a) 三角形踏步板矩形斜梁　b) 三角形踏步板 L 形斜梁　c) 一字形踏步板锯齿形斜梁　d) L 形踏步板锯齿形斜梁

预制踏步板与斜梁之间应用水泥砂浆铺垫，逐个叠置。锯齿形斜梁应预设插铁并与一字形及 L 形踏步板的预留孔插接。

为了使平台梁下能留有足够的净高，平台梁一般做成 L 形截面。斜梁搁置在平台梁挑出的翼缘部分。为确保二者的连接牢固，可以用插铁插接，也可以用预埋件焊接，如图 10-12 所示。

2）墙承式楼梯，是预制踏步的两端直接支承在墙上，将荷载直接传递给两侧的墙体，不需设梯梁和平台梁，预制构件只有踏步和平台板，踏步可采用一字形或 L 形。由于墙承式楼梯依靠两侧墙体作为支座，与通常至少一侧临空的楼梯段在空间上有较大的不同。墙承式楼梯适用于直跑楼梯和与电梯组合设计的三跑楼梯。若用于双跑楼梯，由于中间有承重墙阻挡了视线和光线，对上下交通会造成影响，应在墙体的适当部位开设洞口，如图 10-13 所示。对于双跑平行楼梯，应在楼梯中间设墙。

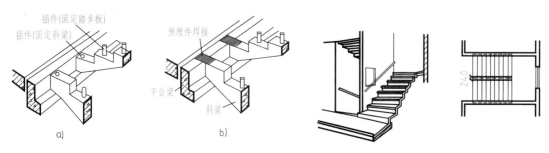

图 10-12 斜梁与平台梁的连接　　　　　　图 10-13 墙承式楼梯

a) 插铁连接　b) 预埋铁件焊接

3）悬挑式楼梯，是把预制踏板一端固定在墙上，另一端悬挑，荷载通过悬臂踏步传给墙体的楼梯。楼梯间两侧墙体的厚度不应小于 240mm，悬挑长度不超过 1500mm，踏步板的截面形式有一字形和 L 形。这种楼梯梯段与平台之间由于没有传力关系，可以取消平台梁，因而构造简单、造价较低，如图 10-14 所示。

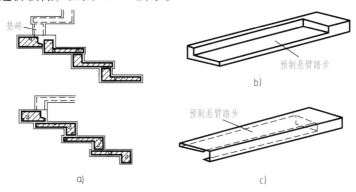

图 10-14　悬挑式楼梯

a）悬臂楼梯　b）正 L 形踏步板　c）反 L 形踏步板

（3）平台板　平台板常用材料有预制钢筋混凝土空心板、实心平板、槽形板。板长支承在楼梯间的横墙上，对于梁承式楼梯，也可支承在平台梁和楼梯间的纵墙上。

2. 中型、大型构件装配式楼梯

中型、大型构件装配式楼梯主要的预制构件是梯段、平台板和平台梁。与小型构件装配式楼梯比，构件的种类和数量少，简化施工，加快施工速度，但要求有一定的施工吊装能力，适用于在成片建设的大量性建筑中使用。

（1）预制梯段　预制梯段是指将整个梯段预制成一个构件，梯段有板式和梁式两种。

1）板式梯段，是指梯段为预制成整体的梯段板。其两端搁置在平台梁的翼缘上，将梯段荷载直接传递给平台梁。梯段有实心和空心两类，如图 10-15 所示。实心梯段加工简单，但自重较大。空心梯段自重较小，多为横向留孔，孔型可为圆形或三角形。板式梯段底面平整，适用于住宅、宿舍建筑。

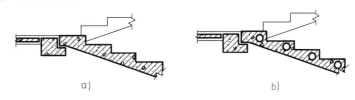

图 10-15　板式梯段

a）实心梯段　b）空心梯段

2）梁式梯段，是指将踏步板和梯梁组成的梯段预制成一个构件，多采用暗步。梁式梯段有实心、空心和折板形三种，如图 10-16 所示。

（2）平台板　将平台板和平台梁组合在一起预制成一个构件。在生产吊装能力不足时，也可将两者分开预制。

（3）梯段的搁置　梯段的两端搁置在平

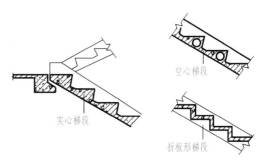

图 10-16　预制梁式梯段

台梁上，平台梁出挑的翼缘形式有平面和斜面两种。地层的梯段下端应设基础或基础梁，以支撑梯段。

课题 4　楼梯的细部构造

10.4.1　踏步表面处理

1. 踏步面层构造

楼梯踏面应平整耐磨，美观，便于清洁。现浇楼梯拆模后表面粗糙，不仅影响美观，更不利于行走，所以要用水泥砂浆抹面，也可做成水磨石或缸砖贴面的踏步，有些建筑标准较高的楼梯也可以用大理石、花岗石等高档材料做踏步的面层。为了增加踏步的行走舒适感可将踏步凸出 20mm 做成凸缘，如图 10-17 所示。

2. 踏步凸缘构造

踏步凸缘构造做法与踏步面层的做法有关。面层材料用铺贴时，可将踏面板挑出踢面板，形成凸缘；整体现浇的面层，可直接抹成凸缘。

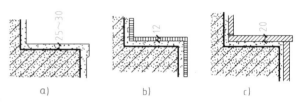

图 10-17　踏面面层的类型
a) 水磨石面层　b) 缸砖面层
c) 花岗石、大理石或人造石面层

3. 踏面防滑处理

踏面防滑处理的做法与踏步表面是否抹面有关，如一般水泥砂浆抹面的踏步常不做防滑处理，而水磨石预制板或现浇水磨石面层一般采用水泥金刚砂、金属条、陶瓷锦砖或防滑缸砖等做防滑条，花岗石踏面可在踏步的边缘开三条凹槽作为防滑条，防滑条宜高出踏面 2~3mm，如图 10-18 所示。

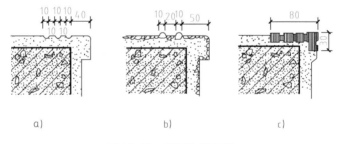

图 10-18　踏面防滑处理
a) 防滑凹槽　b) 金刚砂防滑条　c) 缸砖或金属包口

10.4.2　栏杆和扶手

1. 栏杆

（1）栏杆形式　根据栏杆构造做法不同有空心栏杆、实心栏板和组合式栏杆。

1）空心栏杆，多用方钢、圆钢、钢管、扁钢及不锈钢等金属材料制作，具有质量轻、空透轻巧的特点，是楼梯栏杆的主要形式。空心栏杆可制成不同的图案，既起防护作用，又起装饰作用，如图 10-19 所示。

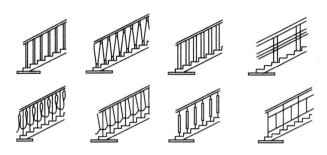

图 10-19　空心栏杆形式

　　住宅建筑和儿童使用的楼梯，栏杆的垂直构件之间的净间距不应大于 110mm，并不易设横向花格，以防儿童攀爬。

　　2）实心栏板，其栏板多用钢筋混凝土板、砖砌体、有机玻璃、钢丝网等制作。钢筋混凝土及砖砌栏板多用于室外，砖砌栏板用普通砖立砌，为保证其稳定性，在栏板内每隔一段距离设构造柱，并与现浇混凝土扶手浇成整体。常见的栏板构造，如图 10-20 所示。

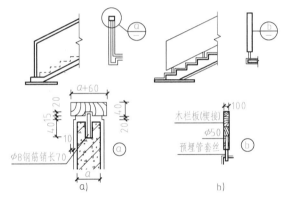

图 10-20　实心栏板构造
a）钢筋混凝土栏板　b）木栏板

　　3）组合式栏杆，是空花栏杆和栏板的组合，空花部分一般用金属，栏板部分采用钢筋混凝土、砖、有机玻璃等。

　　（2）栏杆与梯段和平台的连接　栏杆与梯段和平台的连接主要有以下三种方式：一是钢制栏杆与梯段中预埋的铁件焊接；二是将栏杆插入梯段上的预留孔中，然后用细石混凝土或砂浆捣实；三是先用电钻钻孔，然后用膨胀螺栓与栏杆固定牢固，如图 10-21 所示。

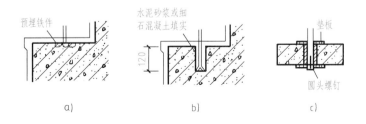

图 10-21　栏杆与梯段的连接
a）预埋铁件焊接　b）预留孔洞插接　c）螺栓连接

2. 扶手

楼梯扶手位于栏杆顶部或中部,其目的是供人们上下楼梯倚扶之用。扶手按材料分为木扶手、金属扶手、塑料扶手或石材类扶手等,如图10-22所示。扶手顶面宽度不宜大于90mm。

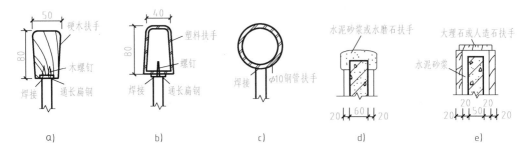

图10-22 扶手的形式

a)硬木扶手 b)塑料扶手 c)金属扶手 d)水泥砂浆(水磨石)扶手

e)天然石(或人工石)扶手

通常情况下,木扶手用木螺钉通过扁铁与栏杆连接;塑料扶手和金属扶手通过焊接或螺钉连接;靠墙扶手由预埋铁脚的扁钢与木螺钉固定,如图10-23所示。

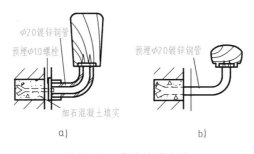

图10-23 靠墙扶手连接

a)预埋螺栓 b)预埋连接件

上下梯段的扶手在平台转弯处通常存在高差,制作时应进行调整。当上下梯段在同一位置起步时,可把楼梯井处的横向扶手倾斜设置,连接上下两段扶手;如果把平台处栏杆外伸约1/2踏步或将上下梯段错开一个踏步,也可使扶手连接适宜,但这种方法栏杆占用平台尺寸较多,使楼梯的面积增加,如图10-24所示。

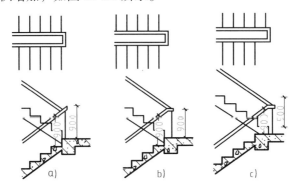

图10-24 转折处扶手高差处理

a)鹤颈扶手 b)栏杆扶手伸出踏步半步 c)上下行梯段错开一步

课题 5　台阶与坡道

建筑物入口处室内外不同标高地面的交通联系一般多采用台阶，当有车辆通行、室内外地面高差较小或有无障碍要求时，可采用坡道。室外台阶与坡道按其平面布置形式有三面踏步式、单面踏步式、坡道式和踏步坡道结合式之分，如图 10-25 所示。

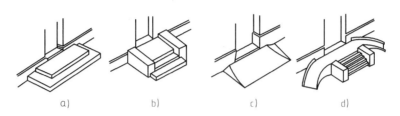

图 10-25　台阶与坡道的形式
a）三面踏步式　b）单面踏步式　c）坡道式　d）踏步坡道结合式

10.5.1　室外台阶

室外台阶由平台和踏步组成。在台阶和出入口之间一般设置平台，作为缓冲之处，平台表面应向外倾斜 1%～4% 的坡度，以利排水。台阶踏步的高宽比应较楼梯平缓，每级高度一般为 100～150mm，踏面宽度为 300～400mm。

台阶由面层、垫层、基层等组成，面层应采用水泥砂浆、混凝土、水磨石、缸砖、天然石材等抗冻性好、表面结实耐磨的材料，如图 10-26 所示。

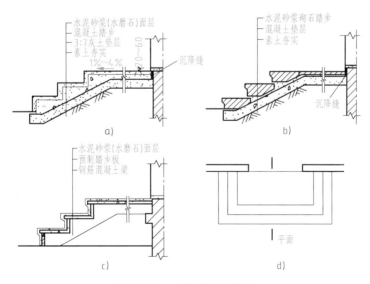

图 10-26　台阶类型及构造
a）混凝土台阶　b）石台阶　c）钢筋混凝土架空台阶　d）台阶平面图

台阶的基础，一般情况下较为简单，只要挖去腐殖土做一垫层即可，但要注意两种情况对台阶造成的危害：地质沉降不均匀产生的危害和严寒地区冰冻对台阶的危害。

10.5.2 坡道

坡道按照其用途的不同,分为行车坡道和轮椅坡道两类。行车坡道一般布置在某些大型公共建筑的入口处,如办公楼、旅馆、医院等。轮椅坡道是专供乘坐轮椅者使用的设施。

考虑人在坡道上行走时的安全,坡道的坡度受面层做法的限制:光滑面层坡道不大于1/12,粗糙面层坡道不大于1/6,带防滑齿坡道不大于1/4。

建筑物室内外高差在两步及两步台阶高度以下者,宜用坡道;当室内外高差在三步及三步以上台阶高度时,应采用台阶。室内坡道坡度为1/8,室外坡道坡度为1/10。一般安全疏散口,如剧场太平门的外面必须做坡道,而不允许做台阶。

坡道的构造与台阶基本相同,垫层的强度和厚度应根据坡道上的荷载来确定,季节冰冻地区的坡道需在垫层下设置非冻胀层。坡道构造如图10-27所示。

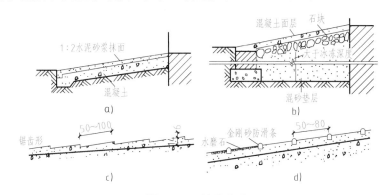

图 10-27　坡道构造

a) 混凝土坡道　b) 块石坡道　c) 防滑锯齿槽坡　d) 防滑条坡道

课题6　电梯与自动扶梯

10.6.1　电梯

1. 电梯的类型

按照用途不同,电梯分为乘客电梯、载货电梯、客货电梯、病床电梯、观光电梯、杂物梯等,如图10-28所示。

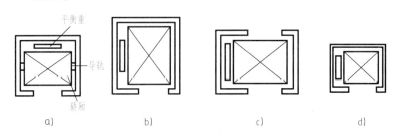

图 10-28　电梯的类型与井道平面

a) 普通客梯　b) 病床梯　c) 货梯　d) 小型杂物梯

按照电梯的速度不同，分为高速电梯、中速电梯和低速电梯。

按照对电梯的消防要求，分为普通乘客电梯和消防电梯。

2. 电梯的组成

电梯由井道、机房和轿厢三部分组成，如图 10-29 所示。

（1）电梯井道　电梯井道是电梯轿厢运行的通道，一般采用现浇混凝土墙；当建筑物高度不大时，也可以采用砖墙；观光电梯可采用玻璃幕墙。

1）电梯井道的构造设计，应满足如下要求：

① 平面尺寸。平面净尺寸应当满足电梯生产厂家提出的安装要求。

② 井道的防火。井道和机房四周的围护结构必须具备足够的防火性能，其耐火极限不低于该建筑物的耐火等级的规定。当井道内超过两部电梯时，需用防火结构隔开。

③ 井道的隔振与隔声。一般在机房的机座下设弹簧垫层隔振，并在机房下部设置 1.5m 左右的隔声层。

④ 井道的通风。在井道的顶层和中部适当位置（高层时）及坑底处设置不小于 300mm×600mm 或面积不小于井道面积 3.5% 的通风口，通风口总面积的 1/3 应经常开启。

2）电梯井道的细部构造

① 电梯门套。门套的构造做法应与电梯厅的装修相协调，常用的做法有水泥砂浆门套、水磨石门套、大理石门套、硬木板门套、金属板门套等。

② 导轨撑架的固定。导轨撑架与井道内壁的连接构造可采用锚接、栓接和焊接。

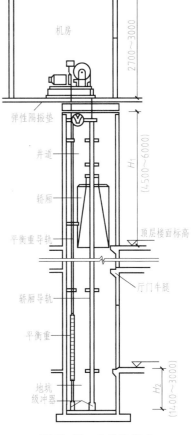

图 10-29　电梯的组成

（2）电梯机房　机房一般设在电梯井道的顶部，其平面及剖面尺寸均应满足设备的布置，方便操作和维修要求，并具有良好的采光和通风条件。主机下应设置减振垫层，以缓解电梯运行造成的噪声，如图 10-29 所示。

（3）轿厢　轿厢是直接载人、运货的箱体。电梯轿厢应做到坚固、防火、通风、便于检修和疏散。轿厢内应设置层数指示灯、运行控制器、排风扇、报警器和电话，顶部有疏散孔。

10.6.2　自动扶梯

自动扶梯适用于有大量人流上下的公共场所，坡度一般采用 30°，按运输能力分为单人、双人两种型号，其位置应设在大厅的突出明显位置。

自动扶梯由电动机械牵引，机房悬挂在楼板的下方，踏步与扶手同步，可以正向、逆向运行，在机械停止运转时，自动扶梯可作为普通楼梯使用。

自动扶梯的构造，如图 10-30 所示。

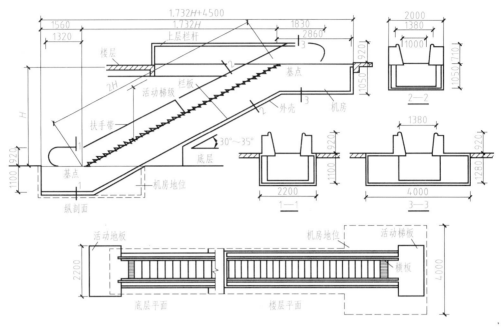

图 10-30　自动扶梯的构造

本章回顾

1. 楼梯是建筑物中重要的部件，由梯段、平台和栏杆扶手组成。

2. 楼梯的类型：

1）按楼梯的位置分类，楼梯有室内楼梯与室外楼梯两种。

2）按楼梯的使用性质分类，室内有主要楼梯、辅助楼梯；室外有安全楼梯、防火楼梯。

3）按材料分类，楼梯分为木质楼梯、钢筋混凝土楼梯、钢质楼梯、混合式楼梯及金属楼梯。

4）按梯段的数量和形式分类，分为直行单跑楼梯、直行双跑楼梯、折角双跑楼梯、折角三跑楼梯、折角双分楼梯、平行双跑楼梯、平行双分楼梯、平行双合楼梯、螺旋式楼梯及交叉式楼梯等。

3. 钢筋混凝土楼梯按其施工方法可分为现浇整体式和预制装配式两类。现浇整体式钢筋混凝土楼梯有板式楼梯和梁板式楼梯两种。小型构件装配式楼梯的支承方式主要有梁承式、墙承式和悬挑式三种。

4. 楼梯的踏步面层、踏步细部、栏杆和扶手需进行适当的构造处理，以保证楼梯的正常使用。

5. 室外台阶与坡道其平面布置形式有单面踏步式，三面踏步式，坡道式和踏步、坡道结合式之分。构造方式又依其所采用材料而异。

6. 电梯由井道、机房和轿厢三部分组成。

第11章 窗 与 门

序号	学习内容	学习目标	能力目标
1	窗、门种类和构造	了解窗、门的种类 掌握窗、门的构造	能区分窗、门的类型 能正确分析窗、门的构造并能读懂窗、门构造图
2	遮阳设置的种类和构造形式	了解遮阳设施的种类和构造形式	能区分各种遮阳构造的形式

窗与门都是建筑中的围护构件。窗的主要作用是采光和通风。门的主要作用是交通联系、分隔建筑空间，并兼有采光、通风作用。

课题1 窗的种类与构造

11.1.1 窗的种类

（1）按窗的框架材质分类 分为铝合金窗、塑钢窗、彩板窗、木窗、钢窗等。其中铝合金窗和塑钢窗外观精美、造价适中、装配化程度高，铝合金窗的耐久性好，塑钢窗的密封、保温性能优，所以在建筑工程中应用广泛；木窗由于消耗木材量大，耐火性、耐久性和密闭性差，其应用已受到限制。

（2）按开启方式分类 分为固定窗、平开窗、上悬窗、中悬窗、下悬窗、立转窗、垂直推拉窗、水平推拉窗、百叶窗等，如图11-1所示。

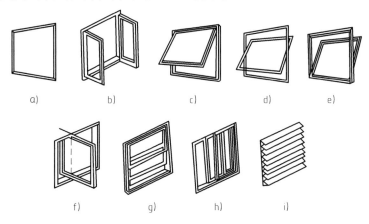

图11-1 窗的开启方式
a）固定窗 b）平开窗 c）上悬窗 d）中悬窗 e）下悬窗
f）立转窗 g）垂直推拉窗 h）水平推拉窗 i）百叶窗

1）固定窗，是不能开启的窗，不需要窗扇，玻璃直接镶嵌于窗框上，仅作采光和通视之用，玻璃尺寸可以较大。固定窗构造简单、密闭性好。

2）平开窗，有内开和外开之分。它构造简单，制作、安装、维修方便，在一般建筑中应用最广泛。

3）悬窗，按旋转轴的位置不同可分为上悬窗、中悬窗和下悬窗三种。上悬窗和中悬窗向外开启，其防雨效果较好，常用于高窗；下悬窗外开不能防雨，内开又占用室内空间，只适用于内墙高窗及门上亮子。

4）立转窗，是在窗扇上下冒头中部设转轴使窗户能够立向转动，它有利于采光和通风；但安装纱窗不便，且密闭和防雨性能较差。

5）推拉窗，分水平推拉窗和垂直推拉窗两种。水平推拉窗需要在窗扇上下设滑轨槽，垂直推拉窗需要升降及制约措施。推拉窗的窗扇前后交叠在不同的直线上，开启时不占据室内外空间，窗扇和玻璃的尺寸均可较平开窗稍大。推拉窗尤其适用于铝合金及塑料门窗，但其通风面积受限。

6）百叶窗，其百叶板有活动和固定两种。活动百叶板常作遮阳和通风之用，易于调整；固定百叶窗常用于山墙顶部作为通风之用。

11.1.2 窗的尺寸

窗扇高度为 800～1200mm，宽度不宜大于 500mm；上下悬窗的窗扇高度为 300～600mm；中悬窗窗扇高度不宜大于 1200mm，宽度不宜大于 1000mm；推拉窗高宽均不宜大于 1500mm。各类窗的高度与宽度尺寸通常采用扩大模数 3M 数列作为洞口的标志尺寸。

11.1.3 窗的构造

1. 铝合金窗的组成与构造

铝合金窗重量轻，强度高，具有良好的气密性和水密性，隔声和耐蚀性也较普通钢窗、木门窗有显著提高。铝合金窗是由铝合金型材组合而成的，经氧化处理后的铝型材呈金属光泽，不需要涂漆和经常维护；经表面着色和涂膜处理后，可获得多种不同色彩和花纹，具有良好的装饰效果。

（1）铝合金窗的组成　铝合金窗有水平推拉窗、平开窗、百叶窗、隐框窗。平开窗和推拉窗又有带纱窗的和不带纱窗的。各类窗的系列按窗框的厚度构造尺寸划分，主要包括40系列、50系列、55系列、70系列、90系列、100系列等。铝合金窗由窗框、窗扇、玻璃、五金配件、密封材料等组成。铝合金窗使用的建筑型材壁厚在一般情况下不宜低于1.4mm，铝合金型材表面阳极氧化膜厚度应大于 10μm；五金配件选用材料除不锈钢外，应经防腐处理，不允许与铝合金型材发生接触腐蚀。

（2）铝合金窗框与墙体的结合　铝合金窗框应采用塞口安装，窗框装入洞口应横平竖直，外框与洞口应弹性连接牢固，不得将窗外框直接埋入墙体。这样做一方面是保证建筑物在一般振动、沉降和热胀冷缩等因素引起的互相撞击、挤压时，不致使窗损坏；另一方面使外框不直接与混凝土、水泥浆接触，避免碱对铝合金型材的腐蚀，对其延长使用寿命有利。

铝合金窗框与墙体用连接件连接，连接方式主要有四种：一是预埋件焊接件连接，适用于钢筋混凝土结构；二是燕尾铁脚螺栓连接，适用于砖墙结构；三是金属胀锚螺栓连接，适用于钢筋混凝土结构、砖墙结构；四是射钉连接，适用于钢筋混凝土结构，如图 11-2 所示。

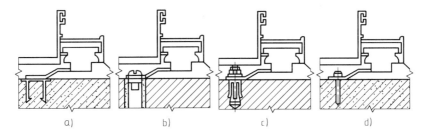

图 11-2　铝合金窗框与墙体连接构造

a）预埋件焊接连接　b）燕尾铁脚螺栓连接　c）金属胀锚螺栓连接　d）射钉连接

　　铝合金窗框与墙体的缝隙填塞应按设计要求处理。一般多采用矿棉条或玻璃棉毡条分层填塞，缝隙外表预留深 5～8mm 的槽口以填嵌密封材料。这样做主要是为防止窗框四周形成冷热交换区产生结露，影响建筑物的保温、隔声、防风沙等功能，同时也能避免砖和砂浆中的碱性物质对窗框造成腐蚀，如图 11-3 所示。

　　（3）铝合金窗中玻璃的选择及安装　玻璃的厚度和类别主要根据面积大小、热功要求来确定。平开窗和推拉窗、铝合金百叶窗的玻璃叶片及其他窗用玻璃，一般采用厚度为 5mm 普通平板玻璃或浮法玻璃；隐框铝合金窗一般采用厚度为 6mm 镀膜玻璃。在玻璃与

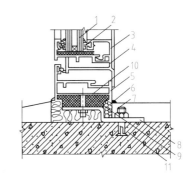

图 11-3　铝合金窗安装节点及缝隙处理示意图

1—玻璃　2—橡胶密封条　3—压条　4—内扇
5—外框　6—密封膏　7—砂浆　8—地脚
9—软填料　10—塑料垫　11—膨胀螺栓

铝型材接触的位置设垫块，周边用橡胶密封条固定。安装橡胶密封条时应留有伸缩余量，一般比窗的装配边长 20～30mm，并在转角处斜边断开，然后用胶黏剂粘贴牢固，以免出现缝隙。

　　（4）铝合金窗的组合　铝合金窗的组合主要有横向组合和竖向组合两种。组合时，应采用套插搭接形成曲面组合，搭接长度宜为 10mm，并用密封膏密封。组合的节点示意图，如图 11-4 所示。应当阻止平面同平面组合的做法，因为它不能保证门窗的安装质量，应采用套插、塔接形成曲面组合以保证门窗的安装质量。

　　2. 塑钢窗的组成与构造

　　塑钢窗是将添加多种耐候、耐蚀添加剂的塑料挤压成型材组成的窗。它具有耐水、耐蚀、阻燃、抗冲击、无须表面涂装等优点，其保温隔热性能比钢窗和铝合金窗要好。现代的塑钢窗均采用改性混合体系的塑料制品，具有良好的耐候性能，使用寿命可达 30 年以上。

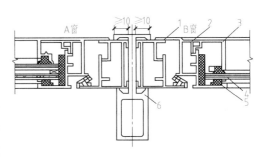

图 11-4　铝合金窗组合节点示意图

1—外框　2—内扇　3—压条　4—橡胶
密封条　5—玻璃　6—组合杆件

此外，多数塑钢型材中宜用加强筋来提高窗的刚度，如图11-5所示。加强筋可用金属型材，也可用硬质塑钢型材。加强型材的长度应比窗型材长度略短，以不妨碍窗型材端部的连接为宜。当加强型材与窗的材质不同时，应使它们之间的连接较为宽松，以适应不同材质温度变形的需要。塑钢窗的安装、玻璃的选配等都与铝合金窗类似。

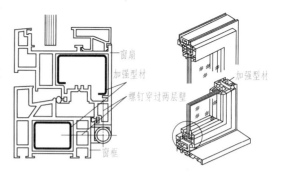

图11-5　塑钢窗的构造

塑钢窗一般采用后塞口安装，墙和窗框间的缝隙应用泡沫塑料等发泡剂填实，并用玻璃胶密封。安装时可用射钉或塑料、金属膨胀螺栓固定，也可与预埋件固定，塑钢窗的安装构造，如图11-6所示。

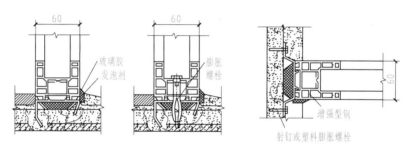

图11-6　塑钢窗的安装构造

课题 2　门的种类与构造

11.2.1　门的种类

（1）按门在建筑物中所处的位置分类　门有内门和外门。内门位于内墙上，应满足分隔要求，如隔声、隔视线等；外门位于外墙上，应满足围护要求，如保温、隔热、防风沙、耐腐蚀等。

（2）按门的使用功能分类　门有一般门和特殊门。特殊门具有特殊的功能，构造复杂，一般用于对门有特别的使用要求时，如保温门、防盗门、防火门、防射线门等。

（3）按门的框料材质分类　门有木门、铝合金门、塑钢门、彩板门、玻璃钢门、钢门等。木门具有自重轻、开启方便、隔声效果好、外观精美、加工方便等优点，目前在民用建筑中大量采用。

（4）按门的开启方式分类　门有平开门、弹簧门、推拉门、折叠门、转门、上翻门和卷帘门等，如图11-7所示。

1）平开门，是一种水平开启的门，铰链装于门扇的一侧，与门框相连，门扇围绕铰链轴转动。平开门按门扇数分单扇、双扇和多扇；按门的开启方向分内开和外开。平开门具有构造简单、开启灵活、制作安装和维修方便等特点，在一般建筑中使用最广泛。

2）弹簧门，是采用弹簧铰链或下边用地弹簧代替普通铰链，借助弹簧的力量使门自动

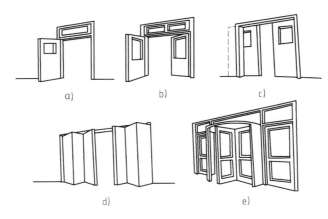

图 11-7　门的开启方式

a) 平开门　b) 弹簧门　c) 推拉门　d) 折叠门　e) 转门

关闭。弹簧门有单向和双向之分，单向弹簧门常用于有自动关闭要求的房门，如卫生间的门、纱门等；双向弹簧门多用于人流出入频繁或有自动关闭要求的公共场所，如公共建筑门厅的门等，双向弹簧门扇上一般要安装玻璃，供出入的人们相互观察，以免碰撞。弹簧门使用方便，但存在关闭不严密、空间密闭性不好的缺点。

3）推拉门，是沿门上部或下部的轨道左右滑移的门，有单扇和双扇两种。根据安装方法的不同可分为上挂式、下滑式及上挂和下滑相结合三种。采用推拉门分隔内部空间，既节省空间又轻便灵活，门洞尺寸也较大，但也存在关闭不严密、空间密闭性不好等缺点。

4）折叠门，其门扇可拼合、折叠并推移到洞口的一侧或两侧，能够少占房间的使用面积。简单折叠门可以只在侧边安装铰链，复杂的还要在门的上边或下边安装导轨及转动五金配件。折叠门开启时可节省空间，但构造较复杂，一般作为公共空间中的活动隔断。

5）转门，是由三扇或四扇门用同一竖轴组合成夹角相等、在弧形门套内水平旋转的门，它对防止内外空气对流有一定的作用，常可以作为人员进出频繁，且有采暖或空调设备的公共建筑的外门。在转门的两旁还应设平开门或弹簧门，作为不需要使用空气调节的季节或大量人流疏散之用。转门的旋转方向通常为逆时针，有普通转门和旋转自动门。转门构造复杂、造价较高，一般情况下较少采用。

6）上翻门，一般由门扇、平衡装置、导向装置三部分组成。平衡装置一般采用重锤或弹簧来平衡。这种门具有不占面积的优点，但是对五金配件、安装工艺的要求较高，多用于车库门。

7）卷帘门，是指在门洞上部设置卷轴，利用卷轴将门帘上卷或放下来开关门洞口的门。卷帘门的组成主要包括帘板、导轨及传动装置。帘板由条状金属相互铰接组成。开启时，帘板沿着门洞两侧的导轨上升，卷入卷筒中，门洞的上部需安设手动或者电动的传动装置。这种门具有防火、防盗、开启方便、节省空间的优点，主要适用于商场、车库、车间等有大门洞尺寸的场所。

11.2.2　门的尺寸

门的尺寸取决于交通疏散、家具器械的搬运以及与建筑物的比例关系等，并要符合现行

《建筑模数协调标准》(GB/T 50002—2013) 的规定。

一般民用建筑门的高度不宜小于 2100mm。如门设有亮子时,亮子高度一般为 300 ~ 600mm,门洞高度一般为 2400 ~ 3000mm。公共建筑大门高度可视需要适当提高。门的宽度:单扇门一般为 700 ~ 1000mm,双扇门一般为 1200 ~ 1800mm。宽度大于 2100mm 时,一般以 3M 为模数,做成三扇、四扇门等多扇门。辅助房间(如浴厕、储藏室等)的门宽度可窄些,一般为 700 ~ 800mm,检修门一般为 550 ~ 650mm。

11.2.3 平开木门的组成和构造

1. 平开木门的组成

木门主要由门框、门扇和五金配件组成,如图 11-8 所示。

门框又称门樘,由上框、中框和边框等组成,多扇门还有中竖框,门框与墙间的缝隙常用木条盖缝,俗称贴脸板。门扇由上冒头、中冒头、下冒头、边梃、门芯板、玻璃和五金配件等组成。门上常见的五金配件有铰链、门锁、插销、拉手、停门器、风钩等。为了采光和通风,可在门的上部设腰窗(上亮子),亮子可以是固定的,也可以平开或旋转开启。

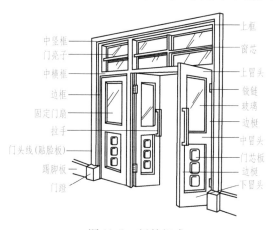

图 11-8 门的组成

2. 平开木门的构造

门框的断面尺寸:门框固定在门洞上,门扇和腰窗又固定其上,故其断面形式、尺寸与门的类型、层数有关。门框上做裁口以增强严密性。单层门为单裁口,双层门为双裁口,裁口深度为 10 ~ 12mm。木门框背面也应做防止变形的凹槽,并做防腐处理。

门框的安装:门框的安装有先立口和后塞口两种,但均需在地面找平层和墙体面层施工前进行,以便门边框伸入地面 20mm。施工时先立好门框后砌墙的做法称为先立口安装,施工时先砌墙后安装门框的做法称为后塞口安装。目前常用的施工做法是后塞口安装,也称塞樘子,是指在砌墙时沿高度方向每隔 500 ~ 800mm 预埋防腐木砖并留出洞口后,然后用长钉、木螺钉等固定门框。门框的外缘尺寸比预留的门洞口小 20 ~ 30mm。

门框在墙中安装的位置,要考虑房间的使用要求、墙身材料及墙厚,常有门框内平、门框居中、门框外平三种,如图 11-9 所示。

(1) 镶板门 镶板门的门扇是由骨架和门芯板组成的。骨架一般由上冒头、下冒头及边梃组成,有时中间还有一道或几道中冒头或一条竖向中梃。门芯板可采用木板、胶合板、硬

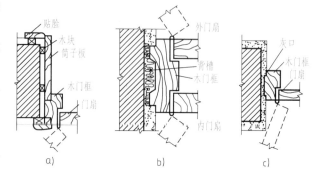

图 11-9 木门框在墙洞中的位置
a) 门框内平 b) 门框居中 c) 门框外平

质纤维板及塑料板等，有时门芯板可部分或全部采用玻璃，称为半玻璃镶板门或全玻璃镶板门。构造上与镶板门基本相同的还有纱门、百叶门等。镶板门构造如图 11-10 所示。

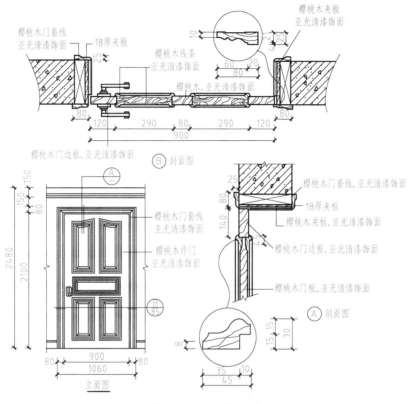

图 11-10　镶板门构造

木制门芯板一般用厚度为 10～15mm 的木板拼装成整块，镶入边梃和冒头中。门芯板在边梃与冒头中的镶嵌方式有暗槽、单面槽及双边压条三种，如图 11-11 所示。其中，暗槽结合最牢固，工程中用得较多，其他两种方法比较省料和简单，多用于玻璃、纱网及百叶的安装。

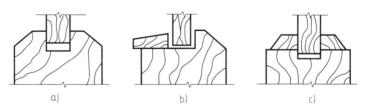

图 11-11　门芯板的镶嵌方式
a）暗槽　b）单面槽　c）双边压条

（2）夹板门　夹板门的门扇由骨架和面板组成，骨架通常用（32～35）mm×（33～60）mm 的木料做成框子，内部用（10～25）mm×（33～60）mm 的小木料做成格形纵横肋条，肋距视木料尺寸而定，一般为 200～400mm。为节约木材，也可用浸塑蜂窝纸板代替木骨架。为了使夹板内的湿气易于排出，减少面板变形，骨架内的空气应贯通，并在上部设小通气孔。面板可用胶合板、硬质纤维板或塑料板等，用胶结材料双面胶结在骨架上。根据功能的需要，夹板门上也可以局部加装玻璃或百叶。一般在玻璃或百叶处做一个木框，用压条镶嵌。图11-12 所示是常见的夹板门构造。夹板门由骨架和面板共同受力，所以用料少、自重轻、外形简洁美观，常用于建筑物的内门。若将其用于外门，面板应做防水处理，并提高面板与骨架的胶结质量，必要时应加厚夹板。

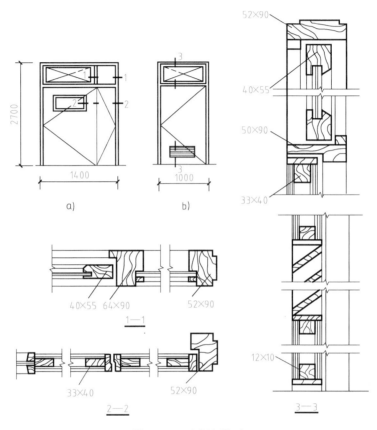

图 11-12 夹板门构造
a）大小扇夹板门 b）单扇夹板门

课题3 遮阳设施

在炎热地区的夏季，为了防止大量的太阳辐射热通过窗户进入室内和避免眩光，在窗洞口外侧设置适当的遮阳设施，对于降低太阳热辐射量与建筑周围环境温度，减小建筑空调负荷具有重要作用。

11.3.1 遮阳设施的分类

1）根据工作特征，遮阳设施分为有固定遮阳设施和活动遮阳设施。固定在建筑上的遮阳设施称固定遮阳设施，反之则为活动遮阳设施。

2）根据遮阳形状，遮阳设施分类有水平遮阳、垂直遮阳、综合遮阳、挡板遮阳等。

3）根据使用的材料，遮阳设施分类有塑料遮阳、木制遮阳、钢筋混凝土结构遮阳等。

11.3.2　遮阳构造

1. 水平式遮阳

水平式遮阳用于遮挡正午时太阳高度角较大的阳光，一般用于南向窗口，如图 11-13 所示。常为固定式，形式有单层、多层，遮阳板伸出的比例由当地的实际遮阳角度确定。水平式遮阳板以前多为钢筋混凝土、石棉瓦等材料，现阶段多为轻质铝合金等金属遮阳板。

2. 垂直式遮阳

垂直式遮阳用于遮挡上午或下午太阳高度角较低时的阳光。一般用于东西向窗口的垂直遮阳做成倾斜式，而用于北向遮阳则垂直于窗口，如图 11-14 所示。固定式垂直遮阳常为预制或现浇钢筋混凝土板，活动式垂直遮阳可用木百页、吸热玻璃、石棉水泥板、钢丝网水泥板或金属板制作，常用撑挡、齿轮传动或插销定位调整遮阳角度。

图 11-13　水平式遮阳

图 11-14　垂直式遮阳

3. 综合式遮阳

综合式遮阳适用于遮挡从窗侧立面斜射下来的阳光，如东南和西南方向的窗口，如图 11-15 所示。主要包括格式、百叶式和板式综合遮阳。

4. 挡板式遮阳

挡板式遮阳适用于遮挡太阳高度角较低，正射窗口的阳光。主要用于东、西向窗口，如图 11-16 所示。常用的有花格式、百叶式和板式综合遮阳。

图 11-15　综合式遮阳

图 11-16　挡板式遮阳

本 章 回 顾

1. 窗与门都是建筑中的围护构件。窗的主要作用是采光和通风。门的主要作用是交通联系、分隔建筑空间，并兼有采光、通风作用。

2. 窗的种类：

1）按窗的框料材质分为铝合金窗、塑钢窗、彩板窗、木窗、钢窗等。

2）按开启方式分为固定窗、平开窗、上悬窗、中悬窗、下悬窗、立转窗、垂直推拉窗、水平推拉窗、百叶窗等。

3. 门的种类：

1）按门在建筑物中所处的位置分为内门和外门。

2）按门的使用功能分为一般门和特殊门。

3）按门的框料材质分为木门、铝合金门、塑钢门、彩板门、玻璃钢门、钢门等。

4）按门的开启方式分为平开门、弹簧门、推拉门、折叠门、转门等。

4. 遮阳是为了防止大量的太阳辐射热通过窗户进入室内和避免眩光，在窗洞口外侧设置的遮阳构造，遮阳的形式有水平遮阳、垂直遮阳、综合遮阳、挡板遮阳等。

第12章 变 形 缝

序号	学习内容	学习目标	能力目标
1	变形缝的种类和作用	了解变形缝的种类和作用	能区分不同类型的变形缝
2	伸缩缝、沉降缝、防震缝的设置要求和构造	掌握伸缩缝、沉降缝、防震缝的设置要求和构造	能正确分析变形缝的构造并能读懂变形缝构造图

课题1 变形缝的种类和作用

建筑物由于受温度变化、地基不均匀沉降以及地震等因素的影响，结构内部将产生附加应力和变形，致使建筑物产生裂缝，甚至倒塌，影响使用和安全。为避免这种情况的发生，可采取两种不同的措施：一是加强建筑物的整体性，使其具有足够的承载力和刚度来抵抗破坏应力；二是在建筑物易发生变形的部位，沿建筑物竖向预先设置适当宽度的缝隙，以保证建筑物各部分能自由变形，互不影响，这些预留的人工构造缝称为变形缝。实际上就是把一个整体的建筑物从结构上断开，划分成两个或两个以上的独立的结构单元，两个独立的结构单元之间的缝隙就形成了建筑的变形缝。在变形缝处要进行必要的构造处理，以保证建筑物从建筑的角度（例如建筑空间的连续性，建筑保温、防水、隔声等围护功能的实现）上仍然是一个整体。

变形缝按其功能不同分为三种，即伸缩缝、沉降缝和防震缝。伸缩缝又叫温度缝，是为防止因温度变化引起破坏而设置的变形缝；沉降缝是为防止因建筑物各部分沉降不均匀引起的破坏而设置的变形缝；防震缝是为防止地震作用引起建筑物的破坏而设置的变形缝。各种变形缝的功能不同，构造要求基本相同：

1）变形缝的构造要保证建筑物各独立部分能自由变形，互不影响。

2）不同部位的变形缝要根据需要分别采取防火、防水、保温、防虫等安全防护措施。

3）高层建筑及防火要求高的建筑物，室内变形缝应做防火处理。

4）变形缝内不应敷设电缆、可燃气体管道和易燃、可燃液体管道等，必须穿过时，应在穿过处加设不燃烧材料套管，并用不燃烧材料将套管两端空隙紧密填塞。

课题2 伸缩缝

12.2.1 伸缩缝的设置

建筑物的长度越大，变形越大。因此，可沿建筑物长度方向每隔一定距离或在结构变化较大处预留伸缩缝,将建筑物断开。伸缩缝要求把建筑物的墙体、楼板层、屋顶等地面以上的部分全部断开,基础部分因受温度变化影响较小,不需要断开。伸缩缝的间距主要与结构类型、材料和当地温度变化情况有关,砌体房屋伸缩缝的最大间距见表12-1;钢筋混凝土结构伸缩缝的最大间距见表12-2。

表 12-1　砌体房屋伸缩缝最大间距　　　　　　　　　　　　　　（单位:m）

屋盖或楼盖类别		间距
整体式或装配整体式钢筋混凝土结构	有保温层或隔热层的屋盖、楼盖	50
	无保温层或隔热层的屋盖	40
装配式无檩体系钢筋混凝土结构	有保温层或隔热层的屋盖、楼盖	60
	无保温层或隔热层的屋盖	50
装配式有檩体系钢筋混凝土结构	有保温层或隔热层的屋盖	75
	无保温层或隔热层的屋盖	60
瓦材屋盖、木屋盖或楼盖、轻钢屋盖		100

注:1. 对烧结普通砖、多孔砖、配筋砌块砌体房屋取表中数值;对石砌体、蒸压灰砂砖、蒸压粉煤灰砖和混凝土砌块房屋取表中数值乘以系数0.8。当有实践经验并采取有效措施时,可不遵守本表规定。
　　2. 在钢筋混凝土屋面上挂瓦的屋盖应按钢筋混凝土屋盖采用。
　　3. 按本表设置的墙体伸缩缝,一般不能同时防止由于钢筋混凝土屋盖的温度变形和砌体干缩变形引起的墙体局部裂缝。

表 12-2　钢筋混凝土结构伸缩缝最大间距　　　　　　　　　　（单位:m）

结构类别		室内或地下	露天
排架结构	装配式	100	70
框架结构	装配式	75	50
	现浇式	55	35
剪力墙结构	装配式	65	40
	现浇式	45	30
挡土墙、地下室墙壁等类结构	装配式	40	30
	现浇式	30	20

注:1. 装配整体式结构房屋的伸缩缝间距宜按表中装配式结构与现浇式结构之间的数值取用。
　　2. 框架-剪力墙结构或框架-核心筒结构房屋的伸缩缝间距可根据结构的具体布置情况取表中框架结构与剪力墙结构之间的数值。
　　3. 当屋面无保温或隔热措施时,框架结构、剪力墙结构的伸缩缝间距宜按表中露天栏的数值取用。

12.2.2　伸缩缝的构造

伸缩缝的宽度一般为20～40mm,通常采用30mm,以保证缝两侧的建筑构件能在水平方向自由伸缩。

1. 墙体伸缩缝构造

墙体伸缩缝根据墙体厚度、材料及施工条件不同,可做成平缝、错口缝、企口缝等截面形式,如图12-1所示。为防止外界条件对墙体及室内环境的侵袭,伸缩缝外墙的一侧,缝口处应填以防水、防腐的弹性材料，如沥青麻丝、木丝板、橡胶条、塑料条和油膏等。当缝隙较宽时，缝口可用镀锌薄钢板、彩色薄钢板、铝皮等金属调节片做盖缝处理。内墙常用具有一定装饰效果的金属调节盖板或木盖缝条单边固定覆盖，如图 12-2 所示。

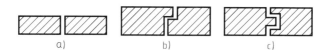

图 12-1 砖墙伸缩缝的截面形式
a）平缝 b）错口缝 c）企口缝

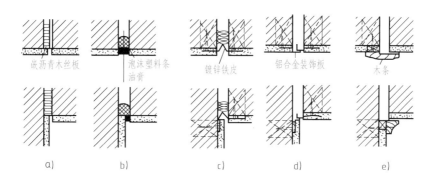

图 12-2 墙体伸缩缝构造
a）沥青纤维 b）油膏 c）金属皮 d）铝合金或铝塑装饰板 e）木条

2. 楼地板层伸缩缝构造

楼地面伸缩缝的处理应满足缝隙处理后地面平整、光洁、防滑等要求。其位置和缝宽应与墙体、屋顶变形缝一致，缝内要用油膏、沥青麻丝、橡胶等弹性材料做封缝处理，上面再铺活动盖板或橡、塑地板等地面材料，如图 12-3 所示。

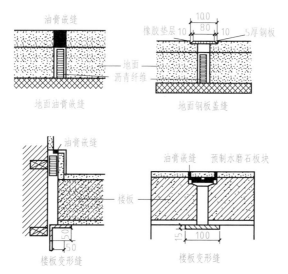

图 12-3 楼地面伸缩缝构造

3. 屋面伸缩缝构造

屋面伸缩缝的处理应满足屋面防水构造和使用功能要求。其位置和缝宽与墙体、楼地面的伸缩缝一致。屋面伸缩缝一般设在同一标高屋顶处或建筑物的高低错落处，不上人屋面可在伸缩缝两侧加砌矮墙，并做好泛水处理，上人屋面多用油膏嵌缝并做泛水。卷材防水屋面伸缩缝的平缝和高低缝构造，如图12-4所示。

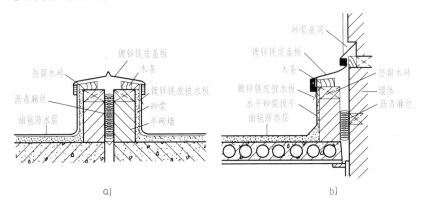

a)   b)

图12-4 卷材屋面伸缩缝构造

a）平接屋面伸缩缝 b）高低缝处伸缩缝

课题3 沉降缝

12.3.1 沉降缝的设置

1. 沉降缝的设置原则

凡属下列情况时，均需设置沉降缝：

1）同一建筑物相邻部分的高差较大或荷载大小相差悬殊、结构类型不同时，易导致地基沉降不均匀时。

2）建筑物建造在地基承载力相差很大的地基土上时。

3）当建筑物相邻部分基础形式不同，宽度和埋深相差悬殊时。

4）建筑物长度较大时。

5）建筑物体形比较复杂，连接部位又比较薄弱时。

6）新建建筑物与原有建筑物紧相毗邻时，如图12-5所示。

2. 沉降缝的设置要求

沉降缝要求从建筑物基础底部至屋顶全部断开，成为几个独立的单元，各单元能竖向自由沉

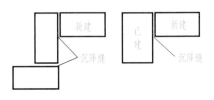

图12-5 沉降缝的设置

降，互不影响。沉降缝可兼起伸缩缝的作用，而伸缩缝却不能代替沉降缝。沉降缝的宽度与地基的性质和建筑物的高度有关，地基越软弱，建筑物高度越大，缝宽也就越大，见表12-3。

表 12-3 沉降缝的宽度

地基情况	建筑物高度	沉降缝宽度/mm
一般地基	$H < 5m$	30
	$H = 5 \sim 10m$	50
	$H = 10 \sim 15m$	70
软弱地基	2 ~ 3 层	50 ~ 80
	4 ~ 5 层	80 ~ 120
	5 层以上	>120
湿陷性黄土地基	—	≥30 ~ 70

12.3.2 沉降缝的构造

1. 墙体沉降缝的构造

墙体沉降缝构造与伸缩缝构造基本相同，当兼起伸缩缝的作用时，沉降缝的盖缝条应满足水平伸缩和垂直沉降变形两方面的要求，如图 12-6 所示。

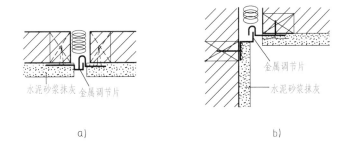

a) b)

图 12-6 墙体沉降缝构造
a) 平直墙体 b) 转角墙体

2. 基础沉降缝的构造

基础部分沉降缝应沿基础断开，沉降缝应另行处理，常见的处理方式有双墙式、交叉式和悬挑式。

（1）双墙式 双墙式是在沉降缝两侧都设置承重墙，以保证每个沉降单元都有纵横墙连接，使建筑物的整体式较好，但在基础发生不均匀沉降时会产生一定的挤压力，如图 12-7a 所示。

（2）悬挑式 悬挑式是将沉降缝一侧的基础与墙按一般基础和墙处理，而另一侧采用挑梁支承基础梁，在基础梁上砌墙，墙体材料尽量采用轻质材料，如图 12-7b 所示。当沉降缝两侧基础埋深相差较大或新建建筑与原有建筑相毗邻时，可采用此方案。

（3）交叉式 交叉式是将缝两侧的基础交叉设置，在各自的基础上支承基础梁，墙砌筑在梁上，适用于荷载较大、沉降缝两侧的墙体间距较小的建筑，如图 12-7c 所示。

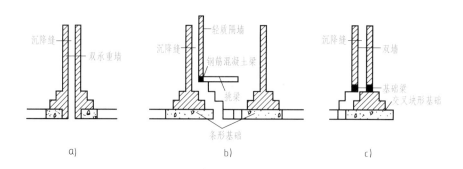

图 12-7　基础沉降缝处理示例
a) 双墙方案沉降缝　b) 悬挑基础方案沉降缝　c) 交叉排列方案沉降缝

课题 4　防震缝

12.4.1　防震缝的设置

1. 防震缝的设置原则

防震缝是为了防止建筑物各部分在地震时相互撞击引起破坏而设置的缝隙。防震缝应沿建筑物全高设置，一般情况下基础可不分开，但在平面复杂的建筑中，应将基础分开。防震缝的两侧均应布置墙或柱，形成双墙、双柱或一墙一柱，以使各部分结构有较好的刚度。防震缝应与伸缩缝、沉降缝统一布置，并满足防震缝的设计要求。

对以下情况，需考虑设置防震缝：

1）建筑平面复杂，有较大凸出部分时。

2）建筑物立面高差在 6m 以上时。

3）建筑物有错层，且楼层错开较大时。

4）建筑物的结构体系、材料或质量变化较大时。

2. 防震缝的宽度

1）在多层砖混结构中，按设计烈度不同，防震缝的宽度取 50～100mm。

2）在多层钢筋混凝土框架结构中，建筑物的高度在 15m 及 15m 以下时防震缝的宽度为 100mm。

3）当建筑物的高度超过 15m、设计烈度 7 度时，建筑物每增高 4m，缝宽增加 20mm；设计烈度 8 度时，建筑物每增高 3m，缝宽增加 20mm；设计烈度 9 度时，建筑物每增高 2m，缝宽增加 20mm。

12.4.2　防震缝的构造

防震缝在墙身、楼地板层及屋顶各部分的构造基本与伸缩缝、沉降缝相似。但因防震缝缝宽较大，在构造处理时，应特别考虑盖缝、防风及防水等防护措施的处理，如图 12-8 所示。

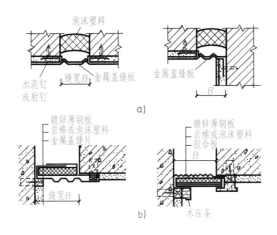

图 12-8　墙身防震缝的构造

a）外墙防震缝的构造　b）内墙防震缝的构造

本 章 回 顾

1. 变形缝分三种，即伸缩缝、沉降缝和防震缝。伸缩缝又叫温度缝，是为防止因温度变化引起破坏而设置的变形缝；沉降缝是为防止因建筑物各部分沉降不均匀引起破坏而设置的变形缝；防震缝是为防止地震作用引起建筑物的破坏而设置的变形缝。

2. 伸缩缝要求把建筑物的墙体、楼板层、屋顶等地面以上的部分全部断开，基础部分因受温度变化影响较小，不需要断开。

3. 沉降缝要求缝两侧的建筑物从基础底部到屋顶全部断开，成为几个独立的单元，各单元能竖向自由沉降，互不影响。

4. 防震缝应沿建筑物全高设置，一般情况下基础可不分开，但在平面复杂的建筑中，应将基础分开。

第13章 民用建筑工业化

序号	学习内容	学习目标	能力目标
1	建筑工业化的含义和发展途径	了解建筑工业化的含义和发展途径	能理解建筑工业化的含义和发展途径
2	预制装配式建筑 工具式模板现浇建筑	掌握预制装配式建筑、工具式模板现浇建筑的特征和构造要点	能正确分析预制装配式建筑、工具式模板现浇建筑的构造并能读懂其构造图

课题1 概述

13.1.1 建筑工业化的含义

建筑工业化是采用统一的结构形式、成套的标准构件，按照先进的生产工艺和专业分工，集中在工厂进行均衡的、连续的大批量生产和流水作业，通过现代化的制造、运输、安装和科学管理的大工业生产方式，来代替传统的、分散的手工业生产方式来建造房屋。这意味着要尽量利用先进的技术，在保证质量的前提下，用尽可能少的工时、尽可能短的时间以及最经济的价格来建造符合各种使用要求的建筑。

建筑工业化包含以下四点内容：

1. 设计标准化

设计标准化包括采用构件定型和房屋定型两大部分。构件定型又叫通用体系，它主要是将房屋的主要构配件按模数配套生产，从而提高构配件之间的互换性。房屋定型又叫专用体系，它主要是将各类不同的房屋进行定型，做成标准设计。

2. 构件工厂化

构件工厂化是建立完整的预制加工企业，形成施工现场的技术后方，提高建筑物的施工速度。目前建筑业的预制加工企业有混凝土预制构件厂、混凝土搅拌厂、门窗加工厂、模板工厂、钢筋加工厂等。

3. 施工机械化

施工机械化是建筑工业化的核心。施工机械应注意标准化、通用化、系列化，既注意发展大型机械，也注意发展中小型机械。

4. 管理科学化

现代工业生产的组织管理是一门科学，它包括采用图示图表法和网络法，并广泛采用电子计算机等内容。

13.1.2　建筑工业化的发展途径

1. 建筑工业化体系

建筑工业化体系是以现代化大工业生产为基础，采用先进的工业化技术和管理，从设计到建成，配套地解决全部过程的生产体系。

建筑工业化体系一般分专用体系和通用体系两种：专用体系是指能适用于某一种或几种定型化建筑使用的专用构配件和生产方式所建造的成套建筑体系。它有一定的设计专用性和技术先进性，缺少与其他体系配合的通用性和互换性。通用体系是预制构配件、配套制品和连接技术标准化、通用化，并使各类建筑所需的构配件和连接节点构造可互换通用的商品化建筑体系。

2. 建筑工业化的发展途径

实现建筑工业化，当前有两大途径。

（1）发展预制装配化结构　这条途径是在加工厂生产建造房屋所需的预制构件，然后在施工现场进行装配。这种方法的优点是：生产效率高，构件质量好，受季节影响小，可以均衡生产。缺点是：生产基地一次性投资大，在建设量不稳定的情况下，预制厂的生产能力不能充分发挥。目前装配式建筑主要有砌块、大板、框架、盒子等建筑类型。

（2）发展全现浇及工具式模板现浇与预制相结合的体系　这条途径的承重墙、板采用大块模板、台模、滑升模板、隧道模等现场浇筑，而一些非承重构件仍采用预制方法。这种做法的优点是：所需生产基地一次性投资比装配化道路少，适应性大，节省运输费用，结构整体性好。缺点是：耗用工期比全装配方法长。这条途径包括大模板、滑升模板、隧道模等建筑类型。

课题 2　预制装配式建筑

预制装配式建筑是指在加工厂生产建造房屋所需的预制构件，然后在施工现场进行装配。这里主要介绍装配式板材建筑、装配式框架建筑和盒子建筑。

13.2.1　装配式板材建筑

装配式板材建筑由预制的外墙板、内墙板、楼板、楼梯、屋面板、挑檐板等构件，通过装配整体式节点连接而成，是一种全装配式的工业化建筑，又称装配式板材建筑，如图 13-1 所示。

装配式板材建筑除基础以外，地上部分均为预制构件。根据预制板材规格的大小，装配式大板建筑分为装配式中型板材建筑和装配式大型板材建筑。

1. 结构体系

装配式板材建筑的结构体系主要有横向墙板承重，纵向墙板承重，

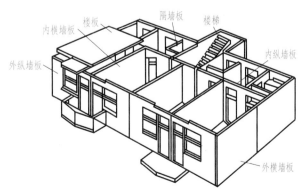

图 13-1　装配式板材建筑

纵、横双向墙板承重和部分梁柱承重等形式。

横向墙板承重体系的楼板搁置在横向墙板上,这种结构的刚度大、整体性好,但承重墙多,对建筑平面限制较大。横向墙板承重体系主要适用于住宅、宿舍等小开间建筑。

纵向墙板承重体系的楼板搁置在纵向墙板上,这种结构的刚度和整体性较横向墙板承重体系差,需间隔一定距离设置横向剪力墙。纵向墙板承重体系的横向墙板少,对建筑平面限制较小,内部分隔灵活。

纵、横双向墙板承重体系的楼板四边搁置在纵、横两个方向的墙板上,这种结构的承重墙板形成井字格,房间的平面尺寸受到限制,房间布置不灵活。

装配式板材建筑也可根据需要,在内部用梁柱代替墙板,形成部分梁柱承重体系。部分梁柱承重体系有利于较大尺寸的房间,内部隔断灵活,但结构刚度和整体性较差,需设置横向剪力墙,增加横向刚度,提高整体性。

2. 板材构造

(1) 内墙板　内墙板是装配式板材建筑的主要构件,应满足防火、隔声、防潮等要求,按受力情况分为承重内墙板和非承重内墙板。

内墙板一般不需要保温或隔热,多采用单一材料墙板,主要有实心墙板、空心墙板、密肋墙板、钢筋混凝土夹层板和框壁墙板等,如图 13-2 所示。

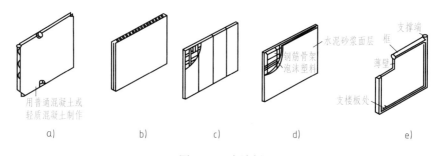

图 13-2　内墙板

a) 实心平板　b) 空心板　c) 单层方格密肋板　d) 钢筋骨架夹层板　e) 框壁板

实心墙板一般有普通混凝土墙板和粉煤灰矿渣混凝土、陶粒混凝土等轻质实心平板。空心墙板多为钢筋混凝土抽孔式墙板,孔洞有圆形、椭圆形和去角长方形等。

隔墙板可采用钢筋混凝土薄板、加气混凝土板、碳化石灰板、石膏板等,有利于减轻自重,提高隔声效果和防火防潮性能。

(2) 外墙板　外墙板除要具有一定的强度外,还应满足保温、隔热、抗风雨、隔声和立面装饰等要求。外墙板按受力情况分为承重外墙板和非承重外墙板。

外墙板的大小有一间一块板,也可制成高度为二、三个层高,或宽度为二、三个开间一块的板。外墙板可以一次成型,做成凸窗、凹窗、凸阳台等立体变化的异型墙板,用于丰富大板建筑的立面。

按外墙板所用材料分,有单一材料外墙板和复合材料外墙板。

单一材料外墙板有实心、带肋、空心和轻骨料混凝土等多种形式。

复合材料外墙板是用两种或两种以上材料组合构成的墙板,主要有结构层、保温层、饰面层、防水层等,如图 13-3 所示。

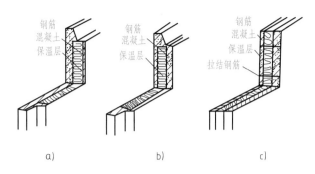

图 13-3　复合材料外墙板

a）结构层在外侧　b）结构层在内侧　c）夹层外墙板

复合材料外墙板内的保温层，一般采用高效能的无机或有机隔热保温材料，如泡沫混凝土、加气混凝土、聚苯乙烯泡沫塑料、蜂窝纸和密闭的空气层等。

（3）楼板与屋面板　板材建筑中的楼板和屋面板一般为钢筋混凝土板，有实心平板、空心板、肋形板等形式，如图 13-4 所示。常用的楼板和屋面板有普通小块板和半间一块或整间一块的大型板。

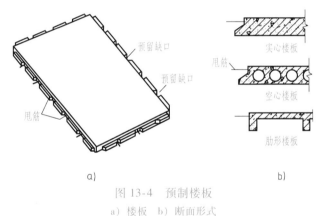

图 13-4　预制楼板

a）楼板　b）断面形式

3. 节点构造

装配式板材建筑的连接节点不仅要满足强度、刚度、延性及结构的整体性和稳定性要求，还要具有保温、防水、隔声和抗腐蚀的能力。

（1）墙板间的连接　装配式板材建筑墙板的连接，主要有焊接、混凝土整体连接和螺栓连接等方式，如图 13-5 所示。

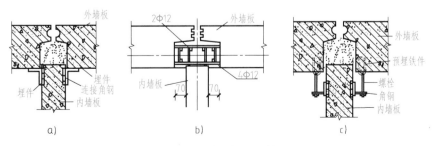

图 13-5　墙板间的连接

a）焊接　b）混凝土整体连接　c）螺栓连接

焊接是利用墙板上预留的铁件，通过连接钢板或钢筋焊接而成，如图13-5a所示。

混凝土整体连接是利用构件与附加钢筋互相连接在一起，然后浇筑高强度混凝土，是一种湿接头，如图13-5b所示。

螺栓连接是将墙板中预埋的铁件用螺栓连接固定，这种接头对预埋件的位置精度要求较高，常用于围护结构墙板与承重墙板的连接，如图13-5c所示。

（2）墙板与楼板间的连接　楼板在墙板上的搁置长度应不小于60mm，为了增强结构的整体性和稳定性，可先将墙板及楼板中的预留钢筋焊接或绑扎，再浇筑混凝土，如图13-6所示。

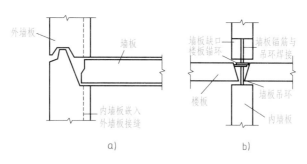

图13-6　楼板的连接

a）楼板与外墙板连接　b）楼板之间的锚接

4. 板缝的防水构造

外墙板的接缝主要有水平缝和垂直缝，要考虑由于墙板的胀缩、结构变形等对房屋防水、保温以及强度的影响。

外墙板接缝的防水，有材料防水和构造防水，如图13-7所示。

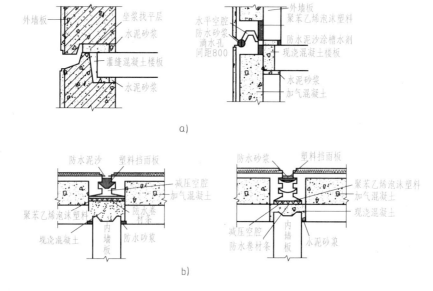

图13-7　板缝防水构造

a）水平缝　b）垂直缝

材料防水是用防水材料填嵌缝隙的构造方法。嵌缝材料应具有弹性好、附着性强、高温不流淌、低温不脆裂的特点,并有很好的黏结性和抗老化能力。

构造防水是通过改善外墙板边缘的形状,形成滴水槽、内部压力平衡风腔的构造方法。

构造防水可以是敞开式的,缝内不镶嵌防水材料,但不利于保温;也可做成封闭式的,用水泥砂浆或密封材料嵌缝,形成压力平衡风腔。

13.2.2 装配式框架建筑

装配式框架建筑由柱、梁、楼板组成承重框架结构,以轻墙板作为围护与分隔构件,又称框架轻板建筑。

装配式框架建筑的承重结构与围护结构分工明确,可以充分发挥建筑材料的特性,具有墙体薄、自重轻、结构面积小、现场湿作业少和空间分隔灵活等特点,但梁柱的接头较复杂。

装配式框架建筑按框架所使用的材料,有装配式钢框架和钢筋混凝土框架。

装配式钢框架建筑的特点是自重轻、施工速度快,适用于高层或超高层建筑。装配式钢筋混凝土框架建筑的梁、板、柱均为钢筋混凝土构件,具有刚度大、防火性能好等特点。这里主要介绍装配式混凝土框架建筑。

1. 结构体系

装配式混凝土框架建筑的结构体系,主要有梁板柱框架体系、板柱框架体系和剪力墙框架体系,如图 13-8 所示。

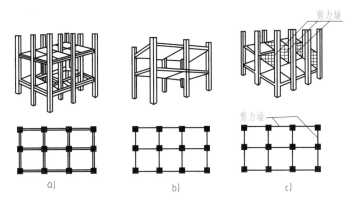

图 13-8　装配式框架的结构体系
a)梁板柱框架体系　b)板柱框架体系　c)剪力墙框架体系

(1)梁板柱框架体系　梁板柱框架体系由梁、楼板和柱子组成,是常用的一种结构形式,如图 13-8a 所示。

(2)板柱框架体系　板柱框架体系由楼板和柱子组成,不设梁,楼板直接搁置在框架柱上,形成四角支承,如图 13-8b 所示。板柱框架体系的楼板有肋形板、实心板等形式。

(3)剪力墙框架体系　剪力墙框架体系是在梁板柱框架体系或板柱框架体系中增加一些剪力墙,如图 13-8c 所示。这种结构体系的整体性强,可承受较大的水平荷载,适用于高层建筑。

2. 构件连接

框架结构的构件连接构造，直接影响到装配式混凝土框架建筑的整体性，安装节点要受力合理、构造简单、方便施工，在地震区还要具有良好的抗震性能。

（1）梁板柱框架节点　浆锚节点是梁板柱框架节点常用的构造方法，它是将上柱伸出的锚拉筋穿过梁下柱的预留孔后，灌入高强快硬膨胀砂浆，如图 13-9 所示。

浆锚节点构造简单，施工方便，但对浆锚材料要求较高，如要有早强、高强、微膨胀等特点。

整体式梁柱接头是梁板柱连接的另一种方法，即将上下柱、纵横梁的钢筋都伸入节点，加配箍筋，然后用混凝土浇筑成一个整体，其特点是节点刚度大、整体性好。

在柱子与柱子的连接中，还有榫式节点、焊接节点和叠压式节点等形式。

（2）板柱框架节点　板柱框架节点一般有短柱插筋锚浆、短柱承台、长柱双侧牛腿及后张预应力等形式，如图 13-10 所示。

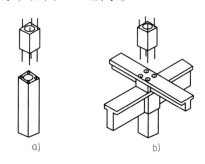

图 13-9　浆锚
a）上下柱浆锚接头　b）梁柱叠压浆锚节点

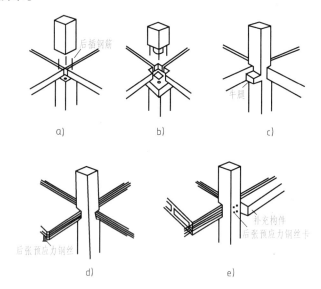

图 13-10　板柱框架节点
a）短柱插筋浆锚　b）短柱承台节点　c）长柱双侧牛腿
d）后张预应力板柱节点　e）后张预应力板柱边跨补充构件

3. 装配式框架建筑的墙体

装配式框架建筑的外墙一般只承受自重和风荷载，是框架的围护结构，可以是幕墙、砌块墙和混凝土类轻板外墙。

幕墙根据外饰面材料的不同，有金属幕墙和玻璃幕墙；砌块墙适用于商住楼、学校和医院等建筑；混凝土类轻板外墙有加气混凝土轻板和陶粒混凝土轻板等。

装配式框架建筑的内墙板一般采用空心石膏板、加气混凝土板和纸面石膏板。

13.2.3　盒子建筑

盒子建筑是将一个房间或几个房间组合成一个整体的盒子形构件，在施工现场组装而成的建筑。完善的盒子构件不仅有结构部分和围护部分，而且内部装饰、设备、管线和外部装修等均可在工厂生产完成。

1. 单元盒子的构成

单元盒子构件有整体现浇和拼装的结构形式，如图 13-11 所示。

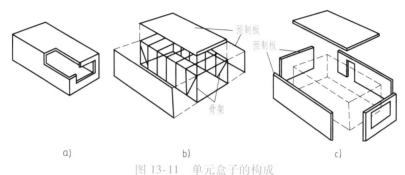

图 13-11　单元盒子的构成

a）整体现浇　b）骨架与预制板材组装　c）预制板材组装

2. 结构体系

盒子建筑的结构体系，分为无骨架体系和骨架体系两类。

无骨架体系是将有承重能力的单元盒子构件叠合放置，如图 13-12 所示。

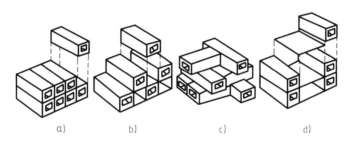

图 13-12　无骨架结构体系

a）叠合式组合　b）错位式组合　c）双向交错组合　d）盒子板材组合

骨架盒子建筑体系，主要有框架体系和筒体体系等，如图 13-13 所示。

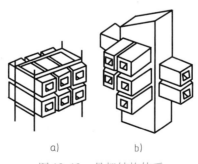

图 13-13　骨架结构体系

a）框架体系　b）筒体体系

课题3   工具式模板现浇建筑

工具式模板现浇建筑是采用组装式模板或滑升式模板，在建筑现场用机械化的方式浇筑混凝土楼板和墙体的一种建筑形式，由于钢制模板可作为工具重复使用，所以又称为工具式模板建筑。工具式模板现浇建筑主要有大模板建筑和滑升模板建筑。

13.3.1   大模板现浇建筑

大模板现浇建筑的钢制大模板可重复使用，一般由模板面板、支架和操作平台三部分组成，如图13-14所示。

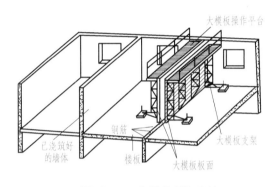

图13-14   大模板现浇建筑

大模板现浇建筑的整体性强，抗震、抗风能力强，施工速度快，以减少室内外抹灰工程量，施工设备投资较少，但现场混凝土工作量大、工地施工组织较复杂，不利于冬季施工。

1. 大模板

大模板一般有平模、角模和筒子模等，如图13-15所示。

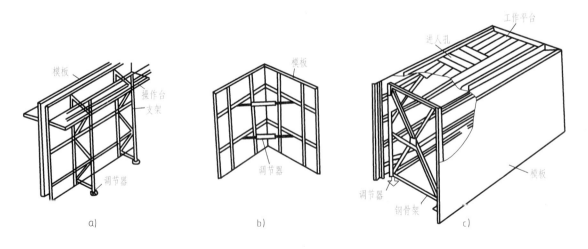

图13-15   大模板的类型
a) 平模   b) 角模   c) 筒子模

2. 大模板建筑的类型

大模板建筑的内墙一般是采用工具式大型模板现场浇筑的钢筋混凝土墙板，外墙板可以采用预制钢筋混凝土墙板、砌筑砖墙或现浇钢筋混凝土墙。楼板可以采用现场浇筑或预制装配式钢筋混凝土板。

（1）现浇与预制相结合　这种建筑的内墙为大模板现浇钢筋混凝土墙体，外墙采用预制大墙板。一般先装外墙板后浇内墙，即把预制外墙板的甩筋与内墙钢筋绑扎在一起，在外墙板的板缝中插入竖向钢筋，利用内墙的浇筑，将搭接的钢筋接头锚固成整体，如图 13-16 所示。这种建筑的外墙装饰和保温隔热处理，可在构件预制厂完成。

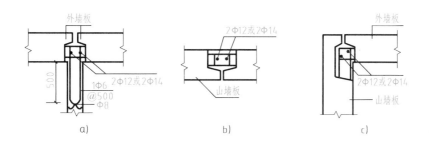

图 13-16　现浇内墙与外挂墙板的连接

a）内外墙连接　b）外墙板连接　c）外墙角连接

现浇与预制相结合建筑，一般采用预制的钢筋混凝土楼板。预制楼板安装时，将板端伸入现浇墙体内 35～45mm，相邻两楼板间按规定留有一定的空隙，并将楼板端部的连接钢筋与墙体内钢筋绑扎，与现浇墙体形成整体，如图 13-17 所示。

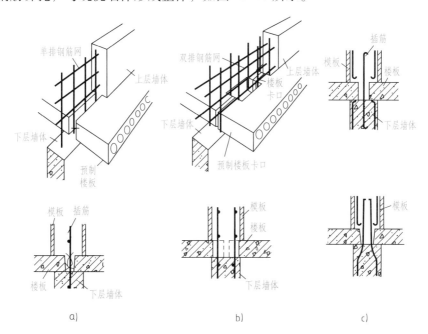

图 13-17　预制楼板与墙板的连接

a）预制楼板现浇墙体上下层单排钢筋连接　b）卡口楼板双排钢筋连接　c）上下墙体采用过渡钢筋连接

（2）现浇与砌筑相结合　这种建筑的内墙为大模板现浇钢筋混凝土墙体，外墙为块材砌筑，块材砌筑的外墙可以降低造价，有较好的保温隔热性能，但现场工作量大，工期较长。

在砌筑外墙的大模板建筑中，一般先砌外墙，后浇内墙。外墙砌筑时放入拉结筋，并与内墙钢筋绑扎在一起。在需设置构造柱的部位砌成凹槽，布置竖向钢筋，现浇内墙后，可在凹槽中形成钢筋混凝土构造柱，如图13-18所示。

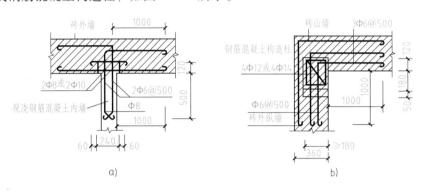

图13-18　现浇内墙与外砌砖墙的连接
a）内外墙连接　b）外墙角连接

（3）全现浇做法　这种建筑的内外墙体和楼板均为现场浇筑，整体性好，但对设备要求较高，一般用胎模和隧道模进行施工。

13.3.2　滑升模板建筑

滑升模板也称滑模，是预先将工具式模板组合好，利用墙体中的钢筋作导杆，以油压千斤顶作提升动力，边浇筑混凝土边提升模板，是一种连续浇筑混凝土墙体的施工方法，如图13-19所示。

滑升模板适用于上下有相同壁厚的建筑物和具有简单垂直形体的构筑物，如烟囱、筒仓和水塔等。滑模建筑的整体性好、机械化程度高、施工速度快，但墙体垂直度的控制难度大，对施工操作精度要求较高。

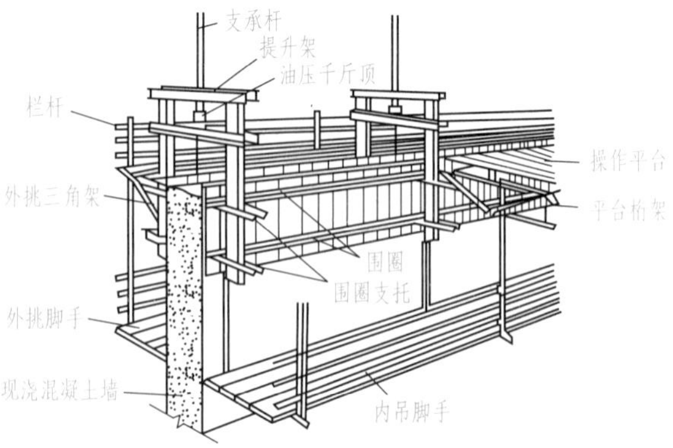

1. 滑模部位

在滑模建筑中，可以对部分墙体或全部墙体采用滑模施工，一般有内墙用滑模施工，外墙为装配式墙体；内外墙均用滑模施工；只用滑模浇筑电梯间等筒体部分，其余部分采用框架等方式，如图13-20所示。

2. 楼板的安装

滑模建筑楼板的安装施工方法，主要有以下几种。

图13-19　滑升模板

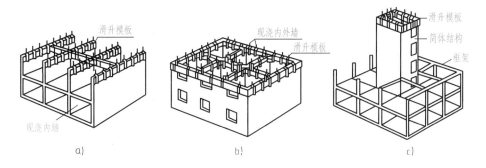

图 13-20　建筑物滑模部位

a）内墙滑模施工　b）内外墙全部滑模施工　c）核心结构滑模施工

1）在建筑内部层叠制作楼板，自上而下进行吊装，如图 13-21a 所示。

2）用悬挂模板自上而下浇筑楼板，如图 13-21b 所示。

3）墙体施工完成后，自上而下吊装预制楼板，如图 13-21c 所示。

4）在墙体施工高出楼板几层后，逐层支模浇筑楼板，如图 13-21d 所示。

5）将模板向上空滑一定高度后，将预制楼板插入墙体上预留的孔洞中，如图 13-21e 所示。

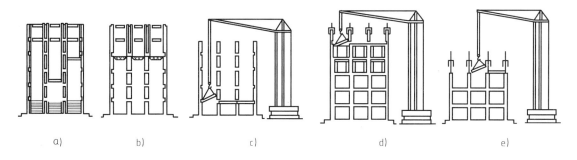

图 13-21　滑模建筑楼板的安装

本 章 回 顾

1. 建筑工业化包括设计标准化、构件工厂化、施工机械化和管理科学化四个方面的内容。实现建筑工业化有两个途径：发展预制装配式建筑和发展全现浇及工具式模板现浇与预制相结合的体系。

2. 预制装配式建筑是用工业化的方法加工、生产建造房屋所需的构配件，然后在施工现场进行装配，主要有装配式板材建筑、装配式框架建筑和盒子建筑。

3. 工具式模板现浇建筑又称工具式模板建筑，是采用工具式模板在建筑现场用机械化的方式浇筑混凝土楼板和墙体的一种建筑形式，主要有大模板建筑和滑升模板建筑。

第14章 工业建筑

序号	学习内容	学习目标	能力目标
1	工业建筑的分类 单层厂房结构体系以及起重运输设备、定位轴线	了解工业建筑的分类、单层厂房结构体系类型以及起重运输设备、定位轴线标定方法	能区分工业建筑的类型、单层厂房的结构体系类型和起重运输设备 能理解定位轴线的定位方法
2	单层工业厂房的主要结构构件、围护构件及其他构造	掌握单层工业厂房的主要结构构件、围护构件及其他构造的作用和构造做法	能正确分析单层工业厂房的各部分构造做法并能看懂单层工业厂房构造图

课题1 概述

工业建筑是为工业生产需要而建造的各种不同用途的建筑物和构筑物的总称,其中,生产用的建筑物通常称为工业厂房。工业建筑和民用建筑具有许多共性,但由于工业建筑是为工业生产服务的,所以生产工艺将直接影响到建筑平面布局、建筑结构、建筑构造、施工工艺等,这与民用建筑又有很大差别。

14.1.1 工业建筑的分类

由于生产工艺的多样化和复杂化,工业建筑的类型很多,通常可按以下几种方式进行分类:

1. 按厂房的用途分类

1)主要生产厂房,是用于产品从原料到成品的整个加工、装配过程的厂房,如机械制造厂的铸造车间、热处理车间、机械加工车间和机械装配车间等。

2)辅助生产厂房,是指为主要生产车间服务的各类厂房,如机械制造厂的机械修理车间、电机修理车间、工具车间等。

3)动力用厂房,是指为全厂提供能源的各类厂房,如发电站、变电所、锅炉房、煤气站、乙炔站、氧气站和压缩空气站等。

4)储藏用建筑,是用于储藏各种原材料、半成品、成品的仓库,如机械厂的金属材料库、油料库、辅助材料库、半成品库及成品库等。

5)运输用建筑,是指用于停放、检修各种交通运输工具用的房屋,如机车库、汽车库、蓄电池车库、起重车库、消防车库和站场用房等。

6)其他,指不属于上述五类用途的建筑,如污水处理建筑等。

2. 按层数分类

1)单层厂房,指层数仅为一层的工业厂房。适用于具有大型设备、震动荷载作用下或重型运输设备的生产，如机械制造、冶金生产及重型设备的组装维修等，如图 14-1 所示。

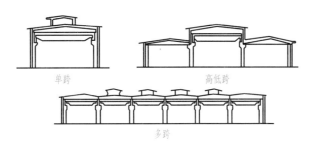

图 14-1　单层厂房

2）多层厂房，指层数在两层及两层以上的厂房，一般为 2~5 层。适用于在垂直方向的生产组织、工艺流向比重较大及设备产品较轻类型的工业生产，如轻工、电子、食品、仪器仪表生产等，如图 14-2 所示。

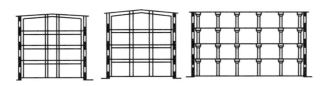

图 14-2　多层厂房

3）混合层数厂房，指同一厂房内既有单层又有多层的厂房，多用于化学工业、热电站等，如图 14-3 所示。

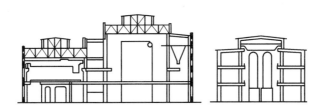

图 14-3　混合层数厂房

3. 按生产状况分类

1）热加工车间，指在高温状态下进行生产的车间，如铸造、炼钢、轧钢车间等。

2）冷加工车间，指在正常温度、湿度条件下进行生产的车间，如机械加工、机械装配、工具、机修车间等。

3）恒温恒湿车间，指在恒定的温度、湿度条件下进行生产的车间，如纺织车间、精密仪器车间、酿造车间等。

4）洁净车间，指在无尘、无菌、无污染的高度洁净状况下进行生产的车间，如集成电路车间、医药工业中的粉针剂车间等。

5）其他特种状况的车间，如生产过程中会产生大量腐蚀性物质、放射性物质、噪声、电磁波等的车间。

14.1.2 单层厂房结构体系和类型

1. 厂房的结构体系

（1）排架结构 排架结构是指由柱子、基础、屋架（屋面梁）构成的一种骨架体系。它的基本特点是把屋架看成一个刚度很大的横梁，屋架（屋面梁）与柱子的连接为铰接，柱子与基础的连接为刚接。骨架之间通过纵向联系构件（吊车梁、连系梁、圈梁、檩条、屋面板及支撑系统）构成一体，以提高厂房的纵向联系和整体性，如图14-4所示。

（2）刚架结构 刚架结构是指将屋架（屋面梁）与柱子合并成为一个构件，柱子与屋架（屋面梁）连接处为整体刚性节点，柱子与基础的连接一般为铰接节点或刚性节点，如图14-5所示。

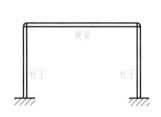

图14-4 排架结构

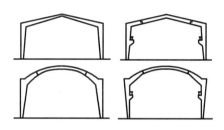

图14-5 刚架结构

2. 厂房的结构类型

（1）砖石结构 基础采用毛石砌筑（毛石混凝土），墙、柱采用砖砌体，屋面采用钢筋混凝土大梁（屋架）或钢屋架、轻钢组合式屋架等结构形式。这种形式的厂房具有构造简单、对施工的条件要求不高等特点。适宜于没有吊车或吊车吨位在5t以下及厂房跨度小于15m的工业厂房。

（2）预制装配式钢筋混凝土结构 厂房的承重骨架采用预应力钢筋混凝土屋架、大型屋面板、柱、杯形基础，现场预制吊装。适宜于厂房跨度较大、吊车吨位较高、地基土质复杂的情况。

（3）钢结构 钢结构厂房柱、屋架均采用钢材制作，整体焊接而成。其特点是施工速度快、抗震性能好，结构自重小，适合于震动荷载、冲击荷载作用明显的结构。

14.1.3 单层厂房结构组成

目前我国单层工业厂房一般采用的是装配式钢筋混凝土排架结构，如图14-6所示。

14.1.4 单层厂房内部起重运输设备

单层工业厂房内需要安装各种类型的起重运输设备，以便装卸各种原材料或搬运各种零部件，常用的有以下三种：

1. 悬挂式单轨起重机

悬挂式单轨起重机由电动葫芦和工字钢轨两部分组成。工字钢轨可以悬挂在屋架（或屋面梁）下弦。轨上设有可水平移动的滑轮组（即电动葫芦），起重量一般为1～5t，如图14-7所示。

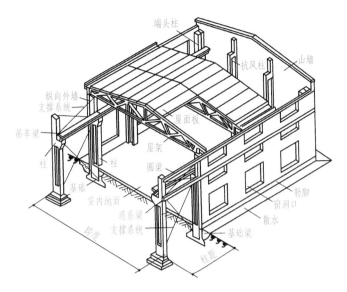

图 14-6　单层厂房的结构组成

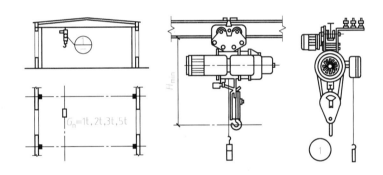

图 14-7　单轨悬挂吊车

2. 单梁电动起重机

单梁电动起重机由电动葫芦和梁架组成。梁架悬挂在屋架下或支承在起重机梁上，工字钢轨固定在梁架上，电动葫芦悬挂在工字钢轨上。梁架沿厂房纵向移动，电动葫芦沿厂房横向移动，起重量一般为 0.5~5t，如图 14-8 所示。

3. 桥式起重机

桥式起重机由桥架和起重小车组成，桥架支承在起重机梁上，并可沿厂房纵向移动，桥架上设支承小车，小车能沿桥架横向移动，起重量为 5~350t，吊钩有单钩和主副钩的形式，如图 14-9 所示。

14.1.5　单层厂房的定位轴线

单层厂房的定位轴线是确定厂房主要构件的位置及其标志尺寸的基线，同时也是设备定位、安装及厂房施工放线的依据。

定位轴线的划分是在柱网布置的基础上进行的，并与柱网布置一致。

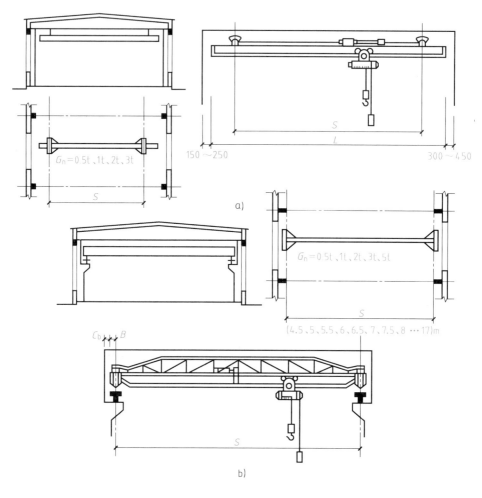

图 14-8　单梁式吊车
a) 悬挂式单梁吊车平、剖面图及安装尺寸
b) 支承式单梁吊车平、剖面图及安装尺寸

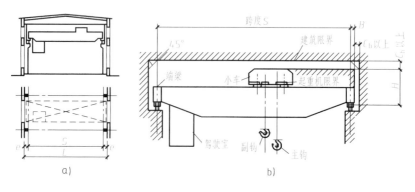

图 14-9　桥式吊车
a) 平、剖面图　b) 安装尺寸

1. 柱网

厂房承重柱（或承重墙）的纵向和横向定位轴线，在平面上排列所形成的网格，称为柱网，如图 14-10 所示。柱网布置就是确定纵向定位轴线之间（跨度）和横向定位轴线之间（柱距）的尺寸。确定柱网尺寸，既是确定柱的位置，同时也是确定屋面板、屋架和起重机梁等构件的跨度并涉及厂房结构构件的布置。柱网布置恰当与否，将直接影响厂房结构的经济合理性和先进性，对生产使用也有密切关系。

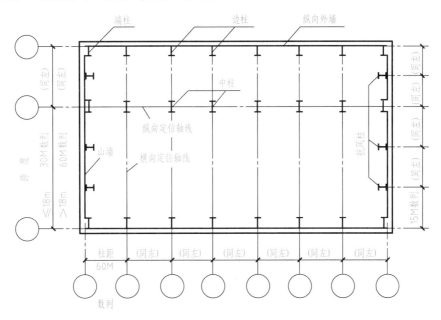

图 14-10 单层厂房平面柱网布置及定位轴线

（1）跨度 厂房的两纵向定位轴线间的距离称为跨度，单层厂房的跨度在 18m 以下时，应采用扩大模数 30M 数列，即 9m、12m、15m、18m；在 18m 以上时，应采用扩大模数 60M 数列，即 24m，30m，36m，…，如图 14-10 所示。

（2）柱距 厂房的两横向定位轴线的间距称为柱距。单层厂房的柱距应采用扩大模数 60M 数列。单层厂房山墙处的抗风柱柱距宜采用扩大模数 15M 数列，即 4.5m、6m，如图 14-10 所示。

2. 厂房定位轴线的确定

厂房定位轴线的确定，应满足生产工艺的要求并注意减少厂房构件类型和规格，同时使不同厂房结构形式所采用的构件能最大限度地互换和通用，有利于提高厂房工业化水平。

厂房的定位轴线分为横向和纵向两种。

（1）横向定位轴线 横向定位轴线是垂直厂房长度方向（即平行于横向排架）的定位轴线。横向定位轴线主要用来标注厂房纵向构件如屋面板、起重机梁的长度（标志尺寸）。

（2）纵向定位轴线 纵向定位轴线是平行厂房长度方向（即垂直于横向排架）的定位轴线。纵向定位轴线主要用来标注厂房横向构件，如屋架的长度（标志尺寸）和确定屋架（或屋面梁）、排架柱等构件间的相互关系。

课题 2 单层工业厂房的主要结构构件

14.2.1 柱

1. 柱的类型

单层工业厂房中的柱子，主要采用钢筋混凝土柱；跨度大、振动多的厂房，一般采用钢柱；跨度小，起重量小的厂房，一般采用砖柱。

（1）按柱的位置分类 有边柱、中列柱、高低跨柱（以上均属于承重柱）和抗风柱。

（2）按柱的截面类型分类 有矩形柱、工字形柱、钢筋混凝土管柱、双肢柱等。

1）矩形柱，其构造简单，施工方便，对中心受压柱或截面较小的柱子经常采用。矩形截面柱的缺点是不能充分发挥混凝土的承压能力，且自重大，消耗材料多。如图 14-11a 所示。

2）工字形柱，其截面形式比较合理，整体性能好，比矩形柱减少材料30% ~40%，施工简单，在工业厂房中是一种经常采用的柱截面形式。如图 14-11b、c 所示。

3）钢筋混凝土管柱，采用高速离心方法制作。其直径为 200 ~400mm，牛腿部分需要浇筑混凝土，牛腿上下均为单管，如图 14-11d、e 所示。

4）双肢柱，在荷载作用下，双肢柱主要承受轴向力，因而可以充分发挥混凝土的强度。这种柱子断面小，自重轻，两肢间便于通过管道，少占空间。在起重机吨位较大的单层工业厂房中，柱子的截面也相应加大，采用双肢柱可以省去牛腿，简化了构造，如图 14-11f、g、h 所示。

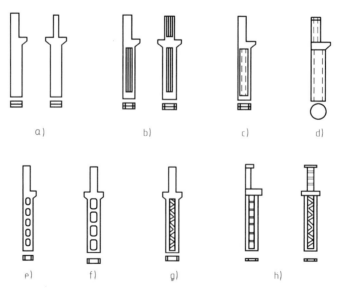

图 14-11 柱子的类型

2. 柱身上的埋件与埋筋

柱了是单层工业厂房的主要竖向承重构件，特别是钢筋混凝土柱应预埋好与屋架、起重机梁、柱间支撑连接的埋件，还要预留好与圈梁、墙体的拉筋、柱子连接的埋筋与埋件，如

图 14-12 所示。

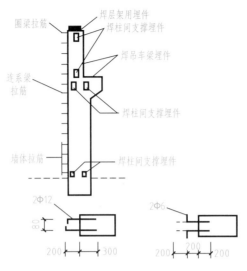

图 14-12 柱身上的埋件与埋筋

14.2.2 基础与基础梁

1. 基础

单层工业厂房的基础主要采用杯形独立基础。基础的底面积由计算确定。基础的剖面形状一般做成锥形或阶梯形，预留杯口以便插入预制柱。杯形基础构造如图 14-13 所示。

2. 基础梁

采用排架结构的单层工业厂房，外墙通常不再做条形基础，而是将墙砌筑在特制的基础梁上，基础梁的断面形状如图 14-14 所示。基础梁搁置在杯形基础的顶面上，成为承自重墙，这样做的好处是避免排架与砖墙的不均匀下沉。当基础埋置较深时，可将基础梁放在基础上表面加的垫块上或柱的小牛腿上，以减少墙身的砌筑量。基础梁在放置时，梁的表面应低于室内地坪 50mm，高于室外地坪 100mm，并且不单作防潮层，如图 14-15 所示。在寒冷

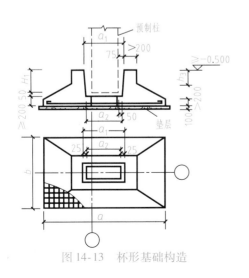

图 14-13 杯形基础构造

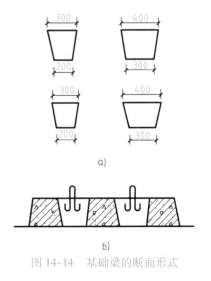

图 14-14 基础梁的断面形式

地区的基础梁下部应设置防止土层冻胀的措施。一般做法是在梁下铺设干砂、矿渣等防冻材料。其做法如图 14-16 所示。

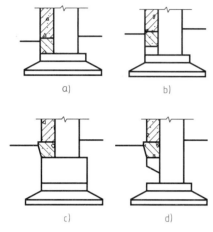

图 14-15　基础梁的搁置形式

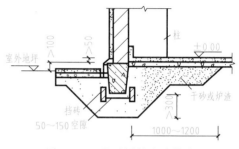

图 14-16　基础梁的防冻措施

14.2.3　起重机梁、连系梁与圈梁

1. 起重机梁

（1）起重机梁的种类　起重机梁有 T 形吊车梁、工字形起重机梁和鱼腹式起重机梁等。

1）T 形起重机梁，上部翼缘较宽，扩大了梁的受压面积，安装轨道也方便。T 形起重机梁的自重轻、省材料、施工方便。起重机梁的梁端上下表面均留有预埋件，以便安装焊接，梁身上的圆孔为穿管线预留孔，如图 14-17 所示。

2）工字形起重机梁，为预应力钢筋混凝土制成，它适用于 6m 柱距，12 ~ 30m 跨度的厂房，起重量为 5 ~ 75t 的重级、中级、轻级工作制，如图 14-18 所示。

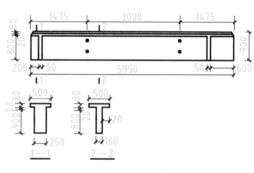

图 14-17　T 形吊车梁

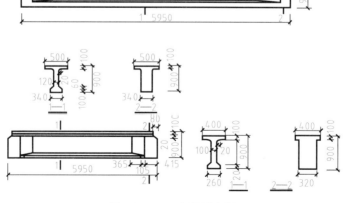

图 14-18　工字形吊车梁

3）鱼腹式起重机梁，受力合理，腹板较薄，节省材料，能较好地发挥材料的强度。鱼腹式起重机梁适用于柱距为 6m、跨度为 12~30m 的厂房，起重量可达 100t，如图 14-19 所示。

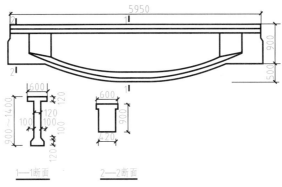

图 14-19　鱼腹式吊车梁

（2）起重机梁与柱子的连接　起重机梁与柱子的连接多采用焊接的方法。为了承受起重机的横向水平刹车力，在起重机梁的上翼缘与柱间用角钢或钢板连接，以承受起重机的横向推力。起重机梁的下部在安装前应放钢垫板一块并与柱牛腿上的预埋钢板焊牢。起重机梁与柱子空隙填以 C20 混凝土，以传递刹车力，如图 14-20 所示。

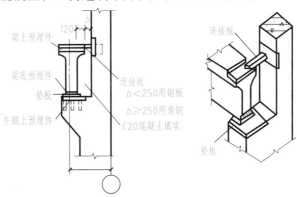

图 14-20　吊车梁与柱子的连接

（3）起重机轨道的安装与车挡　单层工业厂房中的起重机轨道一般采用铁路钢轨，也可以采用起重机专用钢轨，轨道与起重机梁的安装应通过垫木、橡胶垫等进行减震，如图 14-21 所示。为了防止在运行时刹车不及时而撞到山墙上，应在起重机梁的末端设置车挡（止冲装置）。连接方法如图 14-22 所示。

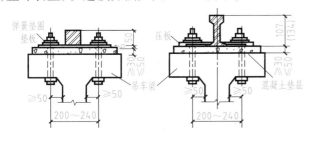

图 14-21　吊车轨道的安装构造

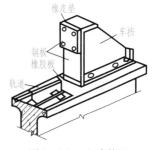

图 14-22　止冲装置

2. 连系梁与圈梁

（1）连系梁　连系梁是厂房纵向柱列的水平连系构件，可代替窗过梁。连系梁对增强厂房纵向刚度、传递风力有明显的作用。连系梁承受其上部的墙体重量并传给柱子。连系梁与柱子的连接如图14-23所示。

（2）圈梁　圈梁的作用是在墙体内将墙体同厂房的排架柱、抗风柱连在一起，以加强整体刚度和稳定性，在设防烈度为8度、9度时按照上密下疏的原则每4m左右在窗顶加一道。其断面高度应不小于180mm，配筋数量主筋6～8度时不应少于4Φ12，9度时不应少于4Φ14，箍筋为Φ6@250。圈梁应与柱子伸出的预埋筋进行连接，如图14-24所示。

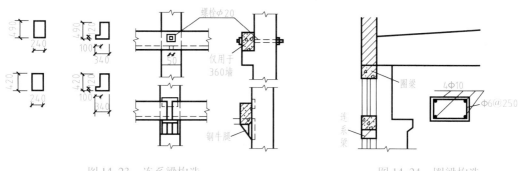

图14-23　连系梁构造　　　　　　　　图14-24　圈梁构造

14.2.4　支撑系统

在单层工业厂房中，支撑的主要作用是保证和提高厂房结构和构件的承载力、稳定性和刚度，并传递一部分水平荷载，单层工业厂房的支撑系统包括屋盖支撑和柱间支撑两大部分。

1. 屋盖支撑

屋盖支撑由水平支撑、垂直支撑及各种系杆组成。

（1）水平支撑　这种支撑布置在屋架上弦或下弦之间，沿柱距横向布置或沿跨度纵向布置。水平支撑有上弦横向水平支撑、下弦横向水平支撑、纵向水平支撑、纵向水平系杆等，如图14-25所示。

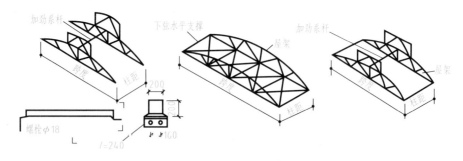

图14-25　屋盖水平支撑

（2）垂直支撑　这种支撑主要是保证屋架与屋面梁在使用和安装阶段的侧向稳定，并能提高厂房的整体刚度，如图14-26所示。

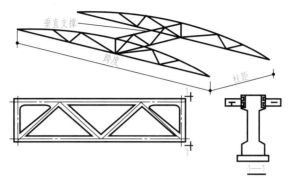

图 14-26　屋盖垂直支撑

2. 柱间支撑

柱间支撑一般设在厂房纵向柱列的端部和中部，其作用是承受山墙抗风柱传来的水平荷载及传递起重机产生的纵向刹车力，以加强纵向柱列的刚度和稳定性，是厂房必须设置的支撑系统。柱间支撑一般采用钢材制成，如图 14-27 所示。

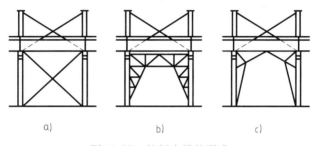

a)　　　　　　　　b)　　　　　　　　c)

图 14-27　柱间支撑的形式

14.2.5　屋盖

单层工业厂房的屋盖起着围护和承重两种作用，因此屋盖构件分为承重构件（屋架、屋面梁、托架）和覆盖构件（屋面板、瓦）两部分。目前单层厂房屋盖结构形式可分为有檩体系和无檩体系两种。

1. 屋盖的结构体系

（1）无檩体系　无檩体系是将大型屋面板直接放置在屋架或屋面梁上，屋架（屋面梁）放在柱子上，如图 14-28a 所示。这种做法的整体性好，刚度大，可以保证厂房的稳定性，而且构件数量少，施工速度快，但屋面自重一般较重，适用于大、中型厂房。

（2）有檩体系　有檩体系是将各种小型屋面板或瓦直接放在檩条上，檩条可以采用钢筋混凝土或钢做成。檩条支承在屋架或屋面梁上，如图 14-28b 所示。有檩体系的整体刚度较差，适用于起重机吨位小的中小型工业厂房。

2. 屋盖的承重构件

（1）屋架　常用的屋架有桁架式屋架和两铰拱（或三铰拱）屋架；桁架式屋架的外形有折线形、梯形和三角形等。

1）桁架式屋架，当厂房跨度较大时，采用桁架式屋架比较经济。

① 预应力钢筋混凝土折线形屋架。这种屋架的上弦杆件是由若干段折线形杆件组成的。

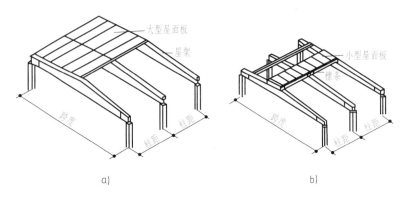

图 14-28 屋盖的承重体系
a) 无檩体系 b) 有檩体系

坡度一般为 1/5 ~ 1/15。这种屋架适用于跨度为 15m、18m、21m、24m、30m、36m 的中型和重型工业厂房，如图 14-29 所示。

②钢筋混凝土梯形屋架。这种屋架的上弦杆件坡度一致，常采用 1/10 ~ 1/12，它的端部高度较高，中间更高，因而稳定性较差。一般通过支撑系统来保证稳定。这种屋架的跨度为 18m、21m、24m、30m，如图 14-30 所示。

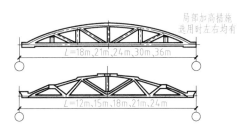

图 14-29 折线形屋架

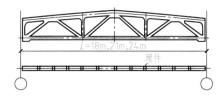

图 14-30 梯形屋架

③三角形组合式屋架。这种屋架的上弦采用钢筋混凝土杆件，下弦采用型钢或钢筋。上弦坡度为 1/3 ~ 1/5，适用于有檩屋面体系，其跨度为 9m、12m、15m。在小型工业厂房中均可采用这种屋架，如图 14-31 所示。

2）两铰拱和三铰拱屋架，由力学原理而知，两铰拱屋架的支座节点为铰接，顶部节点为刚接。三铰拱屋架的支座节点和顶部节点均为铰接。这种屋架上弦采用钢筋混凝土或预应力钢筋混凝土杆件，下弦采用角钢或钢筋。这种屋架不适合于振动大的厂房。这种屋架的跨度为 12m、15m，上弦坡度为 1/4。上弦上部可以铺放屋面板或大型瓦，如图 14-32 所示。

图 14-31 三角形组合式屋架

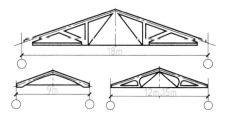

图 14-32 两铰拱屋架

3）屋架与柱子的连接，一般采用焊接。即在柱头预埋钢板，在屋架下弦端部也有埋件，通过焊接连在一起，如图 14-33a 所示。屋架与柱子也可以采用栓接。这种做法是在柱头预埋有螺栓，在屋架下弦的端部焊有连接钢板，吊装就位后，用螺母将屋架拧牢，如图 14-33b 所示。

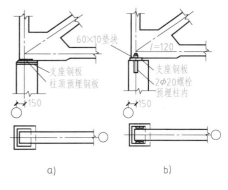

图 14-33　屋架与柱子的连接

（2）屋面梁　屋面梁又称薄腹梁，其断面呈 T 形和工字形，有单坡和双坡之分，如图 14-34 所示。单坡屋面梁适用于 6m、9m、12m 的跨度，双坡屋面梁适用于 9m、12m、15m、18m 的跨度。屋面梁的坡度比较平缓，一般统一定为 1/12～1/8。屋面梁的特点是形状简单、制作安装方便、稳定性好、可以不加支撑，但自重较大。

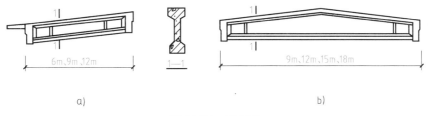

图 14-34　屋面梁
a）单坡　b）双坡

（3）托架　因工艺要求或设备安装的需要，柱距需为 12m，而屋架（屋面梁）的间距和大型屋面板长度仍为 6m 时，应加设承托屋架的托架，通过托架将屋架上的荷载传给柱子。托架一般采用预应力混凝土或钢托架，如图 14-35 所示。

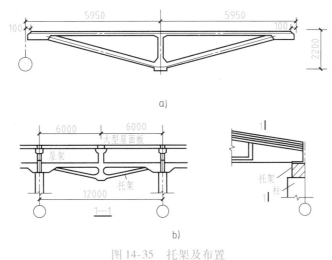

图 14-35　托架及布置
a）托架　b）托架布置

3. 屋盖的覆盖构件

（1）屋面板

1）预应力钢筋混凝土大型屋面板，是广泛采用的一种屋面板，它的标志尺寸为 1.5m ×

6.0m，适用于屋架间距6m的一般工业厂房，如图14-36所示。

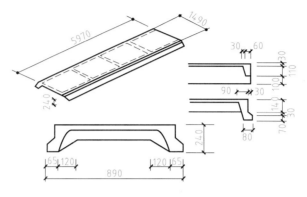

图 14-36　大型屋面板

2）预应力钢筋混凝土F形屋面板，包括F形板、脊瓦、盖瓦三部分，常用坡度为1/4。如图14-37所示，它属于构件自防水屋面。

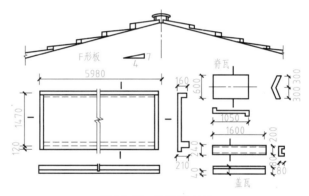

图 14-37　F形屋面板

3）预应力钢筋混凝土单肋板，属于构件自防水屋面，其做法与F形板相似。

4）预应力混凝土夹芯保温屋面板，具有承重、保温、防水三种作用，故称三合一板，如图14-38所示，适用于一般保温厂房。

5）钢筋混凝土槽形板，属于自防水构件，需与盖瓦、脊瓦和檩条一起使用，适用于吊车吨位在10t以下的中小型厂房，如图14-39所示。

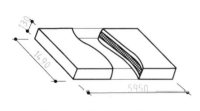

图 14-38　夹芯保温屋面板

图 14-39　钢筋混凝土槽形板

（2）檩条　檩条起着支承槽瓦或小型屋面板等作用，并将屋面荷载传给屋架。常用的有预应力钢筋混凝土倒L形和T形檩条，如图14-40所示。

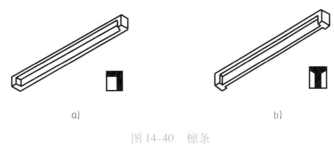

图 14-40   檩条
a）倒 L 形   b）T 形

课题 3   单层工业厂房的围护构件及其他构造

14.3.1   外墙

单层厂房的外墙按承重方式不同分为承重墙、承自重墙和框架墙。承重墙一般用于中、小型厂房，其构造与民用建筑构造相似。当厂房跨度和高度较大，或厂房内起重运输设备吨位较大时，通常由钢筋混凝土排架柱来承受屋盖和起重运输荷载，外墙只承受自重，起围护作用，这种墙称为承自重墙；某些高大厂房的上部墙体及厂房高低跨交接处的墙体，往往砌筑在墙梁上，墙梁架空支承在排架柱上，这种墙称为框架墙。承自重墙与框架墙是厂房外墙的主要形式。根据墙体材料不同，厂房外墙又可分为砌体墙、大型板材墙、轻质板材墙和开敞式外墙。

1. 砌体墙（砖及砌块墙）

（1）墙与柱的相对位置   墙与柱的相对位置一般有三种方案。

1）将墙砌筑在柱子外侧，如图 14-41a 所示，这种方案构造简单、施工方便、热工性能好，基础梁和连系梁便于标准化，因此被广泛采用。

2）将墙部分嵌入在排架柱中，如图 14-41b 所示，能增加柱列的刚度；但施工较麻烦，需要部分砍砖，基础梁和连系梁等构件也随之复杂。

3）将墙设置在柱间，如图 14-41c、d 所示，更能增加柱列的刚度，节省占地；但不利于基础梁和连系梁的统一及标准化，热工性能差，构造复杂。

（2）墙体与柱子的连接   墙体和柱子必须有可靠的连接。一般做法是在水平方向与柱子拉牢，围护墙宜采用外贴式砌筑并与柱子牢固拉紧，还应与屋面板、天沟板或檩条拉接。拉接钢筋的设置原则是：上下间距不宜大于 500mm，钢筋数为 2Φ6，伸入墙体内部不少于500mm，如图 14-42 所示。

2. 大型板材墙

（1）墙板的类型   按墙板的性能不同，有保温墙板和非保温墙板；按墙板本身的材料、构造和形状的不同，有钢筋混凝土槽形板、钢丝网水泥折板、预应力钢筋混凝土板等，如图 14-43 所示。在很多采用墙板的单层工业厂房中采用窗框板，用以代替钢（木）带形窗框。由于板在墙面上的位置不同，如一般墙面、转角、檐口、勒脚、窗台等部位，板的形状、构造、预埋件的位置也不尽相同。

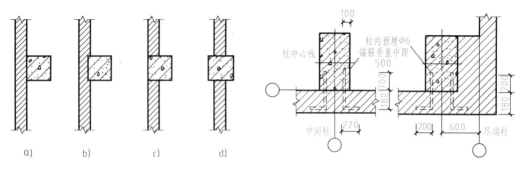

图 14-41 墙与柱的位置   图 14-42 墙体与柱子的连接构造

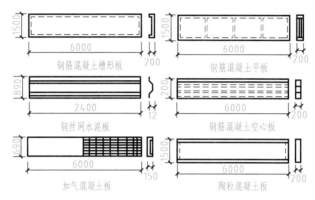

图 14-43 墙板的类型

（2）墙板与柱子的连接 把预制墙板拼成整片的墙面，必须保证墙板与排架、墙板与墙板有可靠的连接，要求连接的方法必须简单，便于施工。目前采用的连接方法有柔性连接和刚性连接两种。

1）柔性连接，指的是用螺栓连接，也可以在墙板外侧加压条，再用螺栓与柱子压紧压牢。这种连接方法对地基的不均匀下沉或有较大震动的厂房比较适宜，如图 14-44 所示。

2）刚性连接，指的是用焊接连接，其具体做法是在柱子侧边及墙板预留铁件，然后用型钢进行焊接连接。这种连接方法可以增加厂房的刚度，但在不良地基或震动较大的厂房中，墙板容易开裂。

这种做法只适用于抗震设防在 7 度及 7 度以下的工业建筑中，如图 14-45 所示。

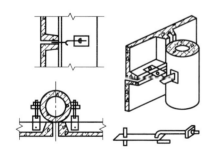

图 14-44 墙板与柱子柔性连接

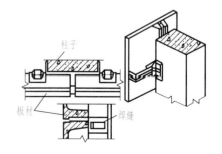

图 14-45 墙板与柱子刚性连接

3. 轻质板材墙

轻质板材墙适用于一些不要求保温、隔热的热加工车间、防爆车间和仓库的外墙。轻质墙板只起围护作用，墙板除传递水平风荷载外，不承受其他荷载。墙身自重也由厂房骨架来承担。

4. 敞式外墙

在我国南方地区的热加工车间及某些化工车间，为了迅速排烟、散气、除尘，一般采用开敞式外墙或半开敞式外墙。

14.3.2　侧窗

单层厂房的侧窗除具有采光、通风等一般功能外，还要满足保温、隔热、防尘、开关方便以及有爆炸危险车间的泄压等要求。单层厂房的侧窗多数为单层窗，在寒冷地区或有恒温、洁净等要求的厂房可设双层窗。

在设置有起重机的厂房中，可将侧窗分上、下两段布置，形成高侧窗和低侧窗。低侧窗下沿略高于工作面，投光近，对近窗采光点有利；高侧窗投光远，光线均匀，可提高远离侧窗位置的采光效果，如图 14-46 所示。

单层厂房的侧窗，按材料分有钢窗、木窗、铝合金窗及塑钢窗等，按开启方式分有中悬窗、平开窗、固定窗和立旋窗。

一般情况下，可用中悬窗、平开窗、固定窗等组合成单层厂房的侧窗，如图 14-47 所示。

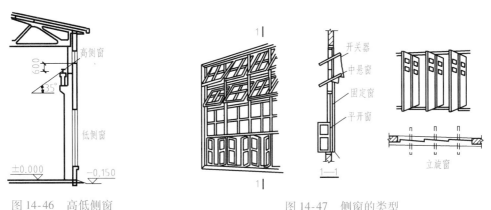

图 14-46　高低侧窗　　　　图 14-47　侧窗的类型

平开窗开关方便，构造简单，通风效果好，一般用于外墙下部，作为通风的进气口。

中悬窗开启角度大，便于机械开关，多用于外墙上部。这种窗结构复杂，窗扇周边的缝隙易滴水、不利于保温。

固定窗没有活动窗扇，不能开启，主要用于采光，多设在外墙中部。

立旋窗的窗扇绕垂直轴转动，可根据风向调整角度，通风效果好，多用于热加工车间的进风口。

14.3.3　天窗

天窗的类型很多，一般就其在屋面的位置常分为：上凸式天窗，下沉式天窗，平天窗等，如图 14-48 所示。一般天窗都具有采光和通风双重作用。但采光兼通风的天窗，一般很难保证排气的效果，故这种做法只用于冷加工车间；而通风天窗排气稳定，故只应用于热加工车间。

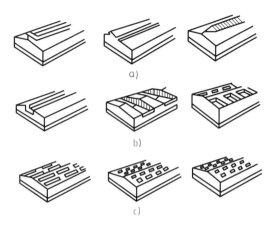

图 14-48 天窗的类型

1. 上凸式天窗

上凸式天窗是我国单层工业厂房采用最多的一种。常见的有矩形天窗、三角形天窗、M 形天窗等；它沿厂房纵向布置。下面以矩形天窗为例，介绍上凸式天窗的构造。矩形天窗由天窗架、天窗屋面、天窗端壁、天窗侧板和天窗窗扇等组成，如图 14-49 所示。

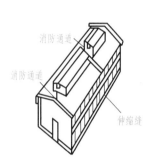

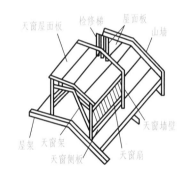

图 14-49 矩形天窗的组成

（1）天窗架 天窗架是天窗的承重结构，它直接支承在屋架上。天窗架的材料一般与屋架、屋面梁的材料一致。矩形天窗的天窗架通常用 2~3 个三角形支架拼装而成，如图 14-50 所示。

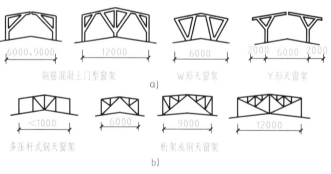

图 14-50 矩形天窗的天窗架

（2）天窗端壁 天窗端壁又叫天窗山墙，它不仅使天窗尽端封闭起来，同时也支承天窗上部的屋面板。它也是一种承重构件。天窗端壁是由预制的钢筋混凝土肋形板组成。当天窗架跨度为 6m 时，用两个端壁板拼接而成；天窗架跨度为 9m 时，用三个端壁板拼接而成。

（3）天窗侧板 天窗侧板是天窗窗扇下的围护结构，相当于侧窗的窗台部分，其作用是防止雨水溅入室内。天窗侧板可以做成槽形板式，其高度由天窗架的尺寸确定，一般为

400～600mm，但应注意，高出屋面为 300mm。侧板长为 6m。槽形板内应填充保温材料，并将屋面上的卷材用木条加以固定，如图 14-51 所示。

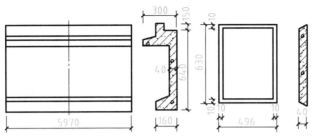

图 14-51　天窗侧板

（4）天窗窗扇　天窗窗扇分为钢天窗扇或木天窗扇两种。钢天窗扇具有耐久、耐高温、重量轻、挡光少、不宜变形、关闭严密等优点，因此工业建筑中多采用钢天窗扇。

（5）天窗屋面　天窗屋面与厂房屋面系相同，槽口部分采用无组织排水，把雨水直接排在厂房屋面上。槽口挑出尺寸为 300～500mm。在多雨地区可以采用在山墙部位做檐沟，形成有组织的内排水。

（6）天窗挡风板　天窗挡风板主要用于热加工车间。有挡风板的天窗叫避风天窗。挡风板的立柱焊在屋架上弦上，并用支撑与屋架焊接。挡风板采用石棉板，并用特制的螺钉将石棉板拧于立柱的水平檩条上。

2. 下沉式天窗

常见的有横向下沉式天窗、纵向下沉式天窗及天井式天窗等；这里着重介绍天井式天窗的做法。

（1）布置方法　天井式天窗布置比较灵活，可以沿屋面的一侧、两侧或居中布

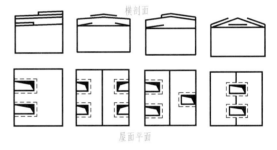

图 14-52　天井式天窗的布置

置。热加工车间可以采用两侧布置，这种做法容易解决排水问题。在冷加工车间对上述几种布置方式均可采用，如图 14-52 所示。

（2）井底板的铺设　天井式天窗的井底板位于屋架上弦，搁置方法有横向铺放与纵向铺放两种。横向铺放是指井底板平行于屋架摆放。铺板前应先在屋架下弦上搁置檩条，并应有一定的排水坡度。若采用标准屋面板，其最大长度为 6m。纵向铺放是指把井底板直接放在屋架下弦上，可省去檩条，增加天窗垂直口净高度。但屋面有时受到屋架下弦节点的影响，故采用非标准板较好。

（3）挡雨措施　天井式天窗通风口常不设窗扇，做成开敞式。为防止屋面雨水落入天窗内，敞开的口部应设挑檐，并设挡风板，以防雨水飘落室内。井上口挑塘，由相邻屋面直接挑出悬臂板，悬臂板的长度不宜过大。井上口应挡雨片，在井上口先铺设空格板，挡雨片固定在空格板上。

（4）窗扇　窗扇可以设在井口处或垂直口外，垂直口一般设在厂房的垂直方向，可以安装上悬或中悬窗扇，但窗扇的形式不是矩形，而应随屋架的坡度而变，一般呈平行四边形。

（5）排水设施　天井式天窗有上下两层屋面，排水比较复杂，其具体做法可以采用无

组织排水（在边跨时）、上层通长天沟排水、下层通长天沟排水和双层天沟排水等。

3. 平天窗

平天窗是利用屋顶水平面安设透光材料进行采光的天窗。它的优点是屋面荷载小，构造简单，施工简便，但易造成眩光、直射、易积灰。平天窗宜采用安全玻璃（如钢化玻璃、夹丝玻璃等），但此类材料价格较高，当采用平板玻璃、磨砂玻璃、压花玻璃等非安全玻璃时，为防止玻璃破碎落下伤人，须加设安全网。平天窗可分为采光板、采光罩和采光带三种类型。

采光板是在屋面板上留孔，装平板式透光材料，如图14-53所示。

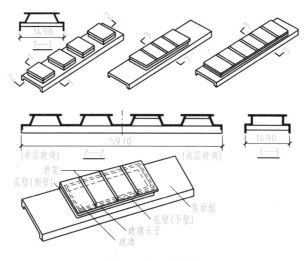

图14-53 采光板

采光罩是在屋面板上留孔，装弧形采光材料，有固定式和开启式两种，开启式采光罩的构造如图14-54所示。

采光带在屋面的纵向或横向开设6m以上的采光口，装平板透光材料，如图14-55所示。

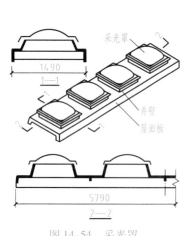

图14-54 采光罩

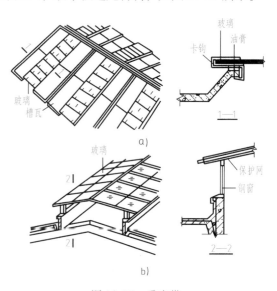

图14-55 采光带
a) 横向采光带 b) 纵向采光带

14.3.4 大门

厂房大门主要用于生产运输和人流通行,因此大门的尺寸应根据运输工具的类型,运输货物的外形尺寸及通行方便等因素确定。一般门的尺寸应比装满货物时的车辆宽出 600 ~ 1000mm,高出 400 ~ 600mm。

1. 大门的类型

厂房大门按使用材料分为木大门、钢木大门、钢板门、塑钢门等;按用途可分为一般大门和特殊大门。特殊大门是根据厂房的特殊要求设计的,有保温门、防火门、冷藏库门、射线防护门、烘干室门、隔声门等;按开启方式分为平开门、折叠门、推拉门、上翻门、升降门、卷帘门、光电控制自动门等,如图 14-56 所示。

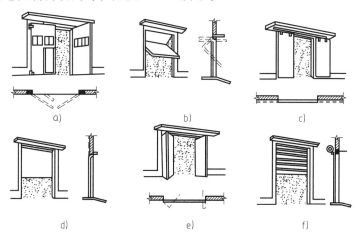

图 14-56　大门开启方式

a) 平开门　b) 上翻门　c) 推拉门　d) 升降门　e) 折叠门　f) 卷帘门

2. 大门构造

(1) 平开门　平开门的洞口尺寸一般不大于 3600mm × 3600mm,当一般门的面积大于 5m² 时,宜采用钢木组合门,门框一般采用钢筋混凝土制成,如图 14-57 所示。

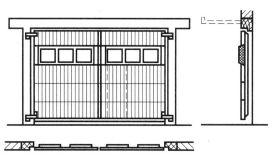

图 14-57　平开大门构造

(2) 推拉门　推拉门由门扇、上导轨、滑轨、导饼和门框组成,门扇可采用钢板门和空腹薄壁钢板门等,门框一般均由钢筋混凝土制作,如图 14-58 所示。

(3) 卷帘门　卷帘门由卷帘板、导轨、卷筒和开关装置等组成。其门扇为 1.5mm 厚带钢轧成的帘板,帘板之间用铆钉连接。门框一般均由钢筋混凝土制作,如图 14-59 所示。

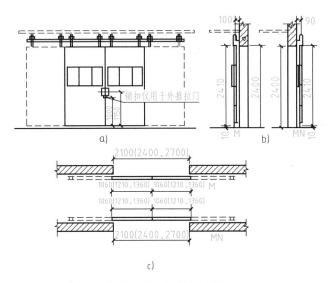

图 14-58　推拉门构造

a) 推拉门立面图　b) 推拉门剖面图　c) 推拉门平面图

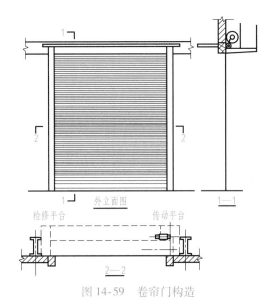

图 14-59　卷帘门构造

14.3.5　地面

厂房地面一般由面层、垫层和基层组成。当面层材料为块状材料或构造上有特殊要求时，还要增加结合层、隔离层、找平层等。

1. 面层

它是地面最上的表面层。它直接承受作用于地面上的各种外来因素的影响，如碾压、摩擦、冲击、高温、冷冻、酸碱等；面层还必须满足生产工艺的特殊要求。

2. 垫层

垫层是处于面层下部的结合层。它的作用是承受面层传来的荷载，并将这些荷载分布到基层上去。垫层可以分为刚性材料（如混凝土、碎砖三合土等）和柔性材料（如砂、碎石、炉渣等）。

3. 基层

基层是地面的最下层，经过处理的地基土，通常是素土夯实。

4. 结合层

结合层是连接块状材料的中间层，它主要起结合作用。

5. 找平层

找平层主要起找平、过渡作用。一般采用的材料是水泥砂浆或混凝土。

6. 隔离层

隔离层是为了防止有害液体在地面结构中渗透扩散或地下水由下向上的影响而设置的构造层，隔离层的设置及其方案的选择，取决于地基土的情况与工厂生产的特点。常用的隔离层有石油沥青油毡、热沥青等。

14.3.6　坡道、散水、明沟

1. 坡道

坡道的坡度常取 10% ~ 15%，室内外高差为 150mm，坡道长度可取 1000 ~ 1500mm，坡道的宽度应比大门宽出 600 ~ 1000mm 为宜，坡道构造如图 14-60 所示。

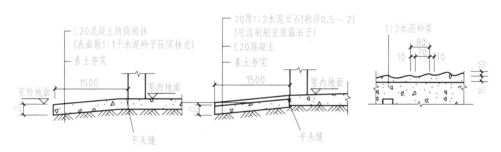

图 14-60　坡道构造

2. 散水

散水的宽度应根据土壤性质、气候条件、建筑物的高度和屋面排水形式而定，一般为600 ~ 1000mm。采用无组织排水时，散水的宽度可按檐口线放出 200mm。散水的坡度为 3% ~ 5%。当散水采用混凝土时，宜按 30m 间距设置伸缩缝。散水与外墙之间宜设缝，缝宽可为20 ~ 30mm，缝内应填沥青类材料。

3. 明沟

在我国南方多雨地区常采用明沟做法。明沟的宽度应不小于 200mm，排水坡度为 1%。

14.3.7　钢梯

单层工业厂房由于生产操作和检修的需要，常设置搁置钢梯，钢梯宽度一般为 600 ~800mm。钢梯有作业钢梯、起重机钢梯和消防检修钢梯几种。作业钢梯是供工人上下操作平台或跨越生产设备联动线的交通联系，宽度取 800mm，防止坡度小于 73°。起重机钢梯是为起重机驾驶员上下操纵室而设，由梯段和平台两部分组成。消防梯是在发生火灾时供消防人员从室外上屋顶之用，同时也兼作平时检修和清扫屋面之用，消防梯一般为直梯，宽度为

600mm，由梯臂、踏条、支承构成。

本 章 回 顾

1. 工业建筑通常可按以下几种方式进行分类。

1) 按厂房的用途分：主要生产厂房、辅助生产厂房、动力用厂房、储藏用建筑、运输用建筑等。

2) 按层数分：单层厂房、多层厂房、混合层厂房。

3) 按生产状况分：热加工车间、冷加工车间、恒温恒湿车间、洁净车间、其他特种状况的车间。

2. 单层工业厂房的结构体系主要有排架结构和刚架结构两种；单层工业厂房的结构类型分为砖石结构、预制装配式钢筋混凝土结构和钢结构。

3. 单层厂房内常用的起重设备有：悬挂式单轨起重机、单梁电动起重机、桥式起重机。

4. 单层厂房的外墙按承重方式不同分为承重墙、承自重墙和框架墙；按材料不同可分为砌体墙、大型板材墙、轻质板材墙和开敞式外墙。

5. 单层厂房的侧窗，按材料有钢窗、木窗、铝合金窗及塑钢窗等，按开启方式分，有中悬窗、平开窗、固定窗和立旋窗。

6. 天窗按其在屋面的位置不同分为上凸式天窗（如矩形天窗、M形天窗、梯形天窗等）、下沉式天窗（如横向下沉式、纵向下沉式、天井式天窗等）、平天窗（如采光板、采光罩、采光带等）。矩形天窗由天窗架、天窗屋面、天窗端壁、天窗侧板和天窗扇等组成。

7. 厂房大门按使用材料分为木大门、钢木大门、钢板门、塑钢门等；按用途可分为一般大门和特殊大门；按开启方式分为平开门、折叠门、推拉门、上翻门、升降门、卷帘门、光电控制自动门等。

8. 厂房地面一般由面层、垫层和基层组成。当面层材料为块状材料或构造上有特殊要求时，可增设其他构造层，如结合层、隔离层、找平层等。坡道、散水、明沟和钢梯是必不可少的辅助设施。

第三篇 房屋建筑识图

第15章 房屋建筑工程施工图的基本知识

序号	学习内容	学习目标	能力目标
1	房屋建筑工程施工图的分类、内容	了解房屋建筑工程施工图的分类、内容	能区分房屋建筑工程施工图的类型
2	房屋建筑工程施工图中的有关规定及图示特点	熟悉房屋建筑工程施工图中的有关规定及图示特点	能依据房屋建筑工程施工图中的有关规定及图示特点读图

课题1 房屋建筑工程施工图的分类及内容

15.1.1 房屋建筑工程施工图的分类

建造一幢房屋从设计到施工，要由许多专业、许多工种共同配合来完成。按专业分工的不同，建筑工程施工图可分为建筑施工图、结构施工图、给水排水施工图、采暖施工图、通风与空调施工图和电气施工图。各专业的图样又分基本图和详图两部分，基本图样表明全局性的内容；详图表明某一构件或某一局部的详细尺寸的材料做法等。

15.1.2 房屋建筑工程施工图的主要内容及图纸编排次序

1. 图纸目录

图纸目录主要说明该工程由哪几个专业的图纸所组成，各专业图纸名称、张数和图号顺序，其目的是便于查找图样。

2. 设计总说明

设计总说明主要说明工程的概貌和总体的要求。内容包括工程设计依据（如建筑面积，有关的地质、水文、气象资料）；设计标准（建筑标准、结构荷载等级、抗震要求、采暖通风要求、照明标准）；施工要求（如施工技术及材料的要求等）。一般中小型工程的总说明放在建筑施工图内。

3. 建筑施工图

建筑施工图简称"建施"，主要是表示建筑物的总体布局、外部造型、细部构造、内外装饰等施工要求的图样。建筑施工图是房屋施工和预算的主要依据，基本图样包括总平面图、建筑平面图、建筑立面图、建筑剖面图、建筑详图等。详图包括墙身剖面图，楼梯、门、窗、厕所、浴室及各种装修、构造等详细做法。能看懂建筑施工图，掌握它的内容和要求，是进行施工的前提条件。

4. 结构施工图

结构施工图简称"结施"，主要是表示建筑物的结构类型、各承重构件的布置情况、构件类型尺寸、构造做法等施工要求的图样。结构施工图一般包括结构设计说明、基础平面图及基础详图、楼层结构平面图、屋面结构平面图、结构构件详图等。结构施工图是影响房屋使用寿命、质量好坏的重要图样，施工时要格外仔细。

5. 设备施工图

设备施工图简称为"设施"，是表示房屋所安装设备的布置情况的图样，它包括给水排水施工图、采暖施工图、通风与空调施工图和电气施工图。设备施工图一般包括表示管线的水平方向布置情况的平面布置图，表示管线竖向布置情况的系统轴测图，表示设备安装情况的安装详图等。

（1）给水排水施工图　给水排水施工图简称"水施"，主要表示给水排水管道的布置和走向、设备和附件的布置和安装等。图样包括平面图、系统图、详图等。

（2）采暖施工图　采暖施工图简称"暖施"，主要表示采暖管道的布置和走向，设备和附件的布置及安装等。图样包括平面图、系统图、详图等。

（3）通风与空调施工图　通风与空调施工图简称"通施"，主要表示通风空调管道的布置和走向，设备和附件的布置及安装等。图样包括平面图、系统图、详图等。

（4）电气施工图　电气施工图简称"电施"，主要表示电气线路的布置和走向，设备和配件的布置及安装等。图样包括平面图、系统图、接线原理图以及详图等。

15.1.3　图样编排次序

一整套建筑工程施工图样的编排次序是：图纸目录、设计总说明、建筑施工图、结构施工图、给水排水施工图、采暖施工图、通风与空调施工图、电气施工图等。各专业图样的编排一般是全局性的图样在前，说明局部的图样在后；先施工的在前，后施工的在后；重要图样在前，次要图样在后。

课题 2　房屋建筑工程施工图中的有关规定及图示特点

15.2.1　房屋建筑工程施工图中的有关规定

1. 定位轴线及编号

建筑施工图中确定建筑物的主要结构或构件位置及其尺寸的基准线称为定位轴线，它是施工定位、放线的重要依据。定位轴线的画法及编号的规定如下。

1）定位轴线用细点画线表示。

2）为了看图和查阅方便，定位轴线需要编号。沿水平方向的编号采用阿拉伯数字，从左向右依次注写；沿垂直方向的编号，采用大写的拉丁字母，从下向上依次注写。为了避免和水平方向的阿拉伯数字相混淆，垂直方向的编号不能用I、O、Z这三个拉丁字母。

3）定位轴线的端部用细实线画一直径为8mm的圆，里面写上阿拉伯数字或拉丁字母，如图15-1所示。

4）如果一个视图同时适用于几根轴线时，应将各有关轴线的编号注明，两根轴线、三

根轴线、三根以上连续编号的轴线应分别表示。

5）对于次要位置的确定，可以采用附加定位轴线的编号，编号用分数表示。分母表示前一轴线的编号，为阿拉伯数字或大写的拉丁字母；分子表示附加轴线的编号，一律用阿拉伯数字顺序编写。

2. 标高

建筑物中的某一部位与所确定的水准基点的高差称为该部位的标高。在图样上为了标明某一部位的标高，用标高符号来表示。标高符号用细实线画出，为一直角等腰三角形，三角形的高为 3mm。三角形的直角尖角指向需要标注的部位，长的横线之上或之下注写标高的数字。标高以 m 为单位，标高数字在单体建筑物的建筑施工图中注写到小数点后第三位，在总平面图中注写到小数点后的第二位。零点的标高注写成 ±0.000，负数标高数字前必须加注 "－"，正数标高数字前不加任何符号，如图 15-2 所示。

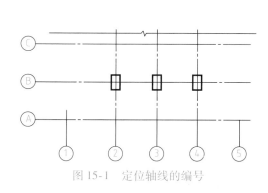

图 15-1　定位轴线的编号

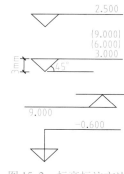

图 15-2　标高标注方法

总平面图和底层平面图中的室外平整地面标高符号用涂黑三角形表示，三角形的尺寸同前，不加长横线，标高数字注写在右上方或写在右面和上方均可。标高有绝对标高和相对标高两种。一般在总平面图上标注绝对标高，其他各图均标注相对标高，两者之间的关系可从总平面图或总说明中查阅。

（1）绝对标高　绝对标高亦称海拔高度，我国把青岛附近黄海的平均海平面定为绝对标高的零点，其他各地的标高都以它作为基准。

（2）相对标高　在建筑物的施工图中，如果都用绝对标高不但数字烦琐，而且不易得出各部分的高差。因此，除了总平面图外，一般都采用相对标高，即把底层室内主要地坪标高定为相对标高的零点，再由当地附近的水准点（绝对标高）来测定拟建建筑物底层地面的标高。

3. 详图索引号和详图符号

表示详图与基本图、详图与详图之间关系的一套符号，称为索引符号与详图符号，亦称为索引标志与详图标志。

图样中某一局部结构如需要画出详图，应以索引符号引出，即在需要画出详图的部位编上索引符号，并在所画的详图上画上详图符号，两者必须对应一致，以便看图时查找相互有关的图样。

（1）索引符号的画法　在需要画详图的部位用细实线画出一条引出线，引出线的一端用细实线画一个直径为 10mm 的圆，上半圆内的数字表示详图的编号。图 15-3a 表示详图就在本张图纸内；图 15-3b 表示详图在编号为 2 的图纸内；图 15-3c 表示详图采用的是标准图册编号为 J103 的标准详图，详图在图纸编号为 3 的图纸中。

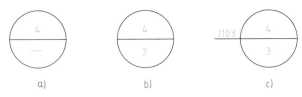

图 15-3 索引符号的画法

当索引的详图是局部剖面（或断面）的详图时，则在索引符号引出线的一侧加画一短粗实线表示剖切位置线。引出线在剖切线哪一侧，表示该剖面（或断面）向哪个方向作的投影，如图 15-4 所示。

图 15-4 局部剖面的索引标志画法

（2）详图符号的画法 在画出的详图上，必须标注详图符号。详图符号是用粗实线画出一直径为 14mm 的圆，圆内注写详图的编号。若所画详图与被索引的图样不在同一张图纸内，可用细实线在详图符号内画一水平直径，上半圆注写详图编号，下半圆注写被索引的详图所在图纸的编号，如图 15-5 所示。

4. 指北针和风向频率玫瑰图

（1）指北针 在底层平面图上应画上指北针符号。指北针一般用细实线画一直径为 24mm 的圆，指北针尾端的宽度宜为圆的直径的 1/8，约 3mm，如图 15-6 所示。

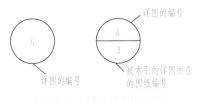

图 15-5 详图符号的画法

图 15-6 指北针

（2）风向频率玫瑰图 风向频率玫瑰图简称风玫瑰图，是根据某一地区多年平均统计的各个方向吹风次数的百分数值，按一定比例绘制的，一般用 8 个或 16 个方位表示。风玫瑰图上所表示的风的吹向是指从外面吹向该地区中心的，在建筑总平面图上，通常应按当地的实际情况绘制风向频率玫瑰图，全国各主要城市的风向频率玫瑰图请参阅《建筑设计资料集》。实线表示全年风向频率；虚线表示夏季风向频率，按 6 月、7 月、8 月三个月统计，如图 15-7 所示。有的总平面图上只画指北针而不画风向频率玫

图 15-7 风玫瑰图

瑰图。

5. 一些常用术语的含义

在阅读房屋建筑工程施工图时，经常会碰到建筑上的常用术语，对此作一点简单的解释。

（1）横向　指建筑物的宽度方向。

（2）纵向　指建筑物的长度方向。

（3）横向轴线　指平行建筑物宽度方向设置的轴线。

（4）纵向轴线　指平行建筑物长度方向设置的轴线。

（5）开间　指两条横向轴线之间的距离。

（6）进深　指两条纵向轴线之间的距离。

（7）层高　指该层楼（地）面到上一层楼面的高度。

（8）净高　指房间内楼（地）面到顶棚或其他构件底部的高度。

（9）建筑总高度　指建筑物从室外地面至檐口或屋面面层的高度。

（10）建筑面积　指建筑物外包尺寸的乘积再乘以层数，由使用面积、交通面积和结构面积组成。

（11）结构面积　指墙体、柱子等所占的面积。

（12）交通面积　指走廊、门厅、过厅、楼梯、坡道、电梯、自动扶梯等所占的净面积。

（13）使用面积　指主要使用房间和辅助使用房间的净面积。

（14）建筑红线　指规划部门批给建设单位的占地面积，一般用红笔画在图纸上，具有法律效力。

15.2.2　房屋建筑工程施工图的图示特点

房屋建筑工程施工图在表示方法上有如下几个特点。

1）施工图中的各种图样，除了水暖施工图中水暖管道系统图是用斜投影法绘制的之外，其余的图样都是用正投影法绘制的。有些是采用"国标"规定的画法。

2）由于房屋的尺寸都比较大，所以施工图都采用较小的比例画出，而对于房屋内部比较复杂的结构，采用较大比例的详图画出。

3）由于房屋的构配件和材料种类较多，为了作图的简便起见，"国标"中规定了用一些图形符号来代表一些常用的构配件、卫生设备、建筑材料，这种图形符号称为"图例"。在阅读图样的过程中，必须熟悉常用的图例符号。

4）房屋建筑设计中有许多建筑构、配件已有标准定型设计并有标准设计图集可供使用。为了节省大量的设计与制图工作，凡采用标注定型设计之处，只标出标准图集的编号、页数、图号就可以了。

本 章 回 顾

1. 按专业分工的不同，房屋建筑工程施工图可分为建筑施工图、结构施工图、给水排水施工图、采暖施工图、通风与空调施工图和电气施工图。

2. 定位轴线用细点画线表示。为了看图和查阅方便，定位轴线需要编号。

3. 在图样上为了标明某一部位的标高，用标高符号来表示。

4. 表示详图与基本图、详图与详图之间关系的一套符号，称为索引符号与详图符号，亦称为索引标志与详图标志。

5. 房屋建筑工程施工图的图示特点：图样大部分采用正投影法、较小比例绘制；用图例表示常用的构配件、材料；许多建筑构配件已有标准定型设计并有标准设计图集。

第16章 建筑施工图

学习内容	学习目标	能力目标
建筑总平面图、平面图、立面图、剖面图和详图的图示内容和读图方法	掌握建筑总平面图、平面图、立面图、剖面图和详图的图示内容和读图方法	能读懂建筑总平面图、平面图、立面图、剖面图和详图

课题 1 建筑总平面图

将拟建工程四周一定范围内的新建、拟建、原有和拆除的建筑物、构筑物连同其周围的地形地物状况，用水平投影方法和相应的图例画出的图样，即为建筑总平面图，简称总平面图。它能反映出上述建筑的平面形状、位置、朝向和与周围环境的关系，因此成为新建筑的施工定位、土方施工及施工总平面设计的重要依据。

16.1.1 图示内容

1）标出测量坐标网（坐标代号宜用"X、Y"表示）或施工坐标网（坐标代号宜用"A、B"表示）。

2）新建筑（隐蔽工程用虚线表示）的定位坐标（或相互关系尺寸）、名称（或编号）、层数及室内外标高。

3）相邻有关建筑、拆除建筑的位置或范围。

4）附近的地形地物，如等高线、道路、水沟、河流、池塘、土坡等。

5）道路（或铁路）和明沟等的起点、变坡点、转折点、终点的标高与坡向箭头。

6）指北针或风玫瑰图。

7）建筑物使用编号时，应列出名称和编号。

8）绿化规划、管道布置。

9）补充图例。

上面所列内容，既不是完美无缺，也不是任何工程设计都缺一不可，而应根据具体工程的特点和实际情况而定。对一些简单的工程，可不画出等高线、坐标网或绿化规划和管道的布置。

16.1.2 图示实例

现以图 16-1 为例，说明阅读建筑总平面图时应注意的几个问题。

1. 先看图样的比例、图例及有关的文字说明

总平面图因包括的地方范围较大，所以绘制时都用较小的比例，如 1∶2000、1∶1000、

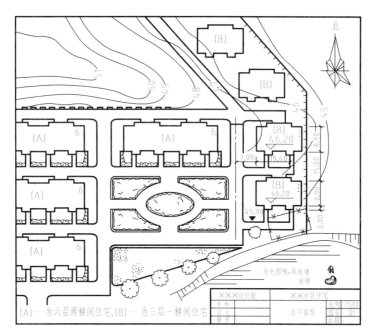

图 16-1　建筑总平面图（单位：m）

1∶500 等。总平面图上标注的坐标、标高和距离等尺寸，一律以 m 为单位，并应取至小数点后两位，不足时以"0"补齐。图中使用较多的图例符号，"国标"中所规定的常用图例，必须熟识它们的意义。在较复杂的总平面图中，若用到一些"国标"没有规定的图例，必须在图中另加说明，如图 16-1 所示。

2. 了解工程的性质、用地范围和地形地物等情况

从图 16-1 的图名和图中各房屋所标注的名称，可知拟建工程是某小区内两幢相同的住宅。从图中等高线所注写的数值，可知该区地势是自西北向东南倾斜。

3. 确定图中标高

从图 16-1 中所注写的室内（首层）地面和等高线的标高，可知该地的地势高低、雨水排泄方向，并可估算填挖土方的数量。总平面图中标高的数值，均为绝对标高。房屋首层室内地面的标高是根据拟建房屋所在位置的前后等高线的标高，估算到填挖土方基本平衡而决定的。如果图上没有等高线，可根据原有房屋或道路的标高来确定。注意室内外地坪标高标注符号的不同。

4. 明确新建房屋的位置和朝向

房屋的位置可用定位尺寸或坐标确定。定位尺寸应注出与原建筑物或道路中心线的联系尺寸，如图中的 7.00、15.00 等。用坐标确定位置时，宜注出房屋三个角的坐标。如房屋与坐标轴平行时，可只注出其对角坐标（本实例因较简单，没有注出坐标网）。从图上所画的风向频率玫瑰图，可确定该房屋的朝向。风向频率玫瑰图一般画出 16 个方向的长短线来表示该地区常年的风向频率。图中所示该地区全年最大的风向频率为北风。

5. 了解图中周围环境的情况

如新建筑的南面有一池塘，池塘的西面和北面有一护坡，建筑物东面有一围墙，西面是一道路，东南角有一所待拆的房屋，周围还有写上名称的原有和拟建房屋、道路等。

课题 2　建筑平面图

16.2.1　图示方法及作用

假想用一水平的剖切面，沿窗台上部将房屋剖切后，对剖切面以下部分所作出的水平剖面图，即为建筑平面图，简称平面图。它反映出房屋的平面形状、大小和房间的布置，墙或柱的位置、大小、厚度和材料，门窗的类型和位置等情况，这是施工图中最基本的图样之一，如图 16-2 所示。

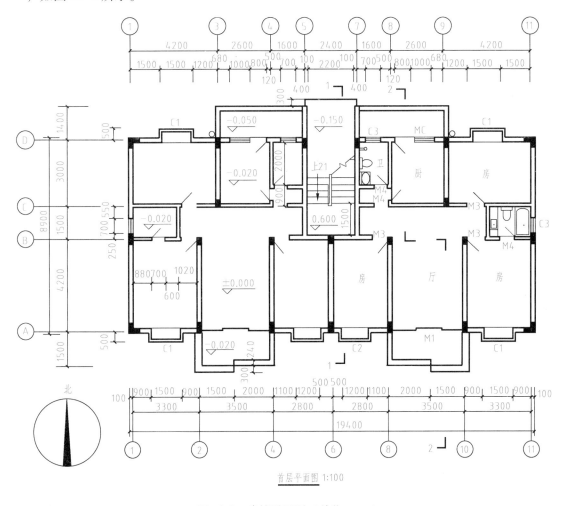

图 16-2　建筑平面图（单位：mm）

一般地说，房屋有几层，就应画出几个平面图，并在图的下方注明相应的图名，如首层平面图、二层平面图等。此外还有屋面平面图，是房屋顶面的水平投影，一般可适当缩小比例绘制（对于较简单的房屋可不画出）。习惯上，当上下各层的房间数量、大小和布置都一样时，则相同的楼层可用一个平面图表示，称为标准层平面图。当建筑平面图足够大时，亦可将两层平面画在同一个图纸上，左边画出一层的一半，右边画出另一层的一半，中间用一对称符号作分界线,并在图的下方分别注明图名。有时,根据工程性质及复杂程度,可绘制夹层、高窗、顶棚、预留洞等局部放大的平面图。当建筑平面较长较大时,可分段绘制,并在每一个分段平面的右侧绘出整个建筑外轮廓的缩小平面,明显表示该段所在的位置。

当比例大于1:50时,平面图上的断面应画出其材料图例和抹灰层的面层线。如比例为(1:200)~(1:100)时,抹灰层面层线可不画,而断面材料图例可用简化画法(如砖墙涂红色,钢筋混凝土涂黑色等)。

16.2.2 图示内容

1)表示墙、柱、墩、内外门窗位置及编号,房间的名称或编号,轴线编号。

2)注出室内外的有关尺寸及室内楼、地面的标高(首层地面为±0.000)。

3)表示电梯、楼梯位置及楼梯上下方向及主要尺寸。

4)表示阳台、雨篷、踏步、斜坡、通气竖井、管线竖井、烟囱、消防梯、雨水管、散水、排水沟、花池等位置及尺寸。

5)画出卫生器具、游泳池、工作台、厨、柜、隔断及重要设备位置。

6)表示地下室、地坑、地沟、各种平台、阁楼(板)、检查孔、墙上留洞、高窗等位置尺寸和标高。如果是隐蔽的或在剖切面以上部位的内容,应用虚线表示。

7)画出剖面图的剖切符号及编号(一般只注在首层平面图)。

8)标注有关部位上节点详图的索引符号。

9)在首层平面图附近画出指北针(一般是上北下南)。

10)平面图一般内容:女儿墙、檐沟、屋面坡度、分水线与落水口、变形缝、楼梯间、水箱间、天窗、上人孔、消防梯及其他构建物、索引符号等。

以上所列内容,可根据具体建筑物的实际情况进行取舍。

16.2.3 图示实例

现以本章实例的首层平面图(图16-2)为例,说明平面图的内容及其阅读方法。

1)从图名可了解该图是属哪一层的平面图以及该图的比例是多少。本例画的是首层平面图,比例是1:100。

2)在首层平面图左下角,画有一个指北针的符号,说明房屋的朝向。从图中可知,本例房屋坐北朝南。

3)从平面图的总长总宽尺寸,可计算出房屋的用地面积。

4)从图中墙的分隔情况和房间的名称,可了解到房屋内部各房间的配置、用途、数量及其相互关系情况。

5)从图中定位轴线的编号及其间距,可了解到各承重构件的位置及房间的大小。此房屋是框架结构,图中轴线上涂黑的矩形部分是钢筋混凝土柱。

6)图中注有外部尺寸和内部尺寸。从各道尺寸的标注,可了解到各房间的开间、进深、外墙与门窗及室内设备的大小和位置。

①外部尺寸。为便于读图和施工,一般在图形的下方及左侧注写三道尺寸:第一道尺寸,表示外轮廓的总尺寸,即指从一端外墙边到另一端外墙边的总长和总宽尺寸;第二道尺寸,表示轴线间的距离,用以说明房间的开间及进深的尺寸,本例房间的开间有3.30m、

2.80m 和 4.20m，南面房间的进深是 4.20m，北面房间的进深是 3.00m；第三道尺寸，表示各细部的位置及大小，如门窗洞宽和位置、墙柱的大小和位置等，标注这道尺寸时，应与轴线联系起来，如① ~ ②轴和⑩ ~ ⑪轴房间的窗 C1，宽度为 1.50m，窗边距离轴线为 0.90m。另外，台阶（或坡道）、花池及散水等细部的尺寸，可单独标注。三道尺寸线之间应留有适当距离（一般为 7 ~ 10mm，但第三道尺寸线应距离图形最外轮廓线 10 ~ 15mm），以便注写尺寸数字。如果房屋前后或左右不对称，则平面图上四边都应注写尺寸。如有部分相同，另一些不相同，可只注写不同的部分。如有些相同的尺寸太多，可省略不注出，而在图形外用文字说明，如各墙厚尺寸均为 200mm。

②　内部尺寸。为了说明房间的净空大小和室内的门窗洞、孔洞、墙厚和固定设施（例如厕所、盥洗间、工作台、搁板等）的大小与位置以及室内楼地面的高度，在平面图上应清楚地注写出有关的内部尺寸和楼地板面标高。楼地面标高是表明各房间的楼地面对标高零点（注写为 ±0.000）的相对高度，标高符号与总平面图中的室内地坪标高相同。本例首层地面定为标高零点，而厨房和卫生间地面标高是 -0.020，即表示该处地面比客厅和房间地面低 20mm。

7）从图 16-3 中门窗的图例及其编号，可了解到门窗的类型、数量及其位置。"国标"所规定的各处常用门窗图例，如图 16-3 所示。门的代号是 M，窗的代号是 C，在代号后面写上编号，如 M1、M2……。同一编号表示同一类型的门窗，它们的构造和尺寸都一样（在平面图上表示不出的门窗编号，应在立面图上标注）。从所写的编号可知门窗共有多少种。一般情况下，在首页图或在与平面图同页图纸上，附有一门窗表，表中列出了门窗的编号、名称、尺寸、数量及其所选标准图集的编号等内容，至于门窗的具体做法，则要看门窗的构造详图。

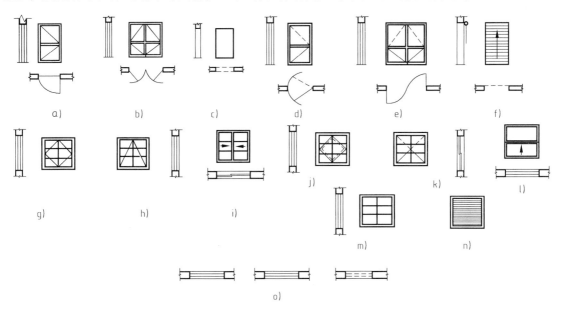

图 16-3　常用门窗示意图例

a）单开门（包括平开或单面弹簧门）　　b）双扇门（包括平开或单面弹簧门）　　c）空门洞　d）单扇双面弹簧门
e）双扇双面弹簧门　f）卷门　g）单开外开平开窗　h）单层外开上悬窗　i）左右推拉窗
j）双层内外开平开窗　k）单层中悬窗　l）上推窗　m）固定窗　n）百叶窗　o）高窗

要注意的是，门窗虽然用图例表示，但门窗洞的大小及其形式都应按投影关系画出。如窗洞有凸出的窗台时，应在窗的图例上面画出窗台的投影。门窗立面图例按实际情况绘制。

图例中的高窗，是指在剖切平面以上的窗，按投影关系它是不应画出的，但为了表示其位置，往往在与它同一层的平面图上用虚线表示。门窗立面图例上的斜线及弧线，表示扇的开关方向（一般在设计图上不需表示）。实线表示外开，虚线表示内开，在各门窗立面图例的下方为平面图，左边为剖面图。

8）从图中还可了解其他细部（如楼梯、搁板、墙洞和各种承重设备等）的配置和位置情况。有关图例如图16-4所示，其余可参看"国标"有关规定。

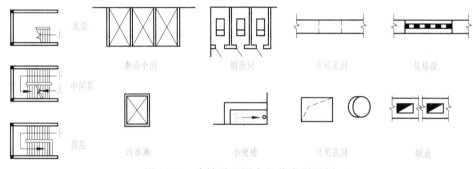

底层
中间层
顶层

淋浴小间　厕所间　不可见洞　花格窗

污水池　小便槽　可见孔洞　烟道

图16-4　建筑平面图中部分常用图例

9）表示出室外台阶、散水和雨水管的大小与位置。有时散水（或排水沟）在平面图上可不画出，或只在转角处部分表示。

10）在首层平面图中，还画出剖面图的剖切符号，如1—1、2—2等，以便与剖面图对照查阅。

课题 3　建筑立面图

16.3.1　图示方法及作用

在与房屋立面平行的投影面上所作的房屋正投影图，称为建筑立面图，简称立面图，其中反映主要出入口或比较显著地反映出房屋外貌特征的那一面的立面图，称为正立面图，其余的立面图相应地称为背立面图和侧立面图。通常也有按房屋的朝向来命名，如北立面图、东立面图和西立面图等。立面图也可按轴线编号来命名，如①～⑪立面图或Ⓐ～Ⓓ立面图等，如图16-5所示。

立面图上应将立面上所有看得见的细部都表示出来，但由于立面图的比例较小，如门窗扇、阳台栏杆和墙面的装修等细部，往往只用图例表示，它们的构造和做法，都另有详图说明或文字说明。

房屋立面如果有一部分不平行于投影面，例如呈圆弧形、折线形、曲线形等，可将该部分展开（摊平）到与投影面平行，再用正投影法画出立面图，但应在图名后注写"展开"两字。对于平面为回字形的，它在院落中的局部立面，可在相应的剖面图上部表示，如不能表示，则应单独给出。

图 16-5　立面图示意

16.3.2　图示内容

1）画出室外地面线及房屋的勒脚、台阶、花台、门、窗、雨篷、阳台；室外楼梯、墙、柱；外墙的预留孔洞、檐口、屋顶（女儿墙或隔热层）、雨水管、墙面分格线或装饰构件等。

2）注出外墙各主要部位的标高，如室外地面、台阶、窗台、门窗顶、阳台、雨篷、檐口、屋顶等处完成面的标高。一般立面图上可不注高度方向尺寸，但对于外墙留洞除注出标高外，还应注出其大小尺寸及定位尺寸。

3）注出建筑物两端或分段的轴线及编号。

4）标出各部分构造、装饰节点详图的索引符号。用图例、文字或列表说明外墙面的装修材料及做法。

16.3.3　图示实例

现以图 16-5⑪ ～①立面图为例，说明立面图的内容及其阅读方法。

1）从图名或轴线的编号可知该图是房屋北向的立面图，比例与平面图一样（1∶100），以便参照阅读。

2）从图上可看到该房屋一个立面的外貌形状，也可了解该房屋的屋顶、门窗、雨篷、阳台、台阶、勒脚等细部的形式和位置。如主入口在中间，其上方有一连通窗（用简化画法表示）。各层均有阳台，在两边的窗洞左（右）上方有一小洞，为放置空调器的预留孔。

3）从图中所标注的高度可知，此房屋室外地面比室内 ±0.000 低 300mm，女儿墙顶面处为 9.60m，因此房屋外墙总高度为 9.90m。标高一般注在图形外，并做到符号排列整齐、大小一致。当房屋立面左右对称时，一般注在左侧。不对称时，左右两侧均应标注。必要时为了更清楚，可标注在图内（如楼梯间的窗台面标高）。

4）从图上的文字说明，了解到房屋外墙面装修的做法，如东、西端外墙为浅红色马赛克贴面，中间阳台和梯间外墙面用浅蓝色马赛克贴面，窗洞周边、檐口及阳台栏板边等为白水泥粉面（装修说明也可在首页图中列表详述）。

5）图中靠阳台边上分有一雨水管。

课题 4　建筑剖面图

16.4.1　图示方法及作用

假想用一个或多个垂直于外墙轴线的铅垂剖切面将房屋剖开，所得的投影图称为建筑剖面图，简称剖面图。剖面图用以表示房屋内部的结构或构造形式、分层情况和各部位的联系、材料及高度等，是与平面图、立面图相互配合不可缺少的重要图样之一，如图16-6所示。

剖面图的数量是根据房屋的具体情况和施工实际需要而决定的。剖切面一般为横向，即平行于侧面，必要时也可纵向，即平行于正面，其位置应在能反映出房屋内部构造比较复杂与典型的部位，并应通过门窗洞的位置。若为多层房屋，应选择在楼梯间或层高不同、层数不同的部位。剖面图的图名应与平面图上所标注剖切符号的编号一致，如1—1剖面图、2—2剖面图等。

剖面图中的断面，其材料图例与粉刷层线和楼、地面层线的表示原则及方法，与平面图的处理相同。

习惯上，剖面图中可不画出基础的大放脚。

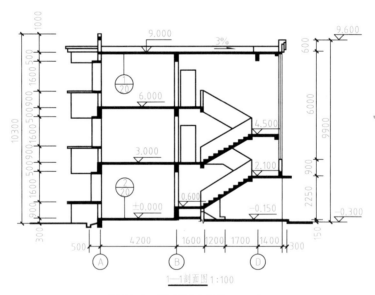

图 16-6　剖面图（单位：mm）

16.4.2　图示内容

1）表示墙、柱及其定位轴线。

2）表示室内底层地面、地坑、地沟、各层楼面、顶棚、屋顶（包括檐口、女儿墙、隔热层或保温层、天窗、烟囱、水池等）、门、窗、楼梯、阳台、雨篷、留洞、墙裙、踢脚板、防潮层、室外地面、散水、排水沟及其他装修等剖切到或能见到的内容。

3）标出各部位完成面的标高和高度方向尺寸。

4）表示楼、地面各层构造，一般可用引出线说明。引出线指向所说明的部位，并按其构造的层次顺序，逐层加以文字说明。若另画有详图，可在详图中说明，也可在"构造说明一览表"中统一说明。

5）表示需画详图之处的索引符号。

16.4.3　图示实例

现以图 16-6 中的 1—1 剖面图为例，说明剖面图的内容及其阅读方法。

1）将图名和轴线编号与平面图上的剖切位置和轴线编号相对照，可知 1—1 剖面图是一个剖切平面通过楼梯间，剖切后向左进行投射所得的横剖面图。

2）从图中画出房屋地面至屋顶的结构形式内容，可知此房屋垂直方向承重构件（柱）和水平方向承重构件（梁和板）是用钢筋混凝土构成的，所以它属于框架结构形式。

从地面的材料图例可知为普通的混凝土地面，又根据地面和屋面的构造说明索引，可查阅它们各自的详细构造情况。

3）图中标高都表示为与 ±0.000 的相对尺寸。如三层楼面标高是从首层地面算起为 6.000m，而它与二层楼面的高差（层高）仍为 3.000m。图中只标注了门窗的高度尺寸，楼梯因另有详图，其详细尺寸可不在此注出。

4）从图中标注的屋面坡度可知，该处为一单向排水屋面，其坡度为 3%（其他倾斜的地方，如散水、排水沟、坡道等，也可用此方式表示其坡度）。如果坡度较大，可用 1/4 的形式表示，读作 1∶4。直角三角形的斜边应与坡度平行，直角边上的数字表示坡度的高宽比。

课题 5　建筑详图

对房屋的细部或构配件用较大的比例（1∶20、1∶10、1∶5、1∶2、1∶1 等）将其形状、大小、材料和做法，按正投影图的画法详细地表示出来的图样，称为建筑详图，简称详图。建筑详图是建筑平、立、剖面图的补充，是建筑施工图的重要组成部分，是施工的工艺依据。

建筑详图以表达详细构造为主，主要有外墙、楼梯、阳台、雨篷、台阶、门、窗、厨房、卫生间等详图。详图的图示方法视细部的构造复杂程度而定。有时只需一个剖面详图就能表达清楚（如墙身剖面图），有时还需另加平面详图（如楼梯间、卫生间等），有时还要另加一轴侧图作为补充说明。对于采用标准图集的建筑构配件和节点，则不必画出其详图，只要注明所用图集的名称、代号或页码即可查阅。

详图的特点是比例较大、图示详尽（表示构造合理，用料及做法适宜）、尺寸齐全。详图数量的选择与房屋的复杂程度及平面图、立面图、剖面图的内容及比例有关。现以外墙身详图和楼梯详图为例分别作一介绍。

16.5.1　外墙身详图

外墙身详图实际上是建筑剖面图的局部放大图（图 16-7），它表达房屋的屋面、楼层、地面和檐口构造、楼板与墙的连接、门窗顶、窗台和勒脚、散水等处构造的情况，是施工的重要依据。

多层房屋中，当各层的情况一样时，可只画底层、顶层或加一个中间层来表示。画图时，往往在窗洞中间处断开，成为几个节点详图的组合图，有时也可不画整个墙身的详图，而是把各个节点的详图分别单独绘制。详图的线型要求与剖面一样。

1）如图 16-7 所示，根据详图的编号，对照剖面图上相应的索引符号，可知该详图的位置和投射方向。图中注上轴线的两个编号，表示这个详图适用于Ⓐ、Ⓓ两个轴线的墙身，也就是说，在横向轴线①~⑪的范围内，Ⓐ、Ⓓ两轴线上凡设置有窗的编号 C1 的地方，墙身各相应部分的构造情况都相同。

2）在详图中，对屋面、楼层和地面的构造，采用多层构造方法来表示（图 16-7 没有画出楼层部分）。

3）详图的上半部为檐口部分。从图中可了解到屋面的承重层为现浇钢筋混凝土板、水泥砂浆防水层、陶粒轻质隔热砖、水泥石灰砂浆顶棚和带有飘板的构造做法。

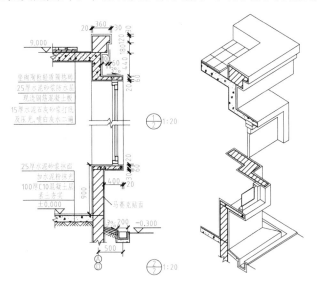

图 16-7　外墙身详图（单位：mm）

4）详图的下半部为窗台及勒脚部分。从图 16-7 中可了解到如下的做法，以 C10 素混凝土做底层的水泥砂浆地面，带有钢筋混凝土飘板的窗台，带有 3% 坡度散水和排水沟，以及内墙面和外墙面的装饰做法。

5）在详图中，还注出有关部位的标高和细部的大小尺寸。

16.5.2　楼梯详图

楼梯是多层房屋上下交通的主要设施，它除了要满足上下方便和人流疏散畅通外，还应有足够的坚固耐久性，目前多采用现浇钢筋混凝土楼梯。

楼梯的构造一般较复杂，需要另画详图表示。楼梯详图主要表示楼梯的类型、结构形式、各部位的尺寸及装修做法，是楼梯施工放样的主要依据。楼梯详图一般包括平面图、剖面图及踏步、栏板详图等，并尽可能画在同一张图纸内。平面图、剖面图比例要一致，以便对照阅读；踏步、栏板详图比例要大些，以便表达清楚该部分的构造情况。楼梯详图一般分建筑详图与结构详图，并分别绘制，分别编入"建施"和"结施"中，但对一些构造和装修较简单的现浇钢筋混凝土楼梯，其建筑和结构详图可合并绘制，编入"建施"或"结施"均可。

1. 楼梯平面图

一般每一层楼都要画一楼梯平面图。三层以上的房屋，当中间各层的楼梯位置及其梯段数、踏步数和大小相同时，通常只画出首层、中间层和顶层三个平面图就可以了，如图 16-8 所示。

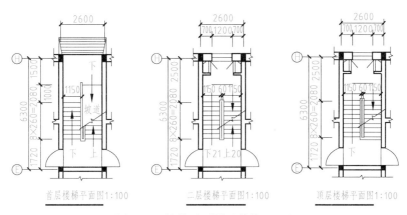

图 16-8 楼梯平面图（单位：mm）

楼梯平面图的剖切位置，通常是通过该层门窗洞或往上走的第一梯段（休息平台下）的任一位置处。各层被剖切到的梯段，按"国标"规定，均在平面中以一根 45°折断线表示。在每一梯段处画有一长箭头，并注写"上"或"下"字和步级数，表明从该层楼（地）往上或往下走多少步级可到达上（或下）一层的楼（地）面。例如二层楼梯平面图中，被剖切梯段的箭头注有"上 20"，表示从该梯段往上走 20 步级可到达第三层楼面；另一梯段注有"下 21"，表示往下走 21 步级可到达首层地面。各层平面图中还应标出该楼梯间的轴线，而且在首层平面图还注明楼梯剖面图的剖切符号。

楼梯平面图中，除注出楼梯间的开间和进深尺寸、楼地面和平台面的标高尺寸，还需注出各细部的详细尺寸。通常把楼梯长度尺寸与踏面数、踏面宽的尺寸合并写在一起。如底层平面图中的 8 × 260 = 2080，表示该梯段有 8 个踏面，每一踏面宽为 260mm，梯段长为 2080mm。通常，三个平面图画在同一张图纸内，并互相对齐，这样既便于阅读，又可省略标注一些重复尺寸。

2. 楼梯剖面图

假想用一铅垂剖面通过各层的一个梯段和门窗洞，将楼梯剖开，向另一未剖到的梯段方向投射所得的剖面图，即为楼梯剖面图。剖面图应能完整、清晰地表示出各梯段、平台、栏板等的构造及它们的相互关系。习惯上，若楼梯间的层面没有特殊之处，一般可不画出。在多层房屋中，若中间各层的楼梯构造相同，剖面图可只画出首层、中间层和顶层剖面，中间用折断线分开（与外墙身详图处理方法相同）。

楼梯剖面图能表达出房屋的层数、楼梯梯段数、步级数以及楼梯的类型及其结构形式。剖面图中应注明地面、平台面、楼面等的标高和梯段、栏板的高度尺寸。梯段高度尺寸注法与楼梯平面图中梯段长度注法相同，在高度尺寸中注的是步级数，而不是踏面数（两者差为1)。栏杆高度尺寸是从踏面中间算到扶手顶面，一般为900mm，扶手坡度应与梯段坡度一致。

从图16-9所示的索引符号可知，踏步、扶手和栏板都另有详图，用更大的比例画出它们的形式、大小、材料以及构造情况。

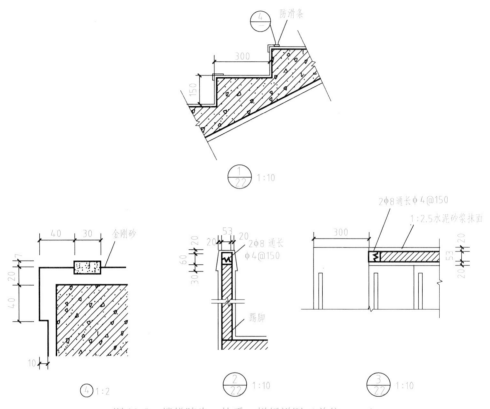

图16-9 楼梯踏步、扶手、栏板详图（单位：mm）

本 章 回 顾

1. 总平面图能反映出建筑的平面形状、位置、朝向和与周围环境的关系等。

2. 平面图能反映出房屋的平面形状、大小和房间的布置，墙或柱的位置、大小、厚度和材料，门窗的类型和位置等情况。

3. 正立面图能反映出主要出入口和房屋外貌特征。

4. 剖面图用以表示房屋内部的结构或构造形式、分层情况和各部位的联系、材料及高度等。

5. 详图是用较大的比例绘制的图样，能详细地表示出房屋的细部或构配件的形状、大小、材料和做法。

附录 某医院医疗综合楼建筑施工图

读图说明：

1. 为了提高读者的识图能力，这里选编了某医院医疗综合楼建筑施工图作为识图训练之用。

2. 由于印刷制版的原因，图形缩小，图中的比例已不是原图所标注的比例。

参 考 文 献

［1］　尚久明. 工程制图［M］. 北京：中国建筑工业出版社，2010.

［2］　陆叔华. 建筑制图与识图［M］. 北京：高等教育出版社，2007.

［3］　徐秀香. 建筑构造与识图［M］. 北京：化学工业出版社，2010.

［4］　方筱松. 新编建筑工程制图［M］. 北京：北京大学出版社，2012.

［5］　孙玉红. 房屋建筑构造［M］. 北京：机械工业出版社，2012.

［6］　苏炜. 建筑构造［M］. 北京：化学工业出版社，2010.

［7］　孙勇，苗蕾. 建筑构造与识图［M］. 北京：化学工业出版社，2005.

［8］　张艳芳. 建筑构造与识图［M］. 北京：人民交通出版社，2011.

［9］　丁春静. 房屋构造［M］. 北京：中国建筑工业出版社，2005.

［10］　廖荣，肖明和. 房屋建筑构造［M］. 北京：中国计划出版社，2007.

［11］　饶宜平. 建筑构造［M］. 北京：机械工业出版社，2010.

［12］　曹长礼，孙晓丽. 房屋建筑学［M］. 西安：西安交通大学出版社，2010.

建筑施工图设计说明

一、设计依据

1. 建设单位提出的《项目设计任务书》。
2. 建设单位提供的1:1000地形图和竖向设计。
3. 本院各专业提供的有关设计条件。
4. ××所编制的初步设计文件。
5. 业主提供的设计任务委托书。
6. 业主提供的详细设计要求及反馈意见。
7. 国家现行有关建筑设计规范及辽宁省有关规定。主要相关规范如下：
   a：《建筑设计防火规范》（2018年版）（GB 50016—2014）
   b：《民用建筑设计统一标准》（GB 50352—2019）
   c：《办公建筑设计标准》（JGJ/T 67—2019）
   d：《民用建筑热工设计规范》（GB 50176—2016）
   e：《屋面工程技术规范》（GB 50345—2012）
   f：《地下工程防水技术规范》（GB 50108—2008）
   g：《混凝土小型空心砌块建筑技术规程》（JGJ/T 14—2011）

二、项目概况

建设地点	××市××区		建筑使用功能		医疗，办公
	具体位置详见总平面布置图		防火设计建筑分类		多层公建	建筑耐火等级		二级
建筑结构类别	3类	设计使用年限	50年	建筑结构形式	框架	抗震设防烈度		七度
地上建筑层数	2层	总建筑面积/m²	2248.30	屋面防水等级	Ⅱ级	建筑基底面积/m²		989.89
建筑总高/m	7.65							

三、设计标高

本工程室内标高假定为±0.000米，相当于绝对标高××.×××米，室内外高差0.450米。

四、墙体构造

1. 外墙：为普通混凝土小型空心砌块外保温墙体，其构造由内至外为：190mm厚砌块、100mm憎水岩棉板外墙外保温系统，局部空斗墙，其构造由内至外为：190mm厚砌块、90mm厚砌块、100mm憎水岩棉板外墙外保温系统，具体位置和做法详见节点详图。

2. 内墙：为90、190mm厚普通混凝土小型空心砌块，具体位置详见建施平面图。

3. 材料：砌块和砌筑砂浆的强度等级详见结构图纸。墙体保温材料厚度及物理性能要求详见"节能设计专篇"。

4. 墙体防水和防潮：外窗台和突出墙面的线脚等上部与墙交接处用防水砂浆（或由保温材料成型）做成小圆角并向外找坡，其下部和窗上口做滴水；雨蓬与墙交接处做防水并向上泛起300mm；有首层标高0.200以下的室内外砌体内填C20混凝土灌孔实洞。卫生间等有防水要求的房间，四周墙下部应灌实一皮砌块，或设置高度为200mm的现浇混凝土墙带；办公室、诊疗室、处置室、消毒间的洗手盆周边500范围内墙面应抹防水砂浆一道。详见建施《装修表、室内装修选用表》。

5. 配电箱、消火栓等洞口穿透墙体时，须在背面加设钢板网抹灰，钢板网周边大于洞口150mm，面层同布在墙面。穿墙管道预留洞待管道设备安装完毕后，用C20细石混凝土填实。

6. 施工要求：砌块墙体应严格按照《混凝土小型空心砌块建筑技术规程》（JGJ/T 14—2011）施工及验收；对设计规定或施工所需的孔洞、管道、沟槽和门窗、设备的固定点及预埋件等在施工中应采用C20细石混凝土填实各固定点范围内的砌块孔洞；砌体与混凝土墙、柱的拉结做法详见结构图纸；空斗墙的拉结间距不大于1200mm。

五、屋面工程

1. 屋面防排水：屋面防水为二道设防，采用4+3mmSBS改性沥青防水卷材。凡高低跨、女儿墙转折处、雨水口及其他阴阳角处等重点防水部位应附加卷材一层；屋面采用平屋面女儿墙内排水系统，排水坡度为2%，坡向与雨水口位置详见屋面排水示意图；屋面排水立管口距分水线不得超过20m。女儿墙与外露构件所留20mm宽温度缝用结构胶或抗老化油膏填实。

2. 屋面保温和找坡：屋面保温材料厚度及其物理性能要求详见"节能设计专篇"，屋面采用水泥膨胀珍珠岩找坡。

3. 屋面构造做法详见建施《装修表、室内装修选用表》和节点详图；屋面上各设备基础应做防水，其构造详见屋面节点详图。

4. 施工要求：屋面工程的施工应选择专业防水施工队伍，严格按照《屋面工程技术规范》（GB 50345—2012）和《平屋面建筑构造》（12J201）施工及验收，确保

质量，不得有疏漏。

六、楼、地面工程

1. 楼地面防水：卫生间和用水房间的防水材料选用2mm厚非焦油聚氨酯防水涂膜并向上泛起800mm。防水地面做成后，地表面应低于其他房间20mm并向地漏找1%坡。

2. 楼地面回填土应分层夯实，人工夯实每层厚度不大于200mm。

3. 医疗用房的地面、墙面、顶棚，其阴阳角均应做成R=40mm的圆角。

七、地下室防水工程

1. 本工程地下室二道防水：地下室外墙和底板采用抗渗混凝土，其防水抗渗等级详见结施图纸，抗渗混凝土构件外包SBS改性沥青防水卷材，侧壁防水层外侧贴挤塑聚苯保温板兼作保护层。具体做法详见建施节点详图。

2. 防水要求：地下室防水工程的施工应选择专业防水施工队伍严格按照《地下工程防水技术规范》（GB 50108—2008）和《地下防水工程质量验收规范》（GB 50208—2011）施工及验收。所有变形缝、施工缝、后浇带、穿墙管道、埋件、桩头、孔口等设置和构造均应符合规范要求，严禁有渗漏。

八、门窗工程

1. 内外门窗的材料、颜色、开启方式和耐火等级详见建施《门窗表》和门窗立面图。

2. 《门窗表》中尺寸为门窗洞口尺寸，不包括施工误差，门窗加工尺寸应参照门窗立面图和装修面厚度由承包商予以调整，并经实地测量核对数量后再加工制作。

3. 所有木门窗制作时木材均须进行干燥处理，含水率限值为：门窗扇15%，门窗框8%。

4. 管道竖井门设300mm高门槛。

5. 外门窗的保温性能详见"节能设计专篇"外门窗的气密性不低于现行国家标准《建筑外窗气密、水密、抗风性能检测方法》（GB/T 7106—2019）规定的6级水平，承包商还应保证外门窗的水密性、空气隔声性能和抗风压性能符合现行国家标准。

6. 门窗玻璃的选用应执行《建筑玻璃应用技术规程》（JGJ 113—2015）和《建筑安全玻璃管理规定》（发改运行［2003］2116号）。

九、装修工程

1. 外墙饰面：采用外墙涂料、详细构造见建施装修表，材料、颜色和使用部位详见建施立面图；入口台阶和坡道采用机械花岗石。

2. 室内装修详见建施装修表。本工程仅初装修设计，图中所示装修内容及其定位尺寸仅作为设备专业设计参考，精装修设计由建设单位另行委托。

3. 内外装修选用的各项材料其材质、规格、颜色等，均由施工单位提供样板，经建设和设计单位确认后进行封样，并据此验收。

4. 施工要求：内外装修应严格控制施工误差，确保精度。两种墙体交接处，应根据饰面材质在做饰面前加钉金属网或在施工中加贴玻璃丝网格布，防止裂缝。

5. 内装修应满足《建筑内部装修防火施工及验收规范》（GB 50354—2005）的需求。

十、构配件防腐防锈及油漆

1. 所有镶入墙体的木制构件均刷乳化沥青一道防腐，露明部分刷底漆一道调和漆两道。

2. 所有露明金属构件包括镀锌铁皮均刷章丹一道调合漆两道，油漆颜色与所在装修面层颜色一致，不露明金属构件刷章丹两道。

3. 所有木门窗油漆均先刷底子油一道，满刮腻子一道，砂子打平后再刷调和漆两道。

4. 所有喷涂、油漆及粉刷部分均由施工单位制作样板，经确认后进行封样，并据此验收。

十一、工种配合

1. 施工单位应将各专业图纸配套使用，将相关专业图纸核对无误后方可施工。

2. 土建施工中所有地沟、地坑、预留孔洞及预埋构配件均须配合有关工种图纸对照施工。

十二、无障碍设计

根据《无障碍设计规范》（GB 50763—2012）的规定，本工程无障碍设计的部位有：建筑入口、卫生间，其他无障碍设计详见二次装修设计。

十三、防火设计

1. 本工程防火设计执行《建筑设计防火规范》（2018年版）（GB 50016—2014），建筑分类、耐火等级、建筑层数和高度详见"项目概况"。

2. 建筑物间距和消防通道详见总平面图，设有一个防火分区，设有两部封闭楼梯间，每部封闭楼梯间设置自然通风面积不小于2m²，安全疏散宽度和距离均满足规范要求，人数最多层为一层，疏散人数为80人，疏散宽度为4.8m，满足《建

筑设计防火规范》（2018年版）（GB 50016—2014）要求。

3. 管线安装完毕后管井和电缆井一律在每层楼板处做二次浇筑，其厚度和混凝土标号同各层楼板。

4. 所有防火墙、楼梯间、设备用房及管井的门均设相应级别的防火门，详见规范要求。所有防火门增设闭门器，常开防火门须安装信号控制和反馈装置，双扇防火门必须安装顺序器，常开防火门须安装信号控制和反馈装置，所有防火窗必须为优质产品并持有公安部门的生产许可证及认定书。

5. 所有露明的金属承重构件，如钢梁、室外钢梯、缓步平台等均刷防火涂料。

十四、节能设计专篇

1. 本工程节能设计执行《公共建筑节能（65%）设计标准》（DB21/T 1899—2011）。建筑气候分区属严寒地区Ⅰ（0区，按节能65%设计，各项参数计算结果如下表：

建筑体形系数		窗墙（顶）面积比			
0.26<0.4	屋顶		南 0.24<0.3	北 0.21<0.3	东 0.32<0.4	西 0.02<0.1
围护结构传热系数 [W/(m²·K)]					
屋面 0.32<0.34	外墙平均 0.42=0.42	接触室外空气的楼板		采暖地下室与土壤接触的外墙 1.84>1.80	
顶窗	南窗 2.6>2.3	北窗 2.6>2.3	东窗 2.6>2.2	西窗 2.6<2.7	地面 2.16>2.0

2. 屋面采用100mm厚憎水岩棉板，外墙保温采用100mm厚憎水岩棉板，冷桥部位贴30mm厚憎水岩棉板，屋面处采用岩棉板，导热系数不大于0.040W（m·K），燃烧性能A级，其他部位岩棉板容重不小于160kg/m³，导热系数不大于0.040W（m·K），燃烧性能A级；地下室外墙采用60厚XPS；XPS板容重不小于28kg/m³，导热系数不大于0.03W（m·K），燃烧性能不低于B1级，其他物理力学性能应满足《外保温夹心墙技术规程》（DB21/T 1366—2005）3.3条的规定。在施工中应确保各外围护结构保温材料的质量和厚度满足设计要求，不得有折减。所有冷桥部位防结露构造详见建施节点详图，施工中不得有疏漏。

3. 外窗采用单框双玻高效节能窗，外门窗的选型见门窗表、门窗立面图。门窗制做厂家应保证外门窗的传热系数满足要求。

4. 本工程节能设计某些指标超过标准限值，但耗热量指标满足规定，节能设计符合标准规定。

十五、其他

1. 本建筑施工图中标高数值以米为单位，总平面尺寸以米为单位，其余尺寸以毫米为单位。楼层标高为面层标高，屋面标高为结构标高。施工中一切尺寸以图中数值为准。

2. 其他未尽事宜按国家现行标准和各项建筑工程安装施工及验收规范的有关规定执行。

采用标通图集目录

序号	图集代号	图集名称	附注
1	辽2012J101	室外工程·墙体构造	辽标
2	辽2008J201-1	平屋面建筑构造	辽标
3	辽2004J301	地面、楼面构造	辽标
4	辽2005J401	室内装修	辽标
5	辽2004J1001	室外装修	辽标
6	辽2004J107	EPS外保温墙体构造	辽标
7	辽2004J602	常用木门	辽标
8	辽2004J403	金属成品变形缝构造	辽标
9	06J403-1	楼梯 栏杆 拦板（一）	国标
10	03J926	建筑无障碍设计	国标

××建筑设计院		工程名称	××公司	设计号	
		项目名称	××医院医疗综合楼	比例	1:100
审定人		审核人		图别	建施
项目负责人		校对人		建筑施工图设计说明	图号 1
专业负责人		设计人		日期	

装修表

地面

地1　水泥砂浆地面
1. 1:3 水泥砂浆找坡 最薄处 30厚
2. 水泥浆一道(内掺建筑胶)
3. 1:6 水泥焦渣 170厚
4. 钢筋混凝土楼板(自防水)厚度详结施
5. C20 细石混凝土保护层 20厚
6. 聚酯无纺布隔离层
7. B=2 SBS改性沥青防水卷材 3+4厚
8. 1:3 防水砂浆找平层(两遍成活)
9. C15 混凝土垫层 厚度详结施
10. 素土夯实

地2　磨光花岗石水泥浆缝
1. 磨光花岗石纯水泥浆缝 20厚
2. 1:3 干硬性水泥砂浆结合层 30厚
(有手盆房间内掺5%防水剂)
3. 刷水泥浆一道(内掺建筑胶)
(有防水要求的改为防水素浆)
4. 1:6 炉渣混凝土垫层,夯实系数≥0.93 470厚
5. 挤塑板(p=32) 60厚
6. 1:3 水泥砂浆找平层 20厚
7. 钢筋混凝土楼板(自防水)厚度详结施
8. C20 细石混凝土保护层 20厚
9. 聚酯无纺布隔离层
10. B=2 SBS改性沥青防水卷材 3+4厚
11. 1:3 防水砂浆找平层(两遍成活) 20厚
12. C15 混凝土垫层 厚度详结施
13. 素土夯实

注:每隔6m设伸缩缝一道,缝宽20,油膏填缝

地3　防滑地砖地面(防水)
1. 铺地砖白水泥擦缝 8厚
2. 1:3 干硬性水泥砂浆结合层,表面撒水泥粉向地漏找坡1% 30～50厚
3. 防水层 B=1 2.0厚
4. 刷防水素浆一道(内掺建筑胶)
5. 1:6 炉渣混凝土垫层,夯实系数≥0.93 420厚
6. 挤塑板(p=32) 60厚
7. 1:3 水泥砂浆找平层 20厚
8. 钢筋混凝土楼板(自防水)厚度详结施
9. C20 细石混凝土保护层 20厚
10. 聚酯无纺布隔离层
11. B=2 SBS改性沥青防水卷材 3+4厚
12. 1:3 防水砂浆找平层(两遍成活) 20厚
13. C15 混凝土垫层 厚度详结施
14. 素土夯实

地4　细石混凝土刷地板漆地面
1. C20 细石混凝土随打随压光刷环氧树脂地板漆 50厚
2. 刷水泥浆一道(内掺建筑胶)
3. 1:6 炉渣混凝土垫层,夯实系数≥0.93 470厚
4. 挤塑板(p=32) 60厚
5. 1:3 水泥砂浆找平层 20厚
6. 钢筋混凝土楼板(自防水)厚度详结施
7. C20 细石混凝土保护层 20厚
8. 聚酯无纺布隔离层
9. B=2 SBS改性沥青防水卷材 3+4厚
10. 1:3 防水砂浆找平层(两遍成活) 20厚
11. C15 混凝土垫层 厚度详结施
12. 素土夯实

注:每隔6m设伸缩缝一道缝宽20,油膏填缝

楼面

楼1　磨光花岗岩楼面
1. 磨光花岗岩纯水泥浆缝 20厚
2. 1:3 干硬性水泥砂浆结合层 30厚
(有手盆房间内掺5%防水剂)
3. 刷水泥浆一道(内掺建筑胶)
(有防水要求的改为防水素浆)
4. 钢筋混凝土楼板
H=50

注:每隔6m设伸缩缝一道缝宽20,油膏填缝

楼2　防滑地砖楼面(防水)
1. 铺地砖白水泥擦缝 8厚
2. 1:3 干硬性水泥砂浆结合层,表面撒水泥粉向地漏找坡1% 30～50厚
3. 防水层 B=1 2.0厚
4. 1:3 水泥砂浆找平层 20厚
5. 刷防水素浆一道(内掺建筑胶)
6. 钢筋混凝土楼板
H=100

(卫生间蹲便处降板350,填1:6 水泥炉渣)

楼3　细石混凝土刷地板漆楼面
1. C20 细石混凝土随打随压光,环氧树脂地板漆 50厚
2. 刷水泥浆一道(内掺建筑胶)
3. C20 细石混凝土找坡层 30～50厚靠地漏处排水沟找坡1%
4. 刷水泥素浆一道(内掺建筑胶)
5. 钢筋混凝土楼板
H=100

注:每隔6m设伸缩缝一道,缝宽20,油膏填缝

内墙

内墙1　喷刷涂料墙面
1. 内墙基层(如遇混凝土墙面刷界面处理剂)
2. 混合砂浆打底扫毛或刮出划道 8厚
3. 混合砂浆找平 5厚
4. 封底漆一道
5. 喷刷内墙涂料

内墙2　象牙色瓷砖墙面
1. 内墙基层(刷界面处理剂)
2. 1:3 水泥砂浆打底扫毛抹平 9厚
(内掺3%超密实防水剂)
3. 素水泥浆一道(内掺建筑胶)
4. 1:2 建筑胶水泥砂浆(或专用胶)粘贴层 5厚
5. 瓷砖(贴前浸水两小时以上)
6. 白水泥擦缝 5厚

内墙3　水泥砂浆墙面
1. 内墙基层(如遇混凝土墙面刷界面处理剂)
2. 1:3 水泥砂浆打底扫毛或划出划道 15厚
3. 1:2.5 水泥砂浆罩面压实赶光 5厚

踢脚

踢1　水泥砂浆踢脚1
1. 内墙基层(如遇混凝土墙面刷界面处理剂)
2. 1:3 水泥砂浆打底,表面扫毛 15厚
3. 1:2 水泥砂浆罩面压实赶光 10厚

注:踢脚高150

踢2　花岗岩踢脚
1. 内墙基层(如遇混凝土墙面刷界面处理剂)
2. 水泥砂浆结合层
3. 安装花岗岩板 10厚
4. 湿水擦缝 20厚

注:每隔6m设伸缩缝一道缝宽20,油膏填缝

天棚

棚1　涂料天棚
1. 钢筋混凝土板
2. 刷界面处理剂
3. 1:3 水泥砂浆打底扫毛或划出划道 5厚
4. 1:0.5:2.5 水泥石灰膏砂浆找平 3厚
5. 封底漆一道(干燥后再做面涂)
6. 树脂乳液涂料面层两道(每道间隔两小时)

棚2　纸面石膏板天棚
1. 现浇钢筋混凝土板内预留φ8 钢筋吊钩,中距横向≤400,纵向≤800
2. 10号镀锌低碳钢丝或φ6 钢筋吊杆,中距横向≤400 纵向≤800 吊杆上部与预留钢筋环固定
3. C型轻钢覆面次龙骨CB60×27,间距≤400 用吊件与钢筋吊杆连接后固定
4. C型轻钢覆面次龙骨CB60×27,中距≤1200用挂插件与次龙骨连接
5. 板用自攻螺钉与龙骨固定,中距≤200,螺钉距板边长边≥10,短边≥15
6. 满刮防潮涂料两道,横纵向各刷一道
7. 满刮2厚面层防水腻子找平,面板接缝处贴嵌缝带,刮腻子找平
8. 喷刷棚涂料

棚3　水泥砂浆天棚
1. 钢筋混凝土板
2. 刷素水泥浆一道(内掺建筑胶)
3. 1:3 水泥砂浆打底扫毛或划出纹道 5厚
4. 1:2 水泥砂浆罩面压实赶光 6厚

外墙

外墙　涂料墙面
1. 外墙基层
2. 1:3 水泥砂浆找平层 20厚
3. 聚合物保温砂浆找平层 20厚
4. 特制粘结层 10厚
5. 憎水岩棉外墙板 100(30)厚
(燃烧性能A级,锚固件固定砌块内,容重不小于140kg/m³,导热系数0.040W/(m²·K))
6. 聚合物砂浆 2厚
7. 耐碱玻纤网格布
8. 聚合物砂浆 0.5厚
9. 涂料饰面层

散水

散水1　混凝土散水
1. 1:2 细石混凝土被打压光 i=5% 40厚
2. 碎石灌M2.5 水泥砂浆 150厚
3. 填粗砂 300厚
4. 素土夯实

散水2　花岗岩散水
1. 花岗岩板细面纯水泥浆缝 20厚
2. 撒素水泥面(洒适量清水)
3. 1:3 干硬性水泥砂浆找平层 30厚
4. 水泥砂浆结合层一道
5. C15 水泥素垫层
6. 碎(卵)石灌M2.5 水泥砂浆 150厚
7. 填粗砂 300厚
8. 素土夯实

屋面

屋1　不上人保温平屋面(柔性防水)
1. 1:3 水泥砂浆保护层 30厚
2. 低标号砂浆隔离层 10厚
3. B=2 SBS改性沥青防水卷材 4+3厚
4. 1:3 水泥砂浆找平层 20厚
5. 1:8 水泥膨胀珍珠岩找坡 i=2% 最薄处 30厚
6. 憎水岩棉板(180kg/m³) 100厚
7. 隔汽层聚氨酯防水涂膜2.0厚
8. 1:3 水泥砂浆找平层 20厚
9. 钢筋混凝土屋面板

台阶

台阶　机制花岗岩台阶
1. 机制花岗岩条石 130～140厚
2. 1:3 干硬性水泥砂浆结合层 30厚
3. 水泥砂浆结合层一道
4. C15 混凝土(内配钢筋φ6 双向@200) 150厚
5. 碎(卵)石灌M2.5 水泥砂浆 150厚
6. 填粗砂
7. 素土夯实 300厚

室内装修选用表

建筑位置		房间名称	楼地面			踢脚/墙裙		墙面		顶棚		备注
			编号	名称	厚	编号	名称	编号	名称	编号	名称	
设备基础层	设备底坑	设备底坑	地1	水泥砂浆地面	50	踢1	水泥砂浆踢脚	内墙1	喷刷涂料墙面	棚3	水泥砂浆天棚	
地上	一层	入口大厅、走廊	地2	磨光花岗岩地面	600	踢2	花岗岩踢脚	内墙1	喷刷涂料墙面	棚2	纸面石膏板天棚	2300
		氧舱大厅	楼1	磨光花岗岩楼面	600	踢2	花岗岩踢脚	内墙1	喷刷涂料墙面	棚2	纸面石膏板天棚	5800
		楼梯间、设备间、处理室、诊疗室、12人氧吧更衣室、贵宾休息室、消毒间、机房	地2	磨光花岗岩地面	600	踢2	花岗岩踢脚	内墙1	喷刷涂料墙面	棚1	涂料天棚	楼梯间、处置室、诊疗室、12人氧吧局部顶棚、楼梯间、消毒间、贵宾休息室、更衣室全吊顶采用"棚",吊顶下净高2300
		卫生间	地3	防滑地砖地面(防水)	600			内墙2	象牙色瓷砖墙面	棚2	纸面石膏板天棚	2300
		强电、弱电间	地4	细石混凝土刷地板漆地面	600	踢1	水泥砂浆踢脚	内墙3	水泥砂浆墙面	棚3	水泥砂浆天棚	
		连廊	地2	磨光花岗岩地面	1700	踢2	花岗岩踢脚	内墙1	喷刷涂料墙面	棚1	涂料天棚	连廊地面做法详见节点详图
		走廊	楼1	磨光花岗岩楼面	50	踢2	花岗岩踢脚	内墙1	喷刷涂料墙面	棚2	纸面石膏板天棚	2300
	二层	会议室、办公室、接待室、楼梯间	楼1	磨光花岗岩楼面	50	踢2	花岗岩踢脚	内墙1	喷刷涂料墙面	棚1	涂料天棚	会议室、办公室、接待室局部吊顶,楼梯间全吊顶,吊顶采用"棚2",吊顶下净高2300
		卫生间、备品间	楼2	防滑地砖楼面(防水)	100			内墙2	象牙色瓷砖墙面	棚2	纸面石膏板天棚	2300
		空调机房	楼3	细石混凝土刷地板漆楼面	100	踢1	水泥砂浆踢脚	内墙3	水泥砂浆墙面	棚1	涂料天棚	

补充说明:

1. 本表中防水剂配比仅为参考,应以厂家技术资料为准。防水砂浆配合比为:(重量比)。
水泥(425#):中砂:防水剂:水=100:340:8:150
防水素浆合比为:(重量比)。
水泥(425#):防水剂:水=100:8:150

2. 卫生间防水层沿墙面向上泛起800 淋浴处泛起1800 找坡层坡度 $i=1\%$。

3. 防水层:$B=1-$非焦油聚氨酯涂膜2.0厚
$2-SBS$改性沥青防水卷材 3+4厚

4. 屋面坡度 $i=2\%$。

5. 各部修材料应选样,经建设,设计,施工三方认可方可施工。

6. 凡属二次装修的部位,墙面和地面参照内墙1 和地面1 做到找平层,面层材料和颜色未说明者见专业装修设计图纸。

7. 当采用混凝土做垫层时,设置分格缝间距为6000mm。

8. 建筑内部装修材料的选择须符合《建筑内部装修设计防火规范》[GB 50222—2017]中对材料防火性能及等级的要求。

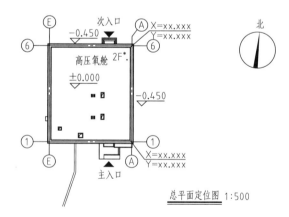

总平面定位图 1:500

××建筑设计院	工程名称	××公司		设计号	
	项目名称	××医院医疗综合楼		比例	
审定人 审核人	**装修表　总平面定位图**			图别	建施
项目负责人 校对人	**室内装修选用表**			图号	2
专业负责人 设计人				日期	

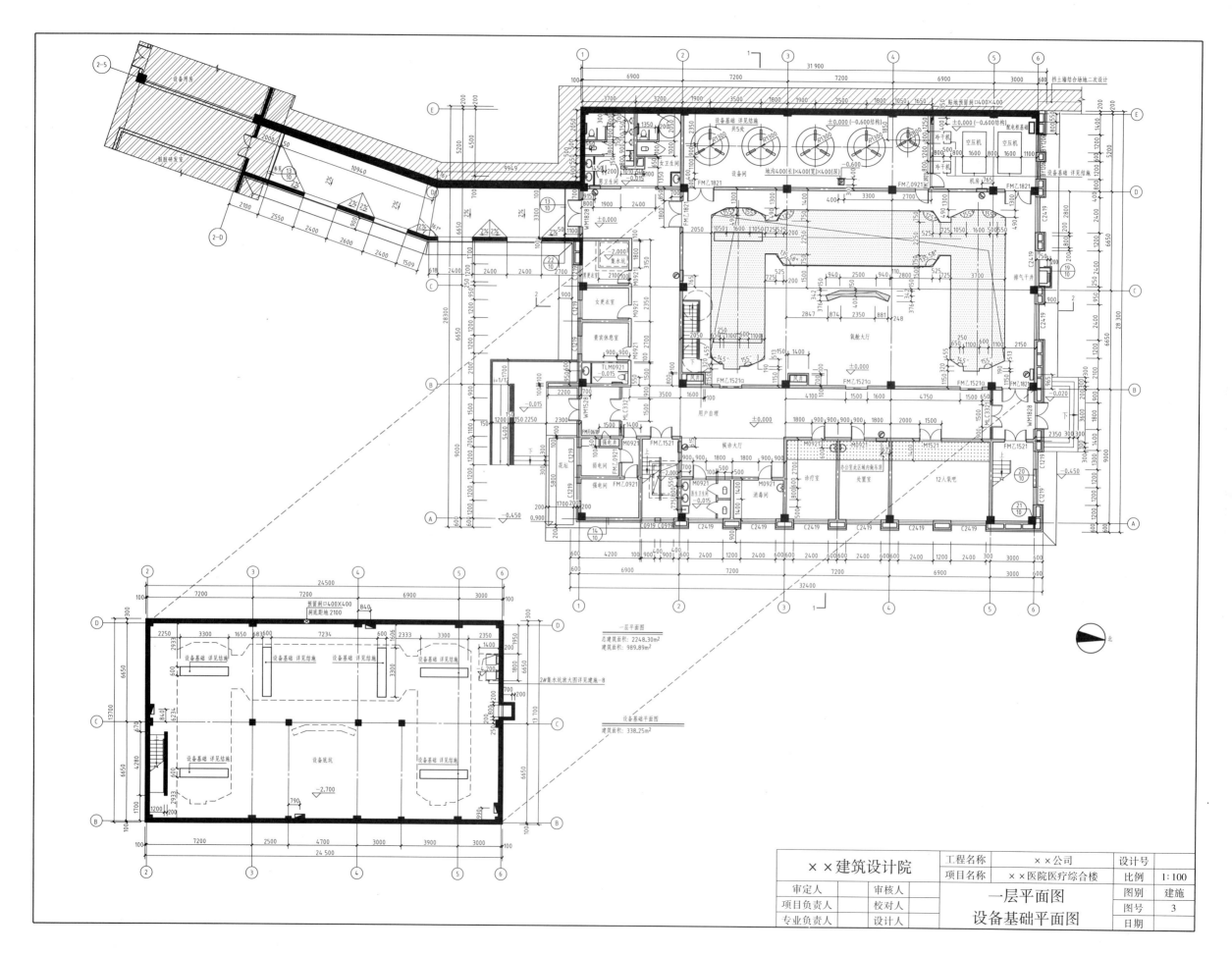

一层平面图
总建筑面积：2248.30m²
建筑面积：989.89m²

设备基础平面图
建筑面积：338.25m²

××建筑设计院		工程名称	××公司	设计号	
		项目名称	××医院医疗综合楼	比例	1：100
审定人		审核人		图别	建施
项目负责人		校对人		图号	3
专业负责人		设计人		日期	

一层平面图
设备基础平面图

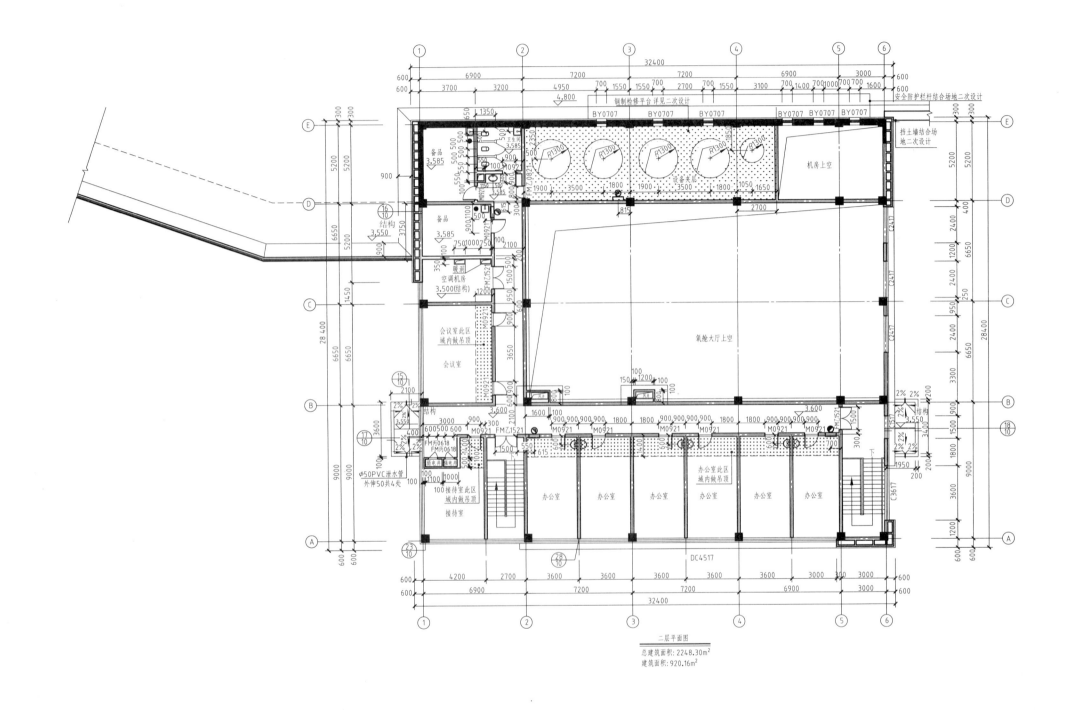

二层平面图
总建筑面积：2248.30m²
建筑面积：920.16m²

××建筑设计院	工程名称	××公司	设计号	
	项目名称	××医院医疗综合楼	比例	1:100
审定人	审核人		图别	建施
项目负责人	校对人	二层平面图	图号	4
专业负责人	设计人		日期	

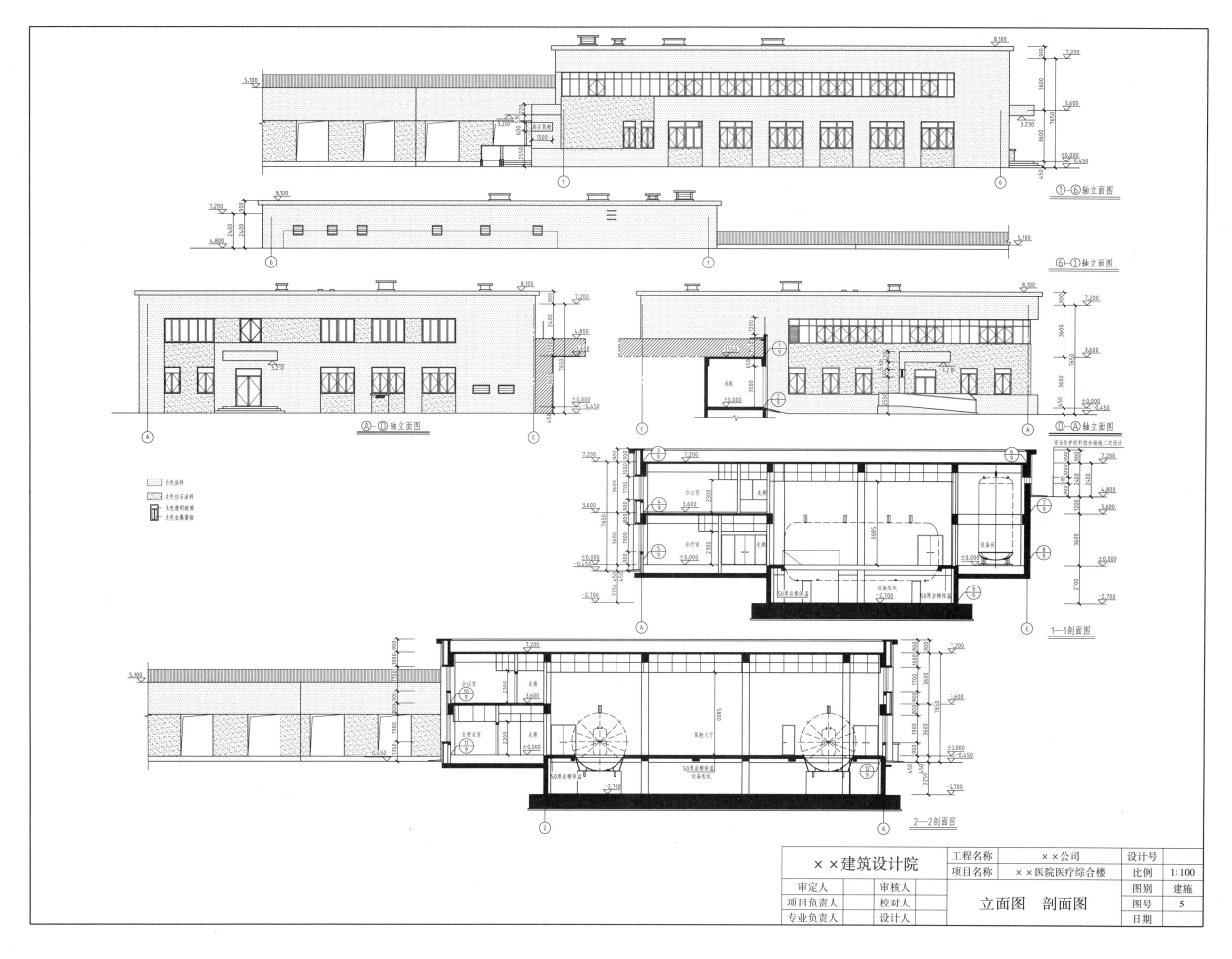

①—⑥轴立面图

⑥—①轴立面图

Ⓐ—Ⓓ轴立面图

Ⓓ—Ⓐ轴立面图

白色涂料
灰色仿石涂料
无色通明玻璃
灰色金属窗框

高压氧舱

办公室
走廊
诊疗室
走廊
设备间
设备底坑
50厚岩棉保温
50厚岩棉保温

1—1剖面图

安全防护栏杆结合场地二次设计

会议室
走廊
女更衣室
走廊
氧舱大厅
50厚岩棉保温
50厚岩棉保温
设备底坑

2—2剖面图

××建筑设计院	工程名称	××公司	设计号	
	项目名称	××医院医疗综合楼	比例	1:100
审定人	审核人		图别	建施
项目负责人	校对人	立面图 剖面图	图号	5
专业负责人	设计人		日期	

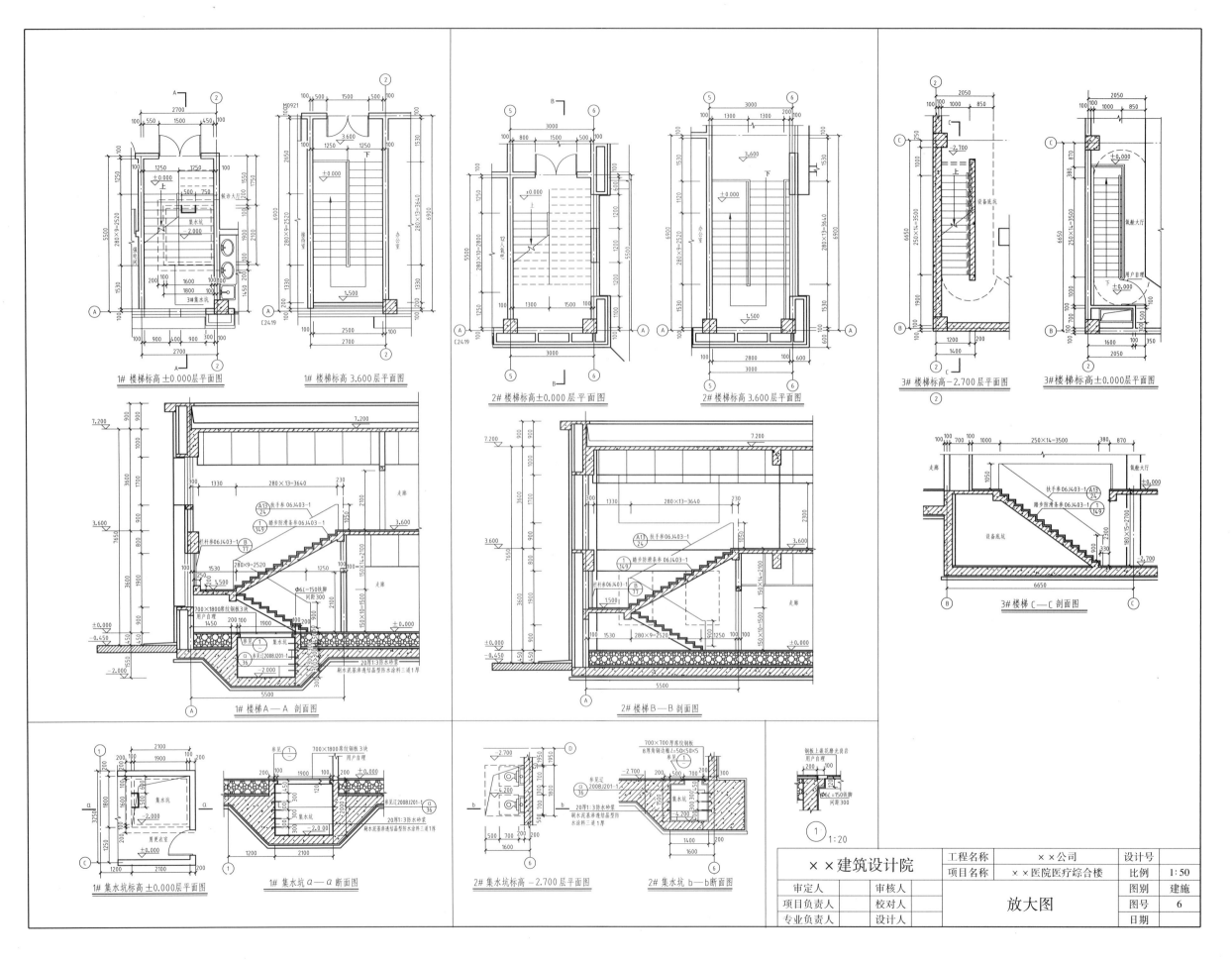

1# 楼梯标高土0.000层平面图

1# 楼梯标高 3.600 层平面图

2# 楼梯标高土0.000层平面图

2# 楼梯标高 3.600 层平面图

3# 楼梯标高−2.700 层平面图

3# 楼梯标高土0.000层平面图

1# 楼梯A—A 剖面图

2# 楼梯B—B 剖面图

3# 楼梯 C—C 剖面图

1# 集水坑标高土0.000层平面图

1# 集水坑a—a 断面图

2# 集水坑标高−2.700 层平面图

2# 集水坑 b—b断面图

××建筑设计院		工程名称	××公司		设计号	
		项目名称	××医院医疗综合楼		比例	1:50
审定人		审核人		**放大图**	图别	建施
项目负责人		校对人			图号	6
专业负责人		设计人			日期	

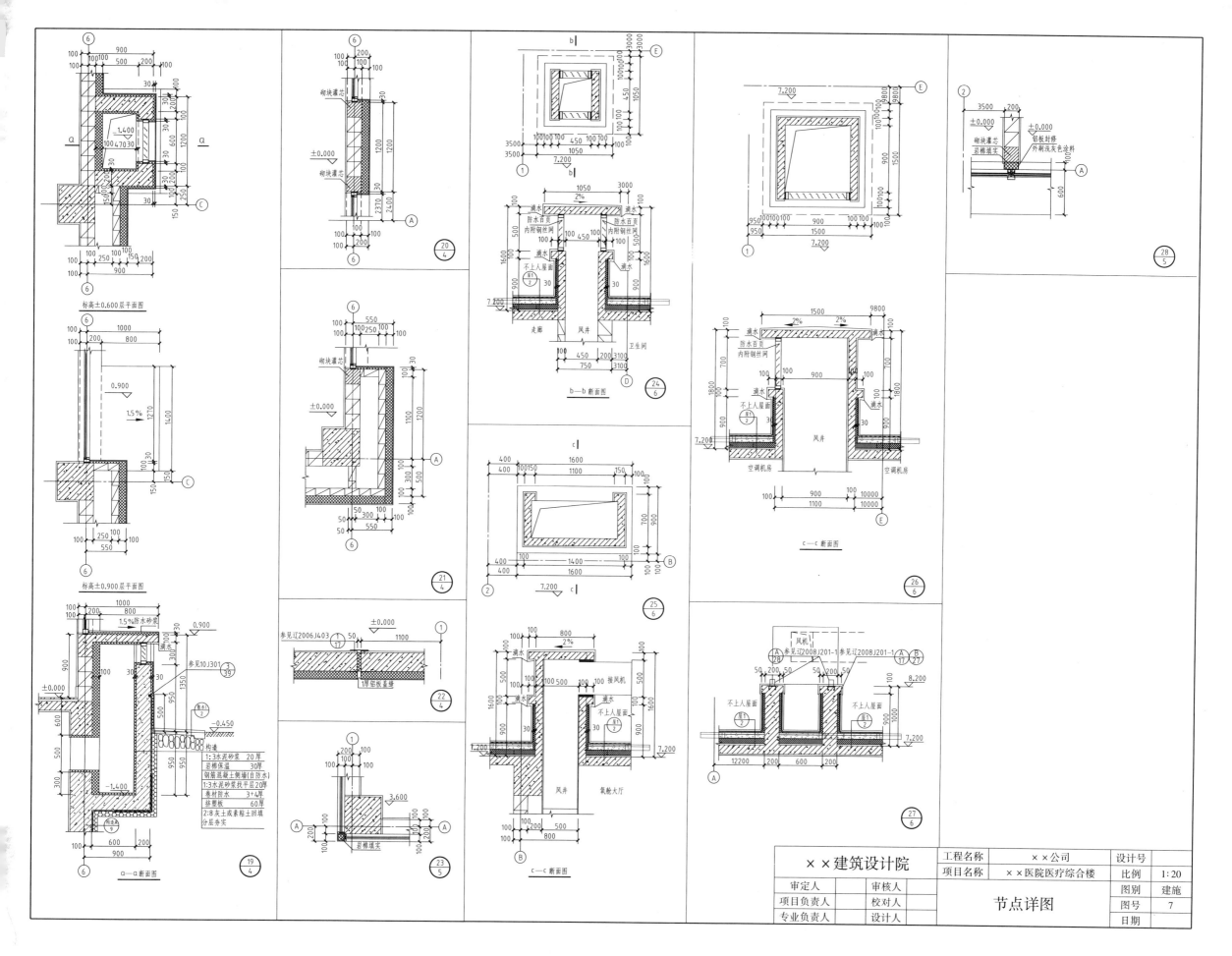

节点详图

		工程名称	××公司	设计号	
××建筑设计院		项目名称	××医院医疗综合楼	比例	1:20
审定人	审核人			图别	建施
项目负责人	校对人	节点详图		图号	7
专业负责人	设计人			日期	

职业教育建筑类专业"互联网+"创新教材

房屋构造与识图习题集

主　编　卜洁莹　乔　博
副主编　宋　梅　刘　卓
参　编　姜　铁　贾　淞
主　审　严　峻

机 械 工 业 出 版 社

前　言

本习题集与卜洁莹、乔博主编的《房屋构造与识图》（第2版）教材配套使用，其主要内容包括制图的基本知识、投影的基本知识、立体的投影、剖面图和断面图、房屋建筑构造知识以及建筑识图等。

本习题集在编写过程中充分考虑到职业教育的特点，习题由易到难，由浅入深，难度适中，便于学生对知识点的掌握。

本习题集由卜洁莹、乔博任主编，宋梅、刘卓任副主编，姜轶、贾淞参与编写，严峻任主审。

由于编者水平有限，书中疏漏之处在所难免，恳请读者在使用过程中给予指正并提出宝贵意见。

编　者

目　录

前言

第 1 章　房屋建筑制图的基本知识 ……………………………… 1

第 2 章　投影的基本知识 …………………………………………… 3

第 3 章　立体的投影 ………………………………………………… 14

第 4 章　剖面图和断面图 …………………………………………… 24

第 5 章　民用建筑概述 ……………………………………………… 29

第 6 章　基础与地下室 ……………………………………………… 31

第 7 章　墙体 ………………………………………………………… 33

第 8 章　楼地层 ……………………………………………………… 35

第 9 章　屋顶 ………………………………………………………… 37

第 10 章　楼梯 ……………………………………………………… 39

第 11 章　窗与门 …………………………………………………… 41

第 12 章　变形缝 …………………………………………………… 42

第 13 章　民用建筑工业化 ………………………………………… 43

第 14 章　工业建筑 ………………………………………………… 44

第 15 章　房屋建筑工程施工图的基本知识 ……………………… 47

第 16 章　建筑施工图 ……………………………………………… 48

第 1 章　房屋建筑制图的基本知识

1.1　线形练习

1. 完成图形中左右对称的各种图线。

2. 在空白位置抄绘下列图形。

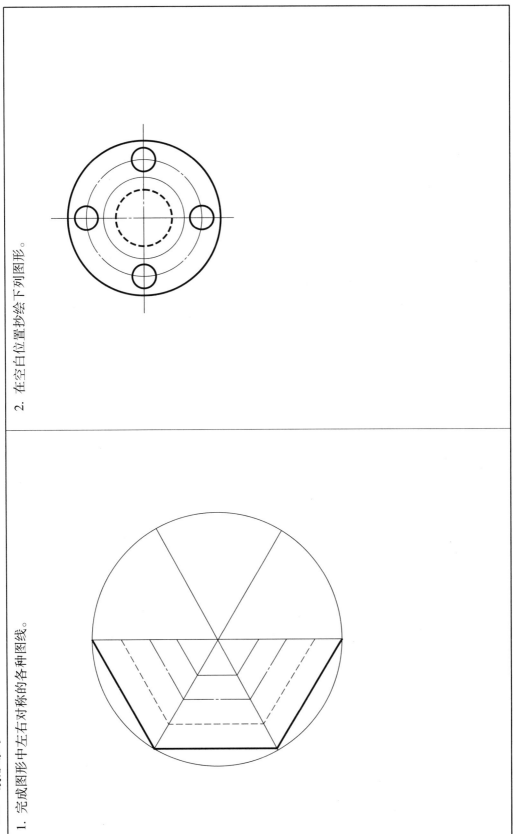

1.2 图样的比例及尺寸标注

按给定比例量取尺寸，并标注在图上（尺寸数字取整数）。

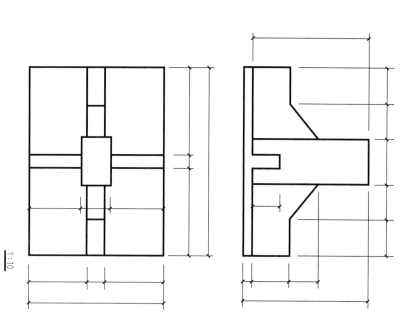

1:10

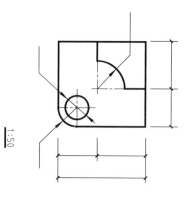

1:50

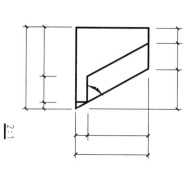

2:1

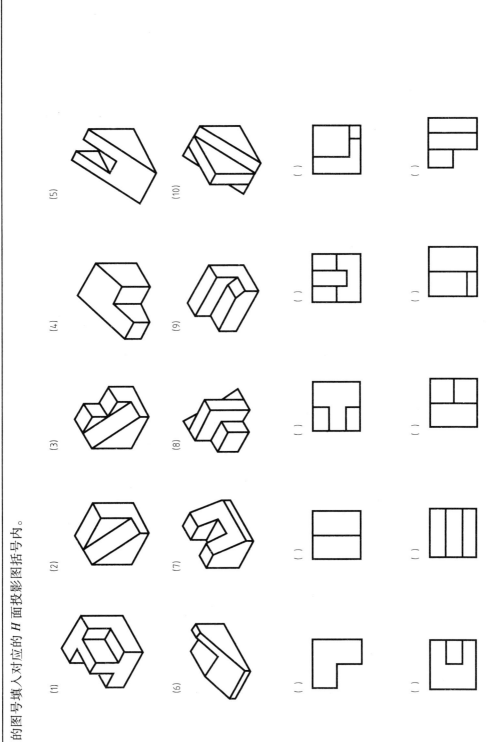

第 2 章　投影的基本知识

2.1　三面投影图

1. 将立体图的图号填入对应的 H 面投影图括号内。

2. 将立体图的图号填入对应的 V、W 面投影图括号内。

(1)　　　　(2)　　　　(3)　　　　(4)　　　　(5)　　　　(6)

(　　)

(　　)

(　　)

(　　)

(　　)

(　　)

3. 根据立体图将投影图中的漏线补齐。

4. 已知形体的两面投影图及其立体图，补画其第三面投影。

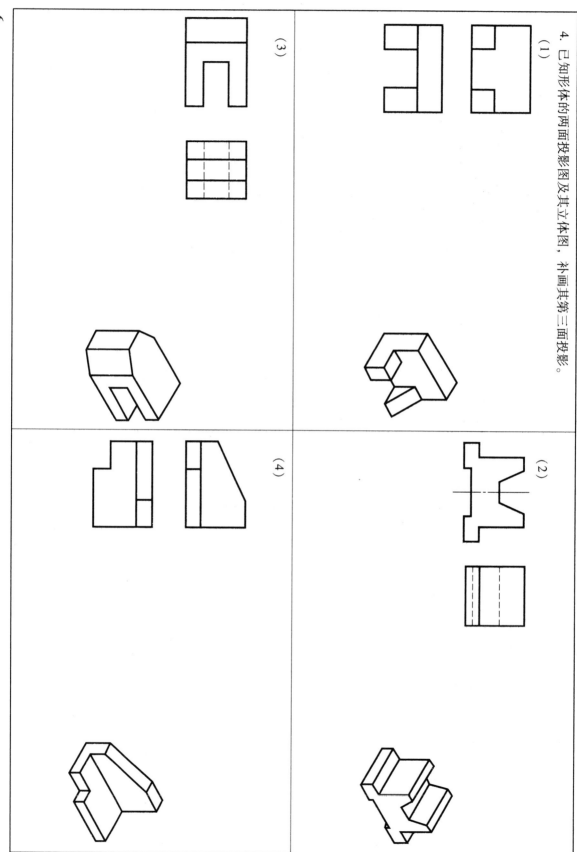

（1）

（2）

（3）

（4）

6

5. 已知形体的立体图，画出其三面投影图（从立体图上量取尺寸）。

(1)

(2)

(3)

(4)

2.2 点的投影

1. 已知 A、B 两点的立体图，求作其投影图。

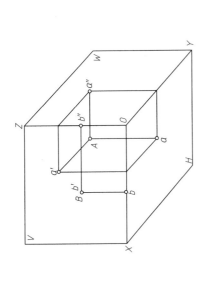

2. 已知各点的两面投影，画出它们的第三面投影和立体图。

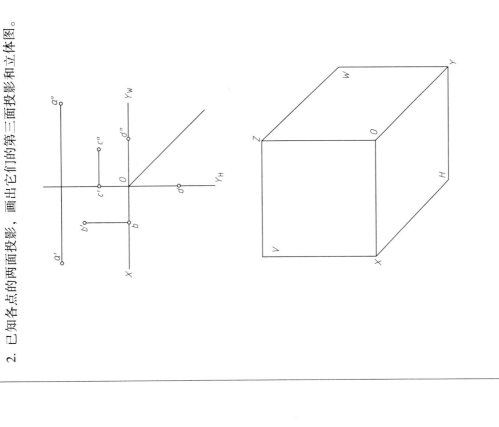

3. 已知空间点 A（25，10，20），作其三面投影图和立体图（单位 mm）。

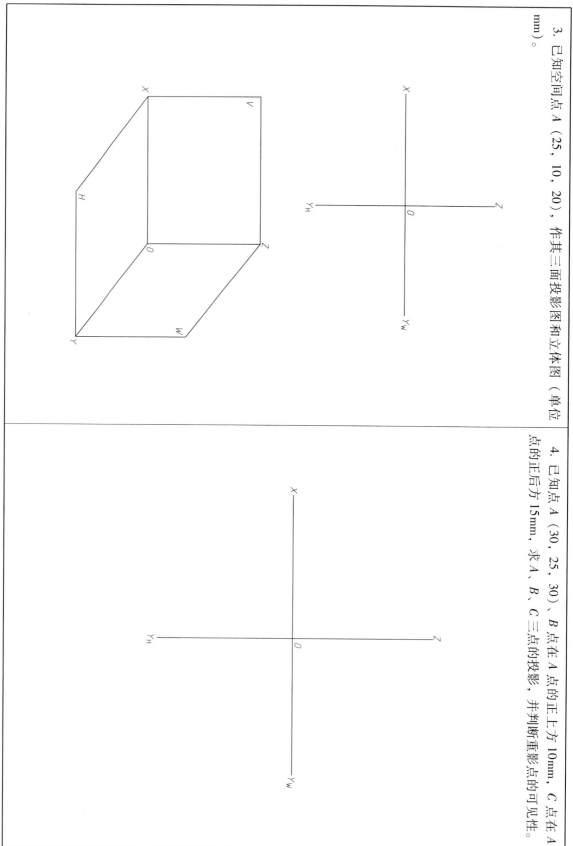

4. 已知点 A（30，25，30），B 点在 A 点的正上方 10mm，C 点在 A 点的正后方 15mm，求 A，B，C 三点的投影，并判断重影点的可见性。

2.3 直线的投影

1. 作出下列直线的第三面投影，并说明是何种位置线。

(1)

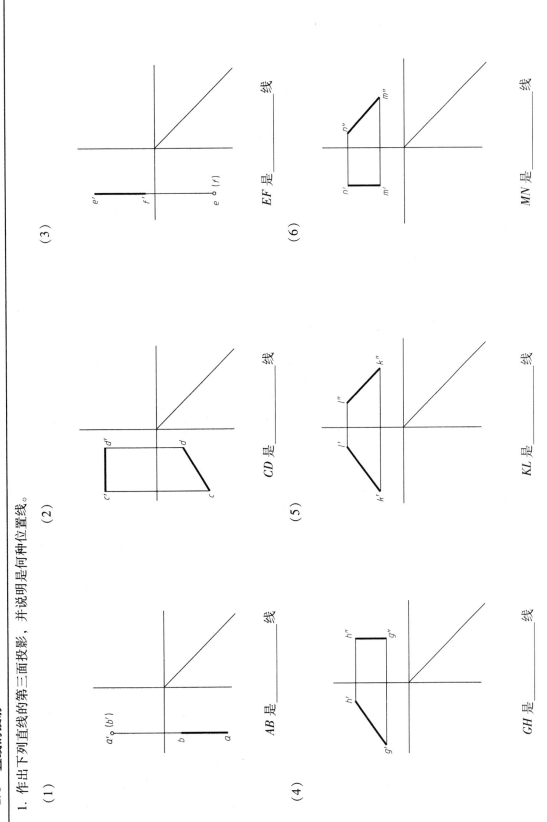

AB 是 _____ 线

(2)

CD 是 _____ 线

(3)

EF 是 _____ 线

(4)

GH 是 _____ 线

(5)

KL 是 _____ 线

(6)

MN 是 _____ 线

11

2. 已知铅垂线 AB 的 H 面投影及 B 点的 V 面投影，且已知 AB 的实长为 20mm，补全 AB 的三面投影图。

3. 已知正平线 AB 的正面投影，且 AB 距离 V 面的距离为 18mm，补全 AB 的三面投影图。

4. 已知 AB 与 CD 平行，试画出 CD 的正面投影。

5. 已知直线 AB 与 CD 相交，试画出 CD 的水平投影。

2.4 平面的投影

作出下列平面的第三面投影，并说明是何种位置平面。

(1)

(2)

(3)

面

面

面

(4)

(5)

(6)

面

面

面

第 3 章 立体的投影

3.1 平面立体的投影

1. 已知正五棱柱高为 20mm，下底面与 H 面平行且距离为 5mm，试作五棱柱的 V、W 面的投影。

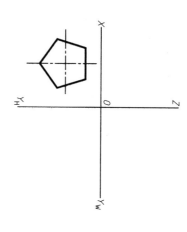

2. 已知正六棱锥高为 20mm，下底面与 V 面平行且距离为 5mm，试作六棱锥的 H、W 面的投影。

3. 作四棱柱的 W 面投影，并求其表面上 A、B、C、D 点的另两面投影。

4. 作三棱锥表面上 A、B、C 点的另两面投影。

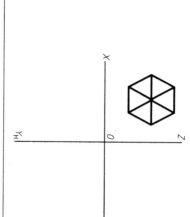

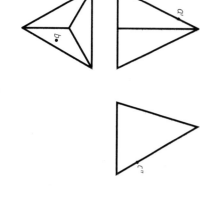

3.2 曲面立体的投影

1. 作圆柱体表面上 A、B、C 的另两面投影。

2. 作圆锥体表面上 A、B、C 的另两面投影。

3.3 组合体的投影

1. 已知形体的两面投影图及其立体图，补画其第三面投影。

（1）

（2）

（3）

（4）

2. 根据立体图作形体的三面投影图（从立体图上量取尺寸）。

(1)

(2)

(3)

(4)

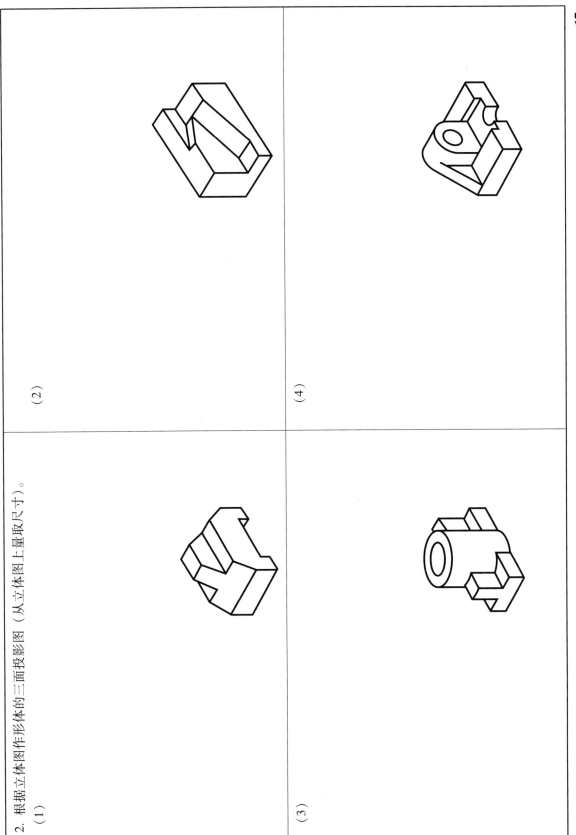

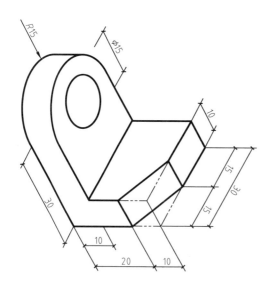

3. 作形体的三面投影图，并进行尺寸标注。

18

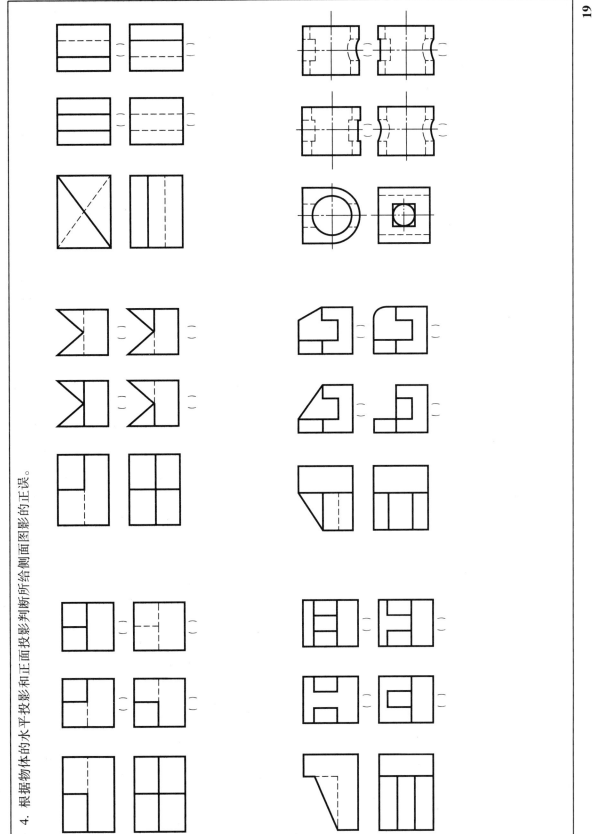

4. 根据物体的水平投影和正面投影判断所给侧面图影图影的正误。

5. 根据形体的两面投影，补画第三面投影图。

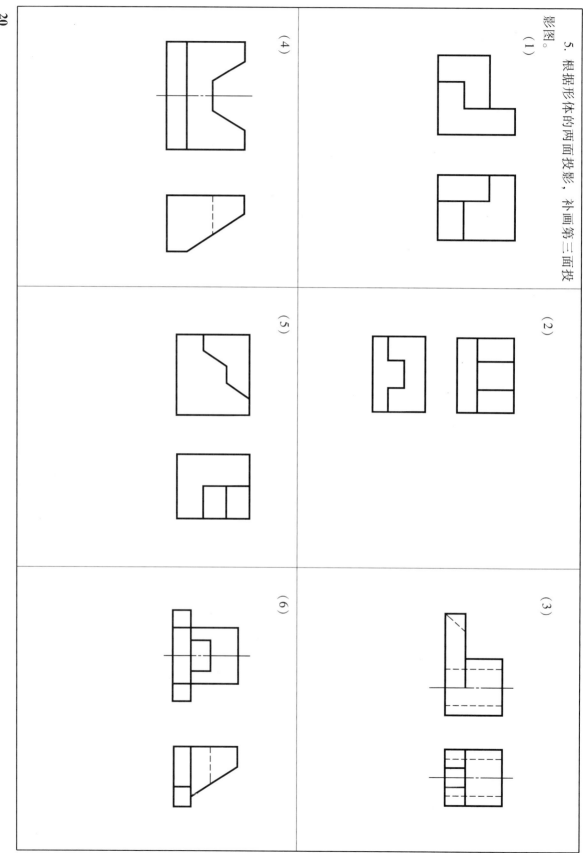

（1）

（2）

（3）

（4）

（5）

（6）

3. 4 轴测投影图

1. 画出正等测轴测图。

2. 画出正等测轴测图。

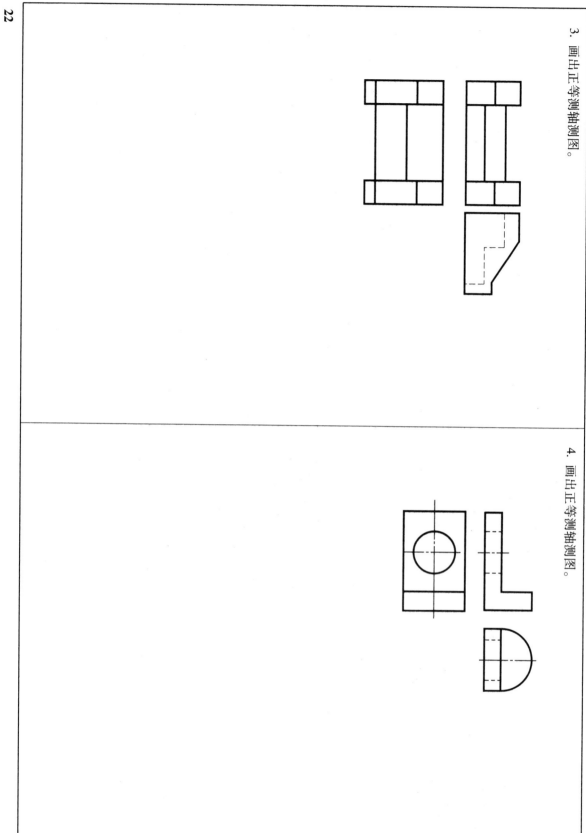

3. 画出正等测轴测图。

4. 画出正等测轴测图。

6. 画出斜二轴测图。

5. 画出斜二轴测图。

第 4 章　剖面图和断面图

4.1　剖面图

1. 作形体的 1—1 剖面图。

2. 作形体的阶梯剖面图。

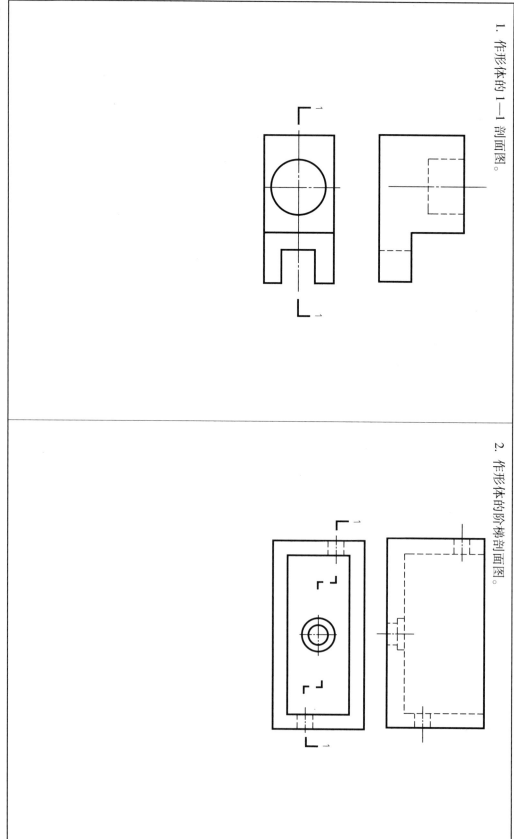

4. 将正面投影改画成局部剖面图。

3. 将正面投影改画成半剖面图。

5. 完成建筑形体（门洞、雨篷、台阶等）的 1—1 剖面图（图中细双点画画线表示雨篷）。

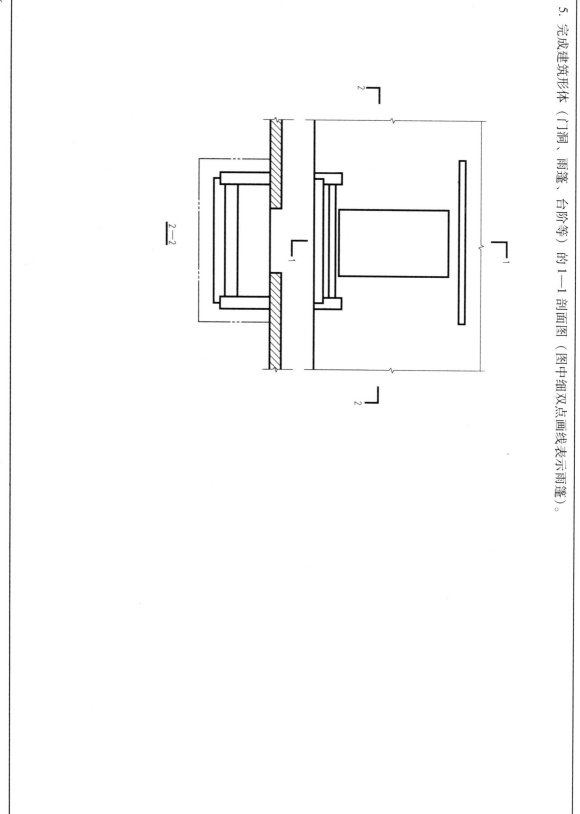

2—2

4.2 断面图

1. 作指定位置的移出断面图。

(1)

(2)

2. 已知梁的投影，在剖切位置延长线上画出移出断面图。

3. 已知T字板的投影，画出重合断面图。

4. 已知钢管的投影，把断面图画在其中断处。

第 5 章 民用建筑概述

5.1 填空题

1. 建筑是_____与_____的总称。

2. 民用建筑按其使用性质不同，一般分为_____建筑和_____建筑两种。

3. 建筑高度大于_____m 的民用建筑为超高层建筑。

4. 按建筑物的规模和数量分类，建筑可分为_____建筑和_____建筑。

5. 建筑物的耐久等级根据其重要性和规模不同可划分为_____级。

6. 《建筑模数协调标准》中规定建筑中采用的模数有_____模数、_____模数和_____模数。

7. 建筑物的耐火等级是由构件的_____和_____两个方面决定的，分为_____级。

8. 构件的燃烧性能分为_____、_____和_____三类。

9. 《建筑模数协调标准》中规定，基本模数以_____表示，其数值为_____。

10. 定位轴线是确定_____的基准线。

5.2 单项选择题

1. 下列属于构筑物的建筑是（　　）。
   A. 商场　　B. 烟囱　　C. 住宅　　D. 学校

2. 工业建筑包括（　　）等建筑。
   A. 农机修理站
   B. 生产车间
   C. 宾馆
   D. 堤坝

3. 建筑物的耐久等级为二级时其耐久年限为（　　）年，适用于一般性建筑。
   A. 15～25　　B. 25～50
   C. 50～100　　D. 100～150

4. 层数为 6 层的住宅楼属于（　　）。
   A. 低层建筑　　B. 多层建筑
   C. 中高层建筑　　D. 高层建筑

29

5. 公共建筑高度超过（　　）即为高层建筑（不包括建筑高度超过该值的单层主体建筑）。

A. 24m　　　　B. 20m　　　　C. 18m　　　　D. 30m

6. 建筑物按照使用性质可分为（　　）。

①工业建筑

②公共建筑

③民用建筑

④农业建筑

A. ①②③　　　　B. ②③④　　　　C. ①②④　　　　D. ①③④

5.3 多项选择题

1. 分模数的基数为（　　）。

A. $\dfrac{1}{10}$M　　B. $\dfrac{1}{5}$M　　C. $\dfrac{1}{4}$M　　D. $\dfrac{1}{3}$M　　E. $\dfrac{1}{2}$M

2. 下列建筑中属于居住建筑的是（　　）。

A. 办公楼　　　　B. 住宅　　　　C. 公寓

D. 宿舍　　　　E. 医院

3. 下列建筑中属于大量性建筑的有（　　）。

A. 住宅　　　　B. 大会堂　　　　C. 学校

D. 医院　　　　E. 航空港

5.4 简答题

1. 什么是建筑物？什么是构筑物？

2. 民用建筑的构造由哪几部分组成？各部分的作用如何？

3. 建筑标准化的含义是什么？

4. 怎样区分标志尺寸、构造尺寸和实际尺寸，它们的关系如何？

5. 影响建筑构造的因素有哪些？

第6章 基础与地下室

6.1 填空题

1. 地基分为 _____ 和 _____ 两大类。

2. 为保证建筑物的稳定和安全，基础底面传给地基的平均压力 _____ 地基承载力。当建筑物总荷载确定时，可通过 _____ 基础底面积或 _____ 地基的承载力的方法来保证建筑物的稳定和安全。

3. 基础的埋置深度为 _____ 至 _____ 的垂直距离。

4. 基础材料及受力特点可分为 _____ 和 _____ 两类。

5. 基础刚性角是指基础 _____ 与 _____ 之比的夹角。

6. 桩基础按受力性能不同分为 _____ 和 _____ 两类。

7. 桩基础由 _____ 和 _____ 组成。

8. 毛石混凝土基础所用的石块一般不得大于基础宽度的 _____ ，且不大于 _____ mm，加入的毛石为基础总体积的 _____ %。

9. 地下室一般由 _____ 、 _____ 、 _____ 、 _____ 等部分组成。

10. 防水涂料包括无机防水涂料和有机防水涂料。无机防水涂料宜用于结构主体的 _____ 面，有机防水涂料宜用于结构主体的 _____ 面。

6.2 单项选择题

1. 埋置深度大于（ ）的称为深基础；埋置深度小于（ ）的称为浅基础。

    A. 4m   B. 5m   C. 3m   D. 6m

2. 混凝土基础要求使用的混凝土的强度等级不低于（ ）。

    A. C10   B. C20

    C. C25   D. 不作要求

3. 桩基础承台梁的厚度不宜小于（ ）mm。

    A. 200   B. 300   C. 500   D. 600

4. 全地下室要求地下室地面低于室外地坪面的高度超过该房间净高的（ ）。

    A. 1/5   B. 1/4   C. 1/3   D. 1/2

5. 半地下室要求地下室地面低于室外地坪面的高度控制在该房间净高的（ ）。

    A. 1/5 ~ 1/2   B. 1/4 ~ 1/3

    C. 1/3 ~ 1/2   D. 1/4 ~ 1/2

6.3 多项选择题

1. 基础应满足以下要求（ ）。

    A. 强度要求   B. 刚度要求   C. 耐久性要求

    D. 变形要求   E. 经济性要求

2. 按埋置深度的不同，基础分为（　　）。

A. 深基础　　　　B. 条形基础　　　　C. 浅基础

D. 不埋基础　　　E. 桩基础

3. 按构造形式的不同，基础分为（　　）。

A. 条形基础　　　B. 筏形基础　　　　C. 独立基础

D. 桩基础　　　　E. 箱形基础

4. 桩基础按材料不同，可分为（　　）等。

A. 木桩　　　　　B. 组合桩　　　　　C. 钢筋混凝土桩

D. 打入桩　　　　E. 钢桩

5. 地下室按使用功能不同，可分为（　　）。

A. 普通地下室　　B. 半地下室　　　　C. 全地下室

D. 人防地下室　　E. 防烟地下室

6.4　简答题

1. 地基和基础的作用分别是什么？它们之间有什么区别和联系？

2. 影响基础埋深的因素有哪些？

3. 什么是刚性基础和柔性基础？它们的特点是什么？

4. 基础按构造形式不同可分为哪几类？一般适用于什么情况？

5. 桩基础由哪些部分组成？其各部分的作用是什么？

6. 什么情况下地下室需要设置防潮措施？

7. 地下室防水的常用做法有哪些？如何选用防水材料？

第 7 章　墙　体

7.1 填空题

1. 墙体按施工方法分类，可分为 _____、_____ 和 _____。

2. 普通实心黏土砖的规格（长×宽×厚）为 _____。

3. 常用的砌筑砂浆有 _____、_____、_____。

4. 钢筋混凝土圈梁的宽度宜与 _____ 相同且不小于高度不小于 _____。

5. 玻璃幕墙按构造方式分为 _____、_____ 和 _____。

6. 复合材料保温墙体由 _____、_____ 和 _____ 复合构成。

7. 按材料和施工方式不同，墙体装修可分为 _____、_____ 和 _____。

7.2 单项选择题

1. 下面既属承重构件，又是围护构件的是（　　）。

A. 墙　　B. 基础　　C. 楼梯　　D. 门窗

2. 住宅、宿舍、旅店等小面积建筑适宜采用（　　）方案。

A. 横墙承重　　B. 纵墙承重　　C. 纵横墙承重　　D. 墙框混合承重

3. 沿建筑物外墙四周墙脚处设置的倾斜坡面称为（　　）。

A. 勒脚　　B. 散水　　C. 踢脚　　D. 墙裙

4. 钢筋砖过梁两端的砖应伸进墙内的搭接长度不小于（　　）mm。

A. 20　　B. 60　　C. 120　　D. 240

5. 对于砌块长度方向的错缝搭接有一定要求，小型空心砌块上下皮的搭接长度应不小于（　　）mm。

A. 90　　B. 150　　C. 100　　D. 60

6. 墙体中构造柱的最小截面尺寸为（　　）。

A. 180mm×120mm　　B. 240mm×180mm

C. 300mm×200mm　　D. 370mm×240mm

7.3 多项选择题

1. 隔墙按构造形式可分为（　　）。

A. 抹灰隔墙　　B. 骨架隔墙　　C. 铝合金隔墙

D. 块材隔墙　　E. 板材隔墙

2. 在较大振动荷载、可能产生不均匀沉降的建筑中，不宜采用（　　）过梁。

A. 砖砌平拱　　B. 砖砌弧拱　　C. 钢筋砖

D. 钢筋混凝土   E. 砖拱

3. 墙体按受力情况分为（   ）。

A. 横墙   B. 承重墙   C. 非承重墙

D. 实体墙   E. 纵墙

7.4 简答题

1. 勒脚的作用是什么？常用的构造做法有哪几种？

2. 墙身防潮层的作用是什么？水平防潮层的位置如何确定？

3. 简述构造柱的作用和设置位置。

4. 常用的外墙内保温的做法有哪些？

5. 什么是明框玻璃幕墙和隐框玻璃幕墙？

6. 什么是抹灰类墙面装修？有哪些构造层次？各层的作用及做法是什么？

第8章 楼地层

8.1 填空题

1. 楼板层通常由 _____、_____、_____ 组成。

2. 地坪层由 _____、_____、_____ 组成，有特殊要求的地坪增设 _____。

3. 主梁的经济跨度为 _____，次梁的经济跨度为 _____。

4. 梁的断面形式有 _____、_____、_____、_____等。

5. 梁板式楼板一般由 _____、_____、_____ 组成。

6. 预制板在墙或梁上应有足够的搁置长度，在墙上不宜小于 _____，在梁上不宜小于 _____。

7. 踢脚线是指 _____ 与 _____ 交接处的垂直部位，在构造上通常按地面的延伸部分来处理。

8. 阳台的出挑长度一般为 _____。

9. 在结构上，钢筋混凝土雨篷有 _____ 和 _____ 两种。

8.2 单项选择题

1. 现浇水磨石地面常用玻璃条（铜条、铝条）分隔，其目的是（ ）。

A. 增添美观 B. 防止石层开裂

C. 便于磨光 D. 石层不起灰

2. 为排除地面积水，地面应有一定的坡度，一般为（ ）。

A. 1% ~ 1.5% B. 2% ~ 3%

C. 3% ~ 5% D. 0.5% ~ 1%

3. 阳台是由（ ）组成的。

A. 栏杆、扶手 B. 挑梁、扶手

C. 栏杆、承重结构 D. 栏杆、栏板

4. 踢脚线高度为（ ）。

A. 100 ~ 120mm B. 100 ~ 150mm

C. 110 ~ 130mm D. 120 ~ 150mm

5. 地坪垫层通常采用C10混凝土，厚度为（ ）。

A. 20 ~ 50mm B. 60 ~ 100mm

C. 100 ~ 200mm D. 150 ~ 250mm

8.3 多项选择题

1. 阳台按栏板上部的形式不同可分为（ ）。

A. 现浇阳台 B. 服务阳台 C. 开敞式阳台

D. 封闭式阳台 E. 挑阳台

2. 按构造方式的不同，顶棚的类型有（　　　）。

A. 直接式顶棚　　　　B. 间接式顶棚　　　　C. 板式顶棚

D. 悬吊式顶棚　　　　E. 悬挂式顶棚

3. 根据使用材料的不同，楼板可分为（　　　）。

A. 木楼板　　　　　　B. 钢筋混凝土楼板

C. 压型钢板组合楼板　D. 空心板

E. 砖拱楼板

8.4　简答题

1. 楼地层的构造要求有哪些？

2. 什么是现浇钢筋混凝土楼板？有哪些类型？

3. 简述无梁楼板的构造特点和适用范围。

4. 预制楼板有哪些类型？有何优缺点？

5. 什么是楼地面？有哪些类型？

6. 简述水磨石地面的构造要点。

第 9 章　屋　顶

9.1 填空题

1. 屋顶按外形分主要分为 _____ 和 _____ 。

2. 屋顶排水方式分为 _____ 和 _____ 两大类。

3. 平屋顶材料找坡一般适宜坡度为 _____，铺设时最薄处厚度不宜小于 _____。

4. 平屋顶的保温材料有 _____ 、 _____ 和 _____ 三种类型。

5. 平屋顶隔热的做法有 _____ 、 _____ 和 _____ 。

6. 坡屋顶的承重结构类型有 _____ 、 _____ 和 _____ 。

7. 平屋顶结构找坡的坡度宜为 _____ 。

9.2 单项选择题

1. 屋顶的坡度形式中，材料找坡是指（　）未形成。
   A. 利用预制板的搁置　　　　　B. 选用轻质材料找坡
   C. 利用油毡的厚度　　　　　　D. 利用结构层

2. 平屋顶坡度的形成方式有（　）。
   A. 纵墙起坡、山墙起坡　　　　B. 山墙起坡
   C. 材料找坡、结构找坡　　　　D. 结构找坡

3. 坡屋顶有檩体系的屋面基层包括（　）等。
   A. 檩条、钢筋混凝土板、木望板
   B. 各类钢筋混凝土板
   C. 檩条、椽条、木望板
   D. 钢筋混凝土板、檩条

4. 下列有关刚性防水屋面分割缝的叙述中，正确的是（　）。
   A. 分割缝可以减少刚性防水层的伸缩变形，防止裂缝的产生
   B. 分格缝的设置是为了把大块混凝土分割为小块，简化施工
   C. 刚性防水层与女儿墙之间不应设分格缝，以利于防水
   D. 防水层内的钢筋在分格缝处应连通，保持防水层的整体性

5. 卷材防水屋面的基本构造层次按其作用可分别为（　）。
   A. 结构层、找坡层、找平层、结合层、防水层、保护层
   B. 结构层、找平层、找坡层、结合层、防水层、隔热层
   C. 结构层、找坡层、找平层、结合层、保温层、防水层
   D. 结构层、找平层、找坡层、结合层、隔热层、防水层、保护层

6. 涂制冷底子油的作用是（　）。
   A. 防止油毡鼓泡　　　　　　　B. 防水作用
   C. 气密性、隔热性较好　　　　D. 黏结防水层

9.3 多项选择题

1. 屋顶是房屋最上层覆盖的外围护结构，其主要作用有（　）。
   A. 承重　　　B. 围护　　　C. 装饰建筑立面
   D. 防震　　　E. 防火

2. 平屋面排水坡度的确定的因素有（　　　）。

A. 屋面防水材料　　B. 地区降雨量的大小

C. 屋顶结构形式　　D. 建筑造型要求

E. 经济条件

3. 下列属于刚性防水屋面的是（　　　）。

A. 水泥砂浆　　B. 泡沫塑料　　C. 细石混凝土

D. 配筋细石混凝土　　E. 膨胀珍珠岩

9.4　简答题

1. 屋顶的作用是什么?

2. 平屋顶保温隔热措施有哪些?

3. 平屋顶防水构造的类型有哪些?

4. 涂膜防水涂层在施工时应注意哪些问题?

5. 简述坡屋顶屋面通风隔热的做法。

第 10 章　楼　梯

10.1 填空题

1. 楼梯的组成有_____、_____、_____三个部分。

2. 楼梯的坡度范围在_____之间，_____最为适宜。

3. 为减少人们上下楼梯时的疲劳并适应人体行走的习惯，每梯段踏步数不宜超过_____级，但也不宜少于_____级。

4. 楼梯平台按位置不同分_____平台和_____平台。

5. 按楼梯的使用性质分类，室内有_____、_____；室外有_____、_____。

6. 楼梯的坡度即楼梯段的坡度，可以采用两种方法表示，一种是_____表示；另一种是_____表示。

7. 按消防要求考虑，每个楼梯段必须保证两人能同时上下，故要求_____最小宽度为_____，室外疏散楼梯最小宽度为_____。

8. 楼梯栏杆（板）扶手的高度与楼梯的坡度大小有关，一般情况下，栏杆（板）扶手的高度采用_____；平台处水平栏杆（板）扶手的高度常为_____；供儿童使用的楼梯扶手高度不小于_____。

9. 钢筋混凝土楼梯按其施工方法可分为_____和_____两类。

10. 预制装配式钢筋混凝土楼梯按其构造方式不同分为_____、_____和_____。

10.2 单项选择题

1. 楼梯栏杆扶手高度一般为 900mm，供儿童使用的楼梯应在不小于（　）mm 高度增设扶手。
（　）
A. 400　　B. 700　　C. 600　　D. 500

2. 楼梯平台处的其净高度不小于（　）mm。
A. 2100　　B. 1900　　C. 2000　　D. 2400

3. 防滑条应突出踏步面（　）mm。
A. 1～2　　B. 5　　C. 3～5　　D. 2～3

4. 室外台阶的踏步高一般在（　）mm 左右。
A. 150　　B. 180　　C. 120　　D. 100～150

5. 室外台阶踏步宽为（　）mm。
A. 300～400　　B. 250　　C. 250～300　　D. 220

10.3 多项选择题

1. 楼梯按照使用性质的不同，可分为（　）。
A. 主要楼梯　　B. 辅助楼梯　　C. 消防楼梯
D. 钢筋混凝土楼梯　　E. 疏散楼梯

2. 设计楼梯间的（　　　）有关。

A. 开间　　　　　B. 楼梯井　　　　　C. 进深

D. 层高　　　　　E. 净高

3. 板式楼梯通常由（　　　）组成。

A. 梯段板　　　　B. 楼梯栏杆　　　　C. 平台梁

D. 踏步板　　　　E. 平台板

4. 防滑条的材料有（　　　）等。

A. 金刚砂　　　　B. 马赛克　　　　　C. 橡皮条

D. 金属材料　　　E. 塑料

5. 坡道按照其用途的不同，可分为（　　　）。

A. 行车坡道　　　B. 回车坡道　　　　C. 专用坡道

D. 轮椅坡道　　　E. 特殊坡道

（上部）设计楼梯主要是解决楼梯梯段和平台的设计，而梯段和平台的尺寸与楼梯间的

10.4　简答题

1. 常见的楼梯有哪几种形式？

2. 小型预制构件装配式楼梯的支承方式有哪几种？预制踏步板的形式有哪几种？

第 11 章 窗 与 门

11.1 填空题

1. 门的主要作用是_____、_____兼_____和_____；
   窗的主要作用是_____和_____。

2. 木门主要由_____、_____和_____组成。

3. 铝合金窗由_____、_____和_____组成。

4. 平开木门的安装方法有_____和_____两种。

5. 遮阳设施按使用材料不同分为_____和_____等。

6. 木门框在墙中的安装位置常有_____、_____、_____三种。

11.2 单项选择题

1. 单扇门的宽度一般为（　　）。
   - A. 500～900mm
   - B. 700～1000mm
   - C. 1000～1800mm
   - D. 1200～1800mm

2. 下列（　　）是对铝合金门窗特点的描述。
   - A. 表面氧化层易被腐蚀，需经常维修
   - B. 色泽单一，一般只有银白和古铜两种
   - C. 气密性、水密性较好
   - D. 框料较重，因而能承受较大的风荷载

3. 一般民用建筑门的高度不宜小于（　　）mm。
   - A. 1800
   - B. 1500
   - C. 2100
   - D. 2400

4. 上下悬窗的窗扇高度为（　　）。
   - A. 200～500mm
   - B. 200～600mm
   - C. 300～400mm
   - D. 300～600mm

5. 木门框由（　　）等组成。
   - A. 上框、中框、边框
   - B. 边框、上下框、门锁
   - C. 边框、五金零件、中框
   - D. 边框、上下框、五金零件

11.3 多项选择题

1. 平开门按门扇数分为（　　）
   - A. 单扇
   - B. 双扇
   - C. 折扇
   - D. 多扇
   - E. 内扇

2. 卷帘门的组成主要包括（　　）
   - A. 帘板
   - B. 铰链
   - C. 导轨
   - D. 传动装置
   - E. 门铃

3. 塑钢窗具有（　　）等优点。
   - A. 耐水
   - B. 耐蚀
   - C. 阻燃
   - D. 抗冲击
   - E. 无需表面涂装

11.4 简答题

1. 铝合金窗框与墙体的连接方式有哪几种？

2. 窗和门常见的开启方式有哪些？

3. 门的种类有哪些？

4. 什么是推拉门？

5. 遮阳设施在建筑中的作用是什么？

6. 简述挡板式遮阳的适用条件和形式。

第12章 变 形 缝

12.1 填空题

1. 变形缝包括____、____和____三种。

2. 基础处沉降缝的常见处理方式有____和____。

3. 伸缩缝的宽度一般在____到____，通常采用____，以保证缝两侧的建筑构件能在水平方向自由伸缩。

4. 沉降缝要求缝两侧的建筑物从____到____全部断开。

5. 防震缝是为了防止建筑物各部分在地震时____引起破坏而设置的缝隙。

12.2 单项选择题

1. 关于变形缝的构造做法，下列（ ）是不正确的。

A. 防震缝应沿建筑物全高设置，一般情况下基础可不分开

B. 沉降缝应将基础以上的墙体、楼板全部分开，基础可不分开

C. 当建筑物立面高差在6m以上时，需设防震缝

D. 新建筑物与原有建筑物紧相毗邻时，需设沉降缝

2. 在多层钢筋混凝土框架结构中，建筑物的高度在15m及15m以下时，防震缝的宽度为（ ）。

A. 70mm B. 50mm C. 100mm D. 20mm

3. 为防止建筑物因温度变化引起破坏而设置的缝为（ ）。

A. 沉降缝 B. 构造缝 C. 抗震缝 D. 伸缩缝

4. 为防止建筑物因不均匀沉降引起破坏而设置的缝为（ ）。

A. 沉降缝 B. 构造缝 C. 抗震缝 D. 伸缩缝

12.3 多项选择题

1. 根据墙体的厚度不同，伸缩缝可做成（ ）。

A. 高低缝 B. 平缝 C. 凹形缝 D. 错口缝 E. 企口缝

2. 为防止外界条件对墙体及室内环境的侵袭，缝口处应填以防水、防腐的弹性材料，如（ ）等。

A. 油膏 B. 沥青麻丝 C. 木丝板 D. 橡胶条 E. 塑料条

12.4 简答题

1. 什么是变形缝？按其功能不同分为哪几种？

2. 沉降缝的设置原则是什么？

3. 简述基础沉降缝的处理方法。

第 13 章 民用建筑工业化

13.1 填空题

1. 建筑工业化体系一般分_____和_____两种。

2. 在装配式板材建筑中,内墙板按受力情况分为_____和_____,外墙板按受力情况分为_____和_____。

3. 盒子建筑的结构体系分为_____和_____两类。

4. 工具式模板现浇建筑主要有_____和_____。

5. 大模板现浇建筑一般由_____、_____和_____三部分组成。

6. 在砌筑外墙的大模板建筑中,一般先砌_____,后浇_____。

13.2 单项选择题

1. 装配式板材建筑的横向墙板承重结构体系是指楼板搁置在(   )墙板上。

A. 横向   B. 纵向   C. 梁柱   D. 纵、横两个方向

2. 装配式板材建筑的墙板与楼板连接时,楼板在墙板上的搁置长度应不小于(   )mm。

A. 20   B. 40   C. 50   D. 60

3. 在大模板现浇建筑的预制楼板安装时,需将板端伸入现浇墙体内(   )mm。

A. 20～30   B. 35～45   C. ≤20   D. ≤35

4. 大模板现浇建筑的(   )模板可重复使用。

A. 木制   B. 塑料   C. 钢制   D. 玻璃

13.3 多项选择题

1. 对于装配式板材建筑,(   )为预制构件。

A. 墙板   B. 楼板   C. 楼梯
D. 屋面板   E. 基础

2. 装配式板材建筑的连接节点应满足(   )要求。

A. 隔声   B. 整体性和稳定性   C. 保温、防水
D. 抗腐蚀   E. 强度、刚度、延性

3. 装配式板材建筑的复合材料外墙板主要由(   )部分组成。

A. 结构层   B. 保温层   C. 附加层
D. 防水层   E. 饰面层

13.4 简答题

1. 建筑工业化包含哪些方面的内容?

2. 建筑工业化的发展途径有哪些?其优缺点分别是什么?

3. 简述装配式板材建筑、装配式框架建筑和盒子建筑的特点。

4. 简述大模板现浇建筑、滑升模板建筑的特点。

第 14 章 工 业 建 筑

14.1 填空题

1. 工业建筑是为工业生产需要而建造的各种不同用途的_____的总称。其中，生产用的_____通常称为工业厂房。

2. 工业厂房按层数分为_____、_____和_____。

3. 单层工业厂房常用的起重运输设备有_____、_____和_____。

4. 单层厂房定位轴线的划分是在_____布置的基础上进行的，并与_____布置一致。

5. 柱网布置就是确定跨度和柱距尺寸。跨度是两_____定位轴线间的距离，在18m以上时，应采用扩大模数_____数列。柱距是两_____定位轴线的间距，单层厂房的柱距宜采用扩大模数_____数列。

6. 单层工业厂房的基础主要采用_____或_____，预留_____基础，基础的剖面形状一般做成_____。

7. 基础梁在放置时，梁的表面应低于室内地坪_____，高于室外地坪_____，在寒冷地区的基础梁下部应设置_____的措施。

8. 连系梁是厂房_____柱列的水平连系构件，可代替_____，连系_____道的宽度应比大门宽度_____mm，坡

9. 在单层工业厂房中，圈梁的作用是在墙体内将墙体同_____连在一起，加强墙体整体刚度和稳定性，梁对增强厂房_____有明显的作用。

10. 单层工业厂房的支撑系统包括_____和_____两大部分。

11. 屋盖的承重构件有：_____、_____和_____的跨度。

12. 屋面梁的断面呈_____，单坡屋面梁适用于_____，双坡屋面梁适用于_____的跨度。

13. 屋盖的覆盖构件有_____、_____、_____。

14. 轻质墙板只起_____作用，墙板除传递其他荷载，墙身自重由_____来承担。

15. 天井式天窗有上下两层屋面，排水比较复杂，其具体做法可以采用_____、_____外，不承受_____等。

16. 平天窗可分为_____、_____和_____三种类型。

17. 厂房大门的尺寸应比装满货物时的车辆宽_____mm，高_____mm。

18. 坡道的坡度常取_____，坡道的长度可取_____mm，坡道的宽度应比大门宽出_____mm为宜。

14.2 单项选择题

1. 多层厂房是指层数在两层及两层以上的厂房，一般为（　）层。
A. 1~2　　B. 2~3　　C. 2~5　　D. 1~4

2. 基础梁搁置在杯形基础的顶面上，成为（　），这样做的好处是避免排架与砖墙的不均匀下沉。
A. 承重墙　　B. 承自重墙　　C. 隔墙　　D. 砖墙

3. 吊车梁与柱子的连接多采用（　）。
A. 焊接　　B. 铰接　　C. 螺栓连接　　D. 铆接

4. 两铰拱屋架的支座节点为（　），顶部节点为（　）；三铰拱屋架的支座节点和顶部节点均为（　）。
A. 铰接　　B. 焊接　　C. 螺栓连接　　D. 刚接

5. 当单层厂房的柱距为6m时，应加设承托屋架的托架，而屋架间距和大型屋面板长度仍为（　）或以上。
A. 6m　　B. 12m　　C. 18m　　D. 24m

6. 矩形上凸式天窗的天窗侧板应高出屋面（　）。
A. 50mm　　B. 100mm　　C. 200mm　　D. 300mm

7. 散水的宽度一般为（　）。
A. 600~1000mm　　B. 100~500mm　　C. 200~600mm　　D. 200~1000mm

8. 明沟的宽度应不小于（　）。
A. 50mm　　B. 100mm　　C. 200mm　　D. 300mm

14.3 多项选择题

1. 厂房按用途不同分为（　）。
A. 主要生产厂房　　B. 辅助生产厂房　　C. 动力用厂房
D. 贮藏用建筑　　E. 运输用建筑

2. 厂房按生产状况不同分为（　）。
A. 热加工车间　　B. 冷加工车间　　C. 恒温恒湿车间
D. 洁净车间　　E. 其他特种状况的车间

3. 单层厂房的结构体系有（　）。
A. 砖混结构　　B. 排架结构　　C. 框架结构
D. 刚架结构　　E. 钢混结构

4. 单层厂房定位轴线的作用是（　）。
A. 确定主要构件的位置
B. 确定主要构件标志尺寸的基线
C. 设备安装定位
D. 厂房施工放线
E. 确定单层厂房的结构体系

5. 常用的单层厂房屋架类型有（　）。
A. 三铰拱屋架　　B. 梯形屋架　　C. 两铰拱屋架
D. 折线形屋架　　E. 桁架式屋架

6. 屋架与柱子的连接，一般采用（　　）。

A. 铰接　　　　　B. 焊接　　　　　C. 铆接

D. 刚接　　　　　E. 栓接

7. 下列屋面板属于防水自防水构件的是（　　）。

A. 预应力钢筋混凝土大型屋面板

B. 预应力钢筋混凝土 F 形屋面板

C. 预应力钢筋混凝土单肋板

D. 预应力钢筋混凝土夹芯保温屋面板

E. 钢筋混凝土槽形板

8. 单层厂房外墙按材料分为（　　）。

A. 砌体墙　　　　B. 隔墙　　　　　C. 开敞式外墙

D. 大型板材墙　　E. 轻质板材墙

9. 单层厂房的侧窗除具有采光、通风等一般功能外，还要满足（　　）等要求。

A. 保温　　　　　B. 隔热　　　　　C. 防尘

D. 泄压　　　　　E. 开关方便

14.4　简答题

1. 单层厂房有哪几种类型？其各自的特点和适用条件是什么？

2. 在单层工业厂房中，常设置的柱有哪两种？它们的作用是什么？

3. 吊车梁有哪几种？其各自的特点是什么？

4. 单层工业厂房中，屋盖的作用是什么？屋盖有哪几种结构形式？其特点是什么？

5. 单层厂房的外墙按承重方式不同分为哪几类？其各自的适用范围是什么？

6. 砌体墙与柱的相对位置有几种？其各自的特点是什么？

7. 大型板材墙的墙板与柱子的连接方法有几种？它们的适用范围是什么？

8. 单层厂房的侧窗开启方式分为哪几种？其各自的适用范围是什么？

9. 矩形上凸式天窗主要由哪几部分组成？其各自的作用是什么？

10. 简述平天窗的优缺点及其设置要求。

11. 厂房地面一般由哪几部分组成？其组成部分各自的作用是什么？

第 15 章 房屋建筑工程施工图的基本知识

15.1 填空题

1. 按专业分工不同，建筑工程施工图分为 _____、_____、_____ 和 _____。

2. 建筑物中的某一部位与所确定的 _____ 的高差称为该部位的 _____ 标高。

3. 层高指 _____ 到 _____ 的高度。

4. 开间指 _____ 之间的距离。

15.2 单项选择题

1. 详图索引符号中的圆圈直径是（　　）。

A. 14mm　　B. 12mm　　C. 10mm　　D. 8mm

2. 定位轴线一般用（　　）表示。

A. 细实线　　B. 细点画线　　C. 双点画线　　D. 粗实线

3. 相对标高的零点的注写方式为（　　）。

A. +0.000　　B. −0.000　　C. ±0.000　　D. 无规定

4. 在 A 号轴线之后附加第二根轴线时，表示方法正确的是（　　）。

A. A/2　　B. 2/A　　C. B/2　　D. 2/B

5. 房间内楼（地）面到顶棚或其他构件底部的高度，称为（　　）。

A. 建筑高度　　B. 结构高度　　C. 层高　　D. 净高

15.3 多项选择题

1. 建筑工程图中，标高的种类有（　　）。

A. 测量标高　　B. 绝对标高
C. 相对标高　　D. 建筑标高
E. 结构标高

2. 不能用于定位轴线编号的拉丁字母是（　　）。

A. L　　B. I　　C. Z　　D. H　　E. O

3. 以下关于定位轴线的说法正确的是（　　）。

A. 定位轴线由细点画线画出
B. 轴线的端部画细实线圆圈，编号写在圈内
C. 沿水平方向的轴线编号用大写拉丁字母表示
D. 沿垂直方向的轴线编号用大写拉丁字母表示
E. 沿垂直方向的轴线的编写顺序为自下而上

15.4 简答题

1. 什么是建筑面积？

2. 房屋建筑工程图的图示特点是什么？

第 16 章 建筑施工图

16.1 单项选择题

1. 建筑总平面图上标注的坐标、标高和距离等尺寸，一律以（ ）为单位。

A. m   B. mm   C. cm   D. km

2. 在建筑总平面图中用坐标确定建筑物位置时，宜注出建筑物（ ）个角的坐标。

A. 1   B. 2   C. 3   D. 4

3. 建筑平面图，立面图和剖面图中所标注的尺寸以（ ）为单位，标高都以（ ）为单位。

A. m   B. mm   C. cm   D. km

4. 门的代号是（ ），窗的代号是（ ）。

A. M   B. S   C. N   D. C

16.2 多项选择题

1. 建筑施工图包括（ ）。

A. 建筑总平面图   B. 建筑平面图   C. 建筑剖面图

D. 建筑立面图   E. 建筑详图

2. 建筑物的朝向可通过（ ）来确定。

A. 指北针   B. 门的位置   C. 窗的位置

D. 等高线   E. 风向频率玫瑰图

3. 建筑平面图的外部尺寸俗称外三道，它们是（ ）。

A. 外轮廓的总尺寸   B. 房屋的开间、进深

C. 室内地坪标高   D. 室外地坪标高

E. 各细部的位置及大小

4. 下列选项中，建筑剖面图所能表达的内容是（ ）。

A. 各层梁板、楼梯、屋面的结构形式、位置

B. 楼面、阳台、楼梯平台的标高

C. 外墙表面装修的做法

D. 门窗洞口、窗间墙等的高度尺寸

E. 墙、柱及其定位轴线

16.3 简答题

1. 建筑平面图是怎样形成的？其主要包含哪些内容？

2. 图 1 为某小区的建筑总平面图，请看图回答下列问题：

(1) 建筑物 A 为 _____ ，层数为 _____ 层，室内地坪标高为 _____ m。

(2) 建筑物 B 为 _____ ，层数为 _____ 层，室内地坪标高为 _____ m。

(3) 室外地坪标高为 _____ m。

(4) 小区的朝向为 _____ 。

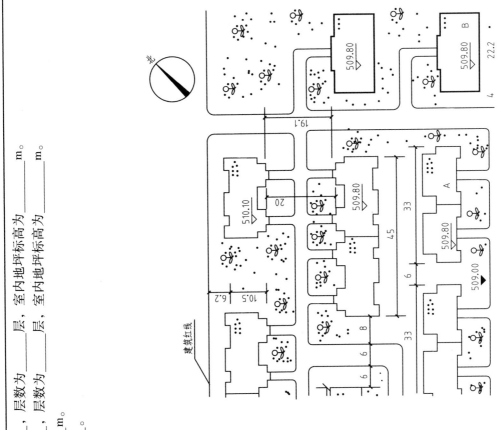

图 1 某小区建筑总平面图

3. 图 2 为某住宅的二层平面图, 请看图回答下列问题:

（1）本层总长＿＿＿＿mm，总宽为＿＿＿＿mm。

（2）C7 宽为＿＿＿＿mm，M2 宽为＿＿＿＿mm。

（3）承重外墙厚为＿＿＿＿mm。

（4）阳台挑出墙外＿＿＿＿mm。

（5）卫生间地面比过厅地面低＿＿＿＿mm。

（6）书房的开间＿＿＿＿mm，进深＿＿＿＿mm。

（7）本平面图的比例＿＿＿＿。

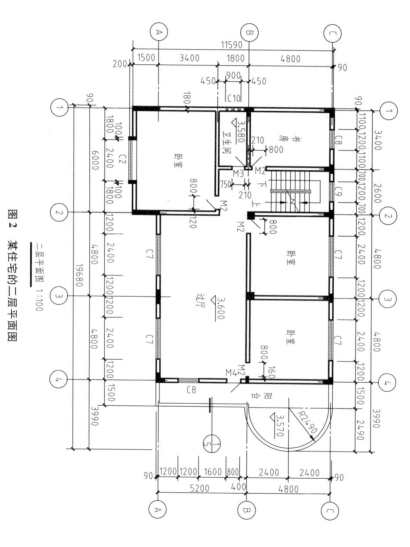

图 2　某住宅的二层平面图

4. 图 3 为某建筑物的立面图，请看图回答下列问题：

（1）阳台侧面装修做法：_____。

（2）室外地坪标高为_____。

（3）女儿墙顶面的标高为_____。

（4）房屋的总高度为_____ m。

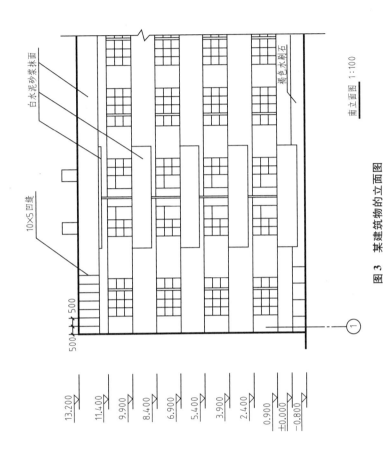

图 3　某建筑物的立面图

仪器分析技术

实训报告

专　　业＿＿＿＿＿＿＿＿＿＿

班　　级＿＿＿＿＿＿＿＿＿＿

姓　　名＿＿＿＿＿＿＿＿＿＿

指导教师＿＿＿＿＿＿＿＿＿＿